U0163157

高等数学(财经类)

主　编　吕小俊
副主编　李广玉　孙唯唯　吕鹏辉

苏州大学出版社

图书在版编目(CIP)数据

高等数学:财经类 / 吕小俊主编. —苏州:苏州
大学出版社,2022.8
ISBN 978-7-5672-3995-1

Ⅰ.①高… Ⅱ.①吕… Ⅲ.①高等数学-高等学校-
教材 Ⅳ.①O13

中国版本图书馆 CIP 数据核字(2022)第 114901 号

书　　名:高等数学(财经类)
　　　　　GAODENG SHUXUE (CAIJINGLEI)
主　　编:吕小俊
责任编辑:周建兰
装帧设计:吴　钰
出版发行:苏州大学出版社(Soochow University Press)
社　　址:苏州市十梓街 1 号　邮编:215006
印　　刷:宜兴市盛世文化印刷有限公司
邮购热线:0512-67480030
销售热线:0512-67481020
开　　本:787 mm×1 092 mm　1/16　印张:13.5　字数:288 千
版　　次:2022 年 8 月第 1 版
印　　次:2022 年 8 月第 1 次印刷
书　　号:ISBN 978-7-5672-3995-1
定　　价:42.00 元

图书若有印装错误,本社负责调换
苏州大学出版社营销部　电话:0512-67481020
苏州大学出版社网址　http://www.sudapress.com
苏州大学出版社邮箱　sdcbs@suda.edu.cn

前　言

PREFACE

　　高等数学是应用型本科教育的基础课程之一.随着经济、社会和科学技术的高速发展,数学的内容、思想、方法及语言在科学技术、经济建设及生活实践中得到了广泛的应用,并成为现代文化的重要组成部分.同时,应用型本科教育是我国高等教育体系的重要组成部分,为了适应新形势下数学教学改革的精神及应用型本科教育改革的要求,针对应用型本科院校学生学习的特点,并结合编者多年的教学实践经验,我们编写了这本《高等数学》教材,供应用型本科院校经济类、管理类等专业学生使用.

　　本教材具有以下几个方面的特点:

　　(1)突出应用型本科人才培养的特色.

　　在编写教材的过程中,针对应用型本科高校的人才培养方案,结合应用型本科高校学生的认知水平和心理规律进行编写,不拘泥于定理的严格证明,而注重强调概念的通俗易懂,理论的系统性、完整性和知识模型的实际应用价值.

　　(2)理论知识与专业知识有机融合.

　　本教材力求推动高等数学知识在经济问题中的应用性.在保持高等数学课程内容的合理性和系统性的基础上,结合实践生活中的经济学案例,提高学生运用数学知识分析和解决实际问题的能力.

　　(3)强化高等数学课程思政元素的设计.

　　本教材通过对教学内容中的例题和习题,数学知识在专业课程中的应用,数学史、数学家身平的数学文化蕴含的思政育人素材的挖掘,加强培养学生正确的科学观和价值观,引导学生运用辩证唯物主义思想去思考和解决实际问题.

　　本教材共分六章:函数与极限、导数与微分、不定积分、定积分、多元函数微积分学、微分方程.在每章最后增加了相关数学史或数学家身平,引导学生树立正确的人生观,潜移默化地培养学生的爱国主义情怀,激发学生的民族责任感和使命感,让学生具有推动社会进步和人类进步的积极性和渴求感.

本书由吕小俊任主编,由吕小俊、李广玉、孙唯唯、吕鹏辉四位老师完成初稿,最后由吕小俊统稿和定稿.参加本书编写的还有聂家升、焦岑、饶绍斌、唐敏慧、宁明明.

本书在编写过程中得到了苏州大学应用技术学院多位领导和老师的大力支持,他们提出了很多宝贵意见和建议,使得本书内容增色不少.苏州大学出版社为本书的出版做了大量的工作.作者谨向他们及所有关心、支持本书的数学界朋友表示衷心的感谢!

限于编者的水平,书中难免有不足和疏漏之处,希望各位专家、同行和读者批评指正.

编　者

2022 年 4 月

CONTENTS

高等数学(财经类)

第一章

函数与极限

第一节 函数

　　初等数学研究的对象主要是常量与固定的图形,初等数学是关于常量的数学;而高等数学研究的是变量和变化的图形,高等数学是关于变量的数学.函数是描述变量间相互依赖关系的一种数学模型.在某一自然现象或社会现象中,往往同时存在多个不断变化的量,即变量,这些变量并不是孤立变化的,而是相互联系并遵循一定的规律,函数就是描述这种联系的一个法则.本节将在中学已有知识的基础上,进一步阐明函数的一般定义,总结在中学已学过的一些函数、函数的特性,并介绍一些常用函数.

一、函数

1. 函数的概念

　　定义 1　设 x 和 y 是两个变量,D 是一个给定的非空数集.如果对于每个数 $x \in D$,变量 y 按照一定法则总有确定的数值和它对应,那么称 y 是 x 的函数,记作

$$y = f(x), x \in D,$$

其中,x 称为自变量,y 称为因变量,数集 D 称为这个函数的定义域,也记为 D_f,即 $D_f = D$.

　　对 $x_0 \in D$,按照对应法则 f,总有确定的值 y_0[记为 $f(x_0)$]与之对应,称 $f(x_0)$ 为函数在点 x_0 处的函数值.因变量与自变量的这种相依关系通常称为函数关系.

　　当自变量 x 取遍 D 的所有数值时,对应的函数值 $f(x)$ 的全体构成的集合称为函数 f 的值域,记为 R_f 或 $f(D)$,即

$$R_f = f(D) = \{y \mid y = f(x), x \in D\}.$$

　　【例 1】　判断下列函数是否相同.

　　(1) $y = \ln x^2$ 与 $y = 2\ln x$;　　　　　　(2) $y = \sin x$ 与 $y = \sqrt{\sin^2 x}$.

　　解　(1) 不相同.因为定义域不同,前者定义域为 $(-\infty, 0) \bigcup (0, +\infty)$,后者定义域为 $(0, +\infty)$.

　　(2) 不相同.因为对应法则不同,前者为 $y = \sin x$,后者为 $y = |\sin x|$.

表示函数的主要方法有三种:表格法、图形法、解析法(公式法).大家在中学里已经熟悉,其中,用图形法表示函数是基于函数图形的概念,即坐标平面上的点集
$$\{P(x,y)\mid y=f(x),x\in D_f\},$$
称为函数 $y=f(x),x\in D_f$ 的图形(图 1-1).图中的 R_f 表示函数 $y=f(x)$ 的值域.

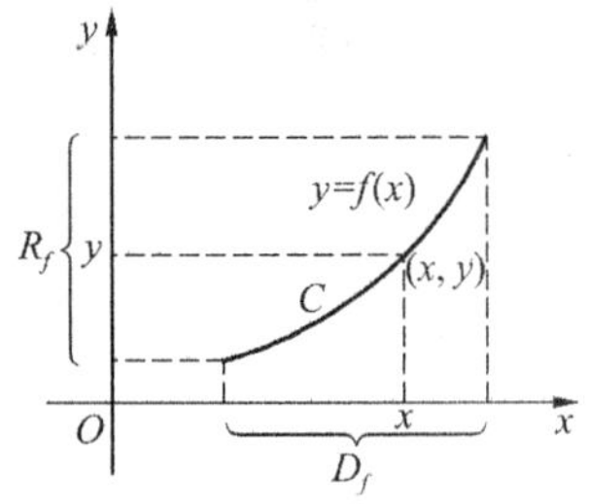

根据函数的解析表达式的形式不同,函数也可分为显函数、隐函数和分段函数三种.

(1)显函数:函数 y 由 x 的解析表达式直接表示.例如,$y=x^2+1$.

(2)隐函数:函数的自变量 x 与因变量 y 的对应关系由方程 $F(x,y)=0$ 来确定.例如,$\ln y-\sin(x+y)=0$.

图 1-1

(3)分段函数:函数在其定义域的不同范围内具有不同的解析表达式.以下是几个分段函数的例子.

【例2】 绝对值函数
$$y=|x|=\begin{cases}x, & x\geqslant 0,\\ -x, & x<0\end{cases}$$
的定义域 $D=(-\infty,+\infty)$,值域 $R_f=[0,+\infty)$,图形如图 1-2 所示.

【例3】 符号函数
$$y=\operatorname{sgn} x=\begin{cases}1, & x>0,\\ 0, & x=0,\\ -1, & x<0\end{cases}$$
的定义域 $D=(-\infty,+\infty)$,值域 $R_f=\{-1,0,1\}$,图形如图 1-3 所示.

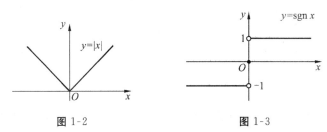

图 1-2   图 1-3

【例4】 取整函数 $y=[x]$,其中 $[x]$ 表示不超过 x 的最大整数.例如:
$$[\pi]=3,[-2.3]=-3,[\sqrt{3}]=1.$$
易见,取整函数的定义域 $D=(-\infty,+\infty)$,值域 $R_f=Z$,图形如图 1-4 所示.

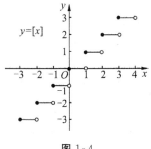

图 1-4

2. 函数的几何特性

(1)函数的有界性.

定义 2 设函数 $f(x)$ 的定义域为 D,数集 $X\subset D$,若

存在一个正数 M,使得对一切 $x \in X$,恒有 $|f(x)| \leqslant M$,则称函数 $f(x)$ 在 X 上有界,或称 $f(x)$ 是 X 上的有界函数.每一个具有上述性质的正数 M 都是该函数的界(图 1-5).

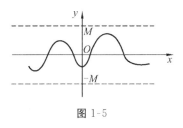

图 1-5

若具有上述性质的正数 M 不存在,则称 $f(x)$ 在 X 上无界,或称 $f(x)$ 是 X 上的无界函数.

例如,函数 $y = \sin x$ 在 $(-\infty, +\infty)$ 内有界,因为对任何实数 x,恒有 $|\sin x| \leqslant 1$;函数 $y = \dfrac{1}{x}$ 在区间 $(0,1)$ 上无界,在 $[1, +\infty)$ 上有界.

(2) 函数的单调性.

定义 3 设 x_1 和 x_2 为区间 (a,b) 内的任意两个数,若当 $x_1 < x_2$ 时 $f(x_1) < f(x_2)$,则称函数 $f(x)$ 在区间 (a,b) 内单调增加或递增;若当 $x_1 < x_2$ 时 $f(x_1) > f(x_2)$,则称函数 $f(x)$ 在区间 (a,b) 内单调减少或递减.

单调增加函数与单调减少函数统称为单调函数,使函数 $f(x)$ 单调的区间称为单调区间.从几何直观来看,递增就是当 x 自左向右变化时,函数的图象上升;递减就是当 x 自左向右变化时,函数的图象下降(图 1-6).

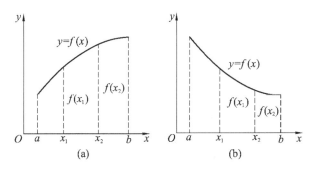

图 1-6

例如,$y = \tan x$ 在 $\left(-\dfrac{\pi}{2}, \dfrac{\pi}{2}\right)$ 内递增;$y = \cot x$ 在 $(0, \pi)$ 内递减;$y = x^2$ 在 $(-\infty, 0)$ 内递减,在 $(0, +\infty)$ 内递增;$y = x^3$ 在 $(-\infty, +\infty)$ 内递增.

(3) 函数的奇偶性.

定义 4 设函数 $f(x)$ 的定义域 D 关于原点对称,若对任意的 $x \in D$,恒有
$$f(-x) = -f(x),$$
则称 $f(x)$ 为奇函数;若对任意的 $x \in D$,恒有
$$f(-x) = f(x),$$
则称 $f(x)$ 为偶函数.

由定义可知,偶函数的图形关于 y 轴对称,如图 1-7(a)所示;奇函数的图形关于原点对称,如图 1-7(b)所示.

例如,函数 $y = \sin x$,$y = \operatorname{sgn} x$ 是奇函数;函数 $y = \cos x$,$y = x^2$ 是偶函数;而函数 $y = \sin x + \cos x$ 既不是奇函数,也不是偶函数.

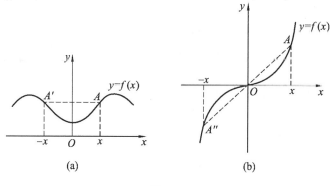

图 1-7

【例 5】 判断函数 $y=\ln(x+\sqrt{1+x^2})$ 的奇偶性.

解 因为函数 y 的定义域为 $(-\infty,+\infty)$,且

$$f(-x)=\ln[-x+\sqrt{1+(-x)^2}]=\ln(-x+\sqrt{1+x^2})$$

$$=\ln\frac{(-x+\sqrt{1+x^2})(x+\sqrt{1+x^2})}{x+\sqrt{1+x^2}}=\ln\frac{1}{x+\sqrt{1+x^2}}$$

$$=-\ln(x+\sqrt{1+x^2})=-f(x),$$

所以 $f(x)$ 为奇函数.

(4) 函数的周期性.

定义 5 设函数 $f(x)$ 的定义域为 D,若存在常数 $T>0$,使对任意的 $x\in D$,恒有

$$x+T\in D \text{ 且 } f(x+T)=f(x)$$

成立,则称 $f(x)$ 为周期函数,满足上式的最小正数 T 称为 $f(x)$ 的周期.

若 $f(x)$ 是周期为 T 的周期函数,则在长度为 T 的两个相邻的区间上,其函数图形的形状相同(图 1-8).

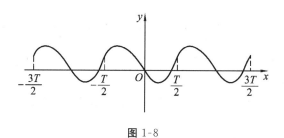

图 1-8

例如,三角函数 $\sin x$ 与 $\cos x$ 均是 **R** 上的周期函数,周期均为 2π;$\tan x$ 是周期为 π 的周期函数.

二、初等函数

1. 反函数

定义 6 设函数 $y=f(x)$ 的定义域为 D,值域为 R_f.对任一 $y\in R_f$,都有唯一

确定的 $x \in D$ 与之对应,且满足 $f(x) = y$,则 x 是定义在 R_f 上,以 y 为自变量的函数,称为函数 $y = f(x)$ 的反函数,记为

$$x = f^{-1}(y), y \in R_f.$$

显然,$x = f^{-1}(y)$ 与 $y = f(x)$ 互为反函数,且 $x = f^{-1}(y)$ 的定义域与值域分别为 $y = f(x)$ 的值域与定义域.

习惯上常用 x 作自变量,y 作因变量,故 $y = f(x)$ 的反函数常记为 $y = f^{-1}(x), x \in R_f$.

在平面直角坐标系 xOy 中,函数 $y = f(x)$ 的图形与其反函数 $y = f^{-1}(x)$ 的图形关于直线 $y = x$ 对称,如图 1-9 所示.

【例 6】 函数 $y = 2^x$ 与函数 $y = \log_2 x$ 互为反函数,则它们的图形在同一直角坐标系中是关于直线 $y = x$ 对称的,如图 1-10 所示.

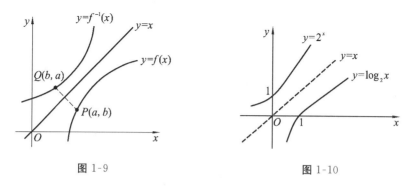

图 1-9   图 1-10

由定义可知,单调函数一定有反函数,求其反函数的步骤是:先由 $y = f(x)$ 解出 $x = f^{-1}(y)$,然后将 x 与 y 互换,即得 $y = f(x)$ 的反函数 $y = f^{-1}(x)$.

【例 7】 求函数 $y = 3x + 1$ 的反函数.

解 函数 $y = 3x + 1$ 的反函数为 $x = \dfrac{y-1}{3}$,其定义域为 $(-\infty, +\infty)$,值域为 $(-\infty, +\infty)$.

【例 8】 求函数 $y = 1 + \sqrt{e^x - 1}$ 的反函数.

解 $y = 1 + \sqrt{e^x - 1}$ 的定义域为 $x \geq 0$,值域为 $y \geq 1$.由 $y = 1 + \sqrt{e^x - 1}$,得

$$x = \ln(y^2 - 2y + 2), y \geq 1,$$

将 x, y 互换,得反函数

$$y = \ln(x^2 - 2x + 2), x \geq 1.$$

为保证反函数是单值的,通常将函数 $y = f(x)$ 限制在其定义域内的某一单调区间上.例如,正弦函数 $y = \sin x$ 在区间 $\left[-\dfrac{\pi}{2}, \dfrac{\pi}{2}\right]$ 上单调增加,且函数值由最小值 -1 增加到最大值 1,于是可定义正弦函数的反函数 $y = \arcsin x$,其定义域是 $[-1, 1]$,值域是 $\left[-\dfrac{\pi}{2}, \dfrac{\pi}{2}\right]$.

2. 基本初等函数

通常,将常量函数、幂函数、指数函数、对数函数、三角函数与反三角函数六类函数统称为基本初等函数,如表 1-1 所示.

表 1-1　基本初等函数

函数名称	函数的记号	函数的图形	函数的性质
指数函数	$y=a^x(a>0,a\neq1)$	$0<a<1$　$a>1$	1. 不论 x 为何值,y 总为正数 2. 当 $x=0$ 时,$y=1$
对数函数	$y=\log_a x(a>0,a\neq1)$	$a>1$　$0<a<1$	1. 其图形总位于 y 轴右侧,并过 $(1,0)$ 点 2. 当 $a>1$ 时,在区间 $(0,1)$ 的值为负;在区间 $(1,+\infty)$ 的值为正;在定义域内单调增加
幂函数	$y=x^a(a\in\mathbf{R})$	$y=x^a$　$y=x$　$y=\sqrt[a]{x}$ 这里只画出函数图形的一部分	令 $a=\dfrac{m}{n}$ 1. 当 m 为偶数、n 为奇数时,y 是偶函数 2. 当 m,n 都是奇数时,y 是奇函数 3. 当 m 为奇数、n 为偶数时,y 在 $(-\infty,0)$ 上无意义
三角函数	$y=\sin x$(这里只写出了正弦函数)	$y=\sin x$	1. 正弦函数是以 2π 为周期的周期函数 2. 正弦函数是奇函数且 $|\sin x|\leqslant1$
反三角函数	$y=\arcsin x$(这里只写出了反正弦函数)		由于此函数为多值函数,因此将此函数值限制在 $\left[-\dfrac{\pi}{2},\dfrac{\pi}{2}\right]$ 上,并称其为反正弦函数的主值

3. 复合函数

定义 7　设函数 $y=f(u)$ 的定义域为 D_f,而函数 $u=g(x)$ 的值域为 R_g,若 $R_g\bigcap D_f\neq\varnothing$,则称函数 $y=f[g(x)]$ 为函数 $y=f(u)$ 和 $u=g(x)$ 的复合函数,其中,x 称为自变量,y 称为因变量,u 称为中间变量.

【例 9】　证明:函数 $y=\arcsin u$ 与函数 $u=2+x^2$ 不能复合成一个函数.

证　因为对于 $u=2+x^2$ 的定义域 $(-\infty,+\infty)$ 中的任何 x 值所对应的 u 值都大于或等于 2，故 $y=\arcsin u$ 没有定义.

【例 10】　已知 $y=\arctan u$，$u=\sqrt{v}$，$v=x^2-1$，将 y 表示成 x 的复合函数.

解　将 $u=\sqrt{v}$，$v=x^2-1$ 依次代入 $y=\arctan u$，得 $y=\arctan\sqrt{v}=\arctan\sqrt{x^2-1}$.

4. 初等函数

定义 8　由基本初等函数经过有限次四则运算和有限次复合，并在定义域内由一个解析式表示的函数，称为初等函数.

例如，$y=\mathrm{e}^{\sin x}$，$y=\ln(x+\sqrt{1+x^2})$，$y=\ln^2 x+\cos x$ 等都是初等函数.

形如 $y=[f(x)]^{g(x)}$ 的函数，称为幂指函数，其中 $f(x)$，$g(x)$ 均为初等函数，且 $f(x)>0$，由恒等式

$$[f(x)]^{g(x)}=\mathrm{e}^{g(x)\ln f(x)}$$

可知幂指函数为初等函数.

例如，$y=x^x(x>0)$，$y=x^{\sin x}(x>0)$，$y=(x-1)^x(x>1)$ 等都是幂指函数，因此，都是初等函数.

初等函数是微积分的主要研究对象，但根据实际需要，也会研究一些非初等函数.例如，分段函数一般为非初等函数，因为其在定义域内由多个解析式表示，故仍可通过初等函数来研究它们.以后章节中还会遇到隐函数、变限积分函数和幂级数函数等非初等函数，对它们的研究也离不开初等函数.

*三、三角函数

$y=\sin x$（正弦函数，图 1-11）；$y=\cos x$（余弦函数，图 1-12）；$y=\tan x=\dfrac{\sin x}{\cos x}$（正切函数，图 1-13）；$y=\cot x=\dfrac{\cos x}{\sin x}$（余切函数，图 1-14）；$y=\sec x=\dfrac{1}{\cos x}$（正割函数）；$y=\csc x=\dfrac{1}{\sin x}$（余割函数）.

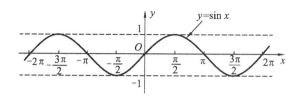

图 1-11

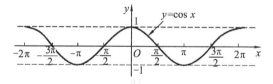

图 1-12

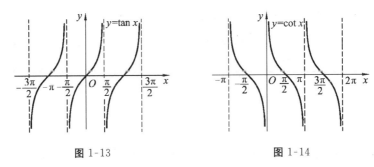

图 1-13   图 1-14

正弦函数和余弦函数都是以 2π 为周期的周期函数,定义域都是$(-\infty,+\infty)$,值域都是$[-1,1]$.正弦函数是奇函数,余弦函数是偶函数.

正切函数和余切函数都是以 π 为周期的周期函数,正切函数为奇函数,余切函数为奇函数,$\tan x$ 的定义域为$\left\{x\mid x\in \mathbf{R},x\neq k\pi+\dfrac{\pi}{2},k\in\mathbf{Z}\right\}$,$\cot x$ 的定义域为$\{x\mid x\in\mathbf{R},x\neq k\pi,k\in\mathbf{Z}\}$.

三角函数有如下常用的公式:

$$\sin(x\pm y)=\sin x\cos y\pm\cos x\sin y;$$
$$\cos(x\pm y)=\cos x\cos y\mp\sin x\sin y;$$
$$\sin x+\sin y=2\sin\frac{x+y}{2}\cos\frac{x-y}{2};$$
$$\sin x-\sin y=2\cos\frac{x+y}{2}\sin\frac{x-y}{2};$$
$$\cos x+\cos y=2\cos\frac{x+y}{2}\cos\frac{x-y}{2};$$
$$\cos x-\cos y=-2\sin\frac{x+y}{2}\sin\frac{x-y}{2};$$
$$\sin 2x=2\sin x\cos x;$$
$$\cos 2x=\cos^2 x-\sin^2 x=2\cos^2 x-1=1-2\sin^2 x;$$
$$\sin\frac{x}{2}=\sqrt{\frac{1-\cos x}{2}}\,;\;\cos\frac{x}{2}=\sqrt{\frac{1+\cos x}{2}}\,;$$
$$1+\tan^2 x=\sec^2 x;1+\cot^2 x=\csc^2 x.$$

* 四、反三角函数

由于三角函数都是周期函数,在整个定义域上不是单调的,因而不存在反函数,但是,若限制 x 的取值区间,使三角函数在所选取的区间上为单调函数,则存在三角函数的反函数,即反三角函数.

(1)反正弦函数 $y=\arcsin x$,定义域为$[-1,1]$,值域为$\left[-\dfrac{\pi}{2},\dfrac{\pi}{2}\right]$,是奇函数,见图 1-15.

(2)反余弦函数 $y=\arccos x$,定义域为$[-1,1]$,值域为$[0,\pi]$,是非奇非偶函

数,见图 1-16.

（3）反正切函数 $y = \arctan x$,定义域为 $(-\infty, +\infty)$,值域为 $\left(-\dfrac{\pi}{2}, \dfrac{\pi}{2}\right)$,是奇函数,见图 1-17.

（4）反余切函数 $y = \text{arccot}\, x$,定义域为 $(-\infty, +\infty)$,值域为 $(0, \pi)$,是非奇非偶函数,见图 1-18.

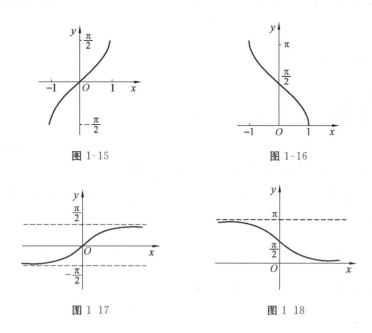

图 1-15　　　　　　　　　　　图 1-16

图 1 17　　　　　　　　　　　图 1 18

五、区间

实数集 $\{x \mid a < x < b\} = (a, b)$ 称为开区间;$\{x \mid a \leqslant x \leqslant b\} = [a, b]$ 称为闭区间;$\{x \mid a \leqslant x < b\} = [a, b)$,$\{x \mid a < x \leqslant b\} = (a, b]$ 称为半开半闭区间;a, b 称为区间的端点.这些区间统称为有限区间,它们都可以用数轴上长度有限的线段来表示.如图 1-19(a)、图 1-19(b) 分别表示闭区间 $[a, b]$ 与开区间 (a, b).此外还有无限区间,引进记号 $+\infty$(读作正无穷大)及 $-\infty$(读作负无穷大)后,则可用类似的记号表示无限区间,如 $[a, +\infty) = \{x \mid x \geqslant a\}$,$(-\infty, b) = \{x \mid x < b\}$,$(-\infty, +\infty) = \{x \mid x \in \mathbf{R}\}$.

无限区间 $[a, +\infty)$,$(-\infty, b)$ 在数轴上的表示如图 1-19(c)、图 1-19(d) 所示.

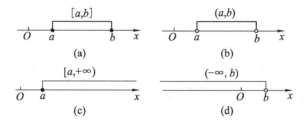

图 1-19

定义 9 设 δ 为某个正数,实数集 $\{x \mid |x-a|<\delta, \delta>0\}$,即开区间 $(a-\delta, a+\delta)$ 称为点 a 的 δ 邻域,记为 $U(a, \delta)$,其中 a 称为邻域的中心,δ 称为邻域的半径(图 1-20).

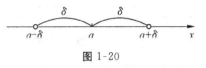

图 1-20

点 a 的邻域去掉中心 a 后的集合 $\{x \mid 0<|x-a|<\delta\}$,即 $(a-\delta, a) \bigcup (a, a+\delta)$ 称为点 a 的去心邻域,记为 $\mathring{U}(a, \delta)$,其中 $(a-\delta, a)$ 称为 a 的左邻域,$(a, a+\delta)$ 称为 a 的右邻域.

习题 1-1

一、选择题

1. 下列函数与 $y=x$ 为同一函数的是(　　).

A. $y=(\sqrt{x})^2$　　　B. $y=\sqrt{x^2}$　　　C. $y=e^{\ln x}$　　　D. $y=\ln e^x$

2. 已知 φ 是 f 的反函数,则 $f(2x)$ 的反函数是(　　).

A. $y=\dfrac{1}{2}\varphi(x)$　　B. $y=2\varphi(x)$　　C. $y=\dfrac{1}{2}\varphi(2x)$　　D. $y=2\varphi(2x)$

3. 设 $f(x)$ 在 $(-\infty, +\infty)$ 有定义,则下列函数为奇函数的是(　　).

A. $y=f(x)+f(-x)$　　　　　　B. $y=x[f(x)+f(-x)]$

C. $y=x^3 f(x^2)$　　　　　　　D. $y=f(x) \cdot f(-x)$

4. 下列函数在 $(-\infty, +\infty)$ 内无界的是(　　).

A. $y=\dfrac{1}{1+x^2}$　　　　　　B. $y=\arctan x$

C. $y=\sin x+\cos x$　　　　　D. $y=x\sin x$

二、填空题

1. 设 $f(x)=\dfrac{1}{1+x}$,则 $f[f(x)]$ 的定义域为 _____ .

2. 设 $f(x+2)=1+x^2$,则 $f(x-1)=$ _____ .

3. 函数 $y=\log_4 \sqrt{x}+\log_4 2$ 的反函数是 _____ .

三、计算题

1. 求函数 $y=\dfrac{\arcsin \dfrac{2x-1}{7}}{\sqrt{|x|-1}}$ 的定义域.

2. 设 $f\left(\sin \dfrac{x}{2}\right)=1+\cos x$,求 $f(x)$.

3. 设 $f(x)=\ln x$,$g(x)$ 的反函数 $g^{-1}(x)=\dfrac{2(x+1)}{x-1}$,求 $f[g(x)]$.

4. 判别 $f(x)=\ln(x+\sqrt{1+x^2})$ 的奇偶性.

5. 已知 $f(x)$ 为偶函数,$g(x)$ 为奇函数,且 $f(x)+g(x)=\dfrac{1}{x-1}$,求 $f(x)$ 及 $g(x)$.

第二节　数列与函数的极限

在微积分中,极限是一个重要的基本概念,微积分中其他的一些重要概念,如微分、积分、级数等都是建立在极限概念的基础上.因此,有关极限的概念、理论与方法,自然成为微积分学的理论基石.本节将讨论数列极限与函数极限的定义、性质及基本计算方法.

一、数列的极限

极限思想是由求某些实际问题的精确解而产生的.例如,春秋战国时期的哲学家庄子在《庄子·天下篇》中对"截丈问题"有一段名言:"一尺之棰,日取其半,万世不竭."其中隐含了深刻的极限思想.又如,我国古代数学家刘徽利用圆内接正多边形来推算圆面积的方法——割圆术,就是极限思想在几何学上的应用.

我们已经学过数列的概念,现在我们将进一步考察当自变量 n 无限增大时,数列 $a_n = f(n)$ 的变化趋势.

【例 11】 先看下列两个数列:

(1) $\dfrac{1}{2}, \dfrac{1}{4}, \dfrac{1}{8}, \dfrac{1}{16}, \cdots, \dfrac{1}{2^n}, \cdots$；　　　(2) $2, \dfrac{1}{2}, \dfrac{4}{3}, \dfrac{3}{4}, \cdots, \dfrac{n+(-1)^{n-1}}{n}, \cdots$.

归纳这两个数列的变化趋势,可知当 n 无限增大时,数列 a_n 都分别无限接近于一个确定的常数,一般地,我们给出下面的定义:

定义 10　如果当 n 无限增大时,数列 a_n 无限接近于一个确定的常数 A,那么 A 就叫作数列 a_n 的极限或说数列 a_n 收敛于 A,记为

$$\lim_{n \to \infty} a_n = A \quad \text{或者} \quad a_n \to A(n \to \infty).$$

根据数列极限的定义可知: $\lim\limits_{n \to \infty} \dfrac{1}{n} = 0$, $\lim\limits_{n \to \infty}\left(2 - \dfrac{1}{n^2}\right) = 2$, $\lim\limits_{n \to \infty}(-1)^n \dfrac{1}{3^n} = 0$, $\lim\limits_{n \to \infty} -3 = -3$.由此可以推得下列结论:

(1) $\lim\limits_{n \to \infty} \dfrac{1}{n^a} = 0(a > 0)$;　　　(2) $\lim\limits_{n \to \infty} q^n = 0(|q| < 1)$;

(3) $\lim\limits_{n \to \infty} C = C(C$ 为常数).

最后,还需注意,并不是任何数列都是有极限的.

例如,数列 $a_n = 3^n$,当 n 无限增大时, a_n 也无限增大,不能无限接近于一个确定的常数,所以这个数列没有极限.对于上述没有极限的数列,也说数列的极限不存在.数列极限不存在又称数列发散.

数列极限的严格数学定义如下:

* **定义 11**　设有数列 $\{x_n\}$ 与常数 a,若对于任意给定的正数 ε(不论它多么小),总存在正整数 N,使得对于 $n > N$ 时的一切 x_n,不等式

$$|x_n - a| < \varepsilon$$

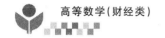

都成立,则称常数 a 为数列 $\{x_n\}$ 的极限,或称数列 $\{x_n\}$ 收敛于 a,记为

$$\lim_{n\to\infty} x_n = a \quad \text{或者} \quad x_n \to a(n\to\infty).$$

几点说明:

(1) 定义 11 中的正数 ε 是任意给定的(既是任意的,又是给定的).ε 用来刻画 "x_n 无限趋近于 a" 的程度,ε 越小,x_n 越接近于 a.

(2) 定义 11 中正整数 N 是随 ε 而定的,即 N 与 ε 有关,用来刻画 "n 无限增大" 的程度.

(3) 定义 11 的几何意义:若 $\lim\limits_{n\to\infty} x_n = a$,则对于任意给定的 $\varepsilon > 0$,无论它多么小,都存在正整数 N,在 $\{x_n\}$ 中,从第 $N+1$ 项开

图 1-21

始以后所有各项全部落在 a 的 ε 邻域中,在这个邻域之外,最多只有 $\{x_n\}$ 的有限项 $x_1, x_2, \cdots, x_N$(图 1-21).

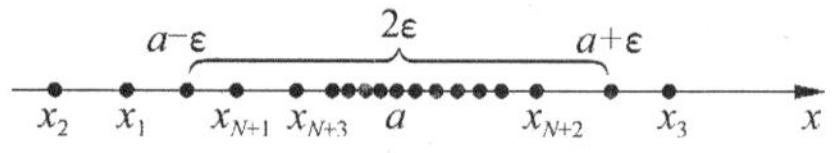

*【例 12】 证明:$\lim\limits_{n\to\infty} \dfrac{n}{3n+2} = \dfrac{1}{3}$.

证 对任意给定的 $\varepsilon > 0$,要使不等式 $\left| x_n - \dfrac{1}{3} \right| = \left| \dfrac{n}{3n+2} - \dfrac{1}{3} \right| = \dfrac{2}{3(3n+2)} < \dfrac{2}{9n} < \varepsilon$ 成立,只需 $n > \dfrac{2}{9\varepsilon}$. 因此,若取 $N = \left[\dfrac{2}{9\varepsilon} \right]$,则当 $n > N$ 时,有 $n > \dfrac{2}{9\varepsilon}$,从而有 $\left| x_n - \dfrac{1}{3} \right| < \varepsilon$.由定义 11,可知 $\lim\limits_{n\to\infty} \dfrac{n}{3n+2} = \dfrac{1}{3}$.

*二、收敛数列的性质

利用数列极限的 $\varepsilon - N$ 定义(定义 11),可证以下收敛数列的性质:

*定理 1(唯一性) 若数列 $\{x_n\}$ 收敛,则其极限是唯一的.

*定理 2(有界性) 收敛数列是有界的.

注 本论断的逆命题不成立,即有界数列未必收敛,如 $\{(-1)^n\}$ 是有界数列,但它没有极限.

*定理 3(保号性) 若 $\lim\limits_{n\to\infty} x_n = a$,且 $a > 0$(或 $a < 0$),则必存在正整数 N,当 $n > N$ 时,恒有 $x_n > 0$(或 $x_n < 0$).

*推论 若数列 $\{x_n\}$ 从某项起有 $x_n > 0$(或 $x_n < 0$),且若 $\lim\limits_{n\to\infty} x_n = a$,则 $a \geqslant 0$(或 $a \leqslant 0$).

*定理 4(收敛数列与其子数列间的关系) 若数列 $\{x_n\}$ 收敛于 a,则它的任一子数列也收敛于 a.

三、函数的极限

数列可看作自变量为正整数 n 的函数:$x_n = f(n)$,数列 $\{x_n\}$ 的极限为 a,即当自变量 n 取正整数且无限增大($n\to\infty$)时,对应的函数值 $f(n)$ 无限接近数 a.若将数列极限概念中自变量 n 和函数值 $f(n)$ 的特殊性撇开,可以由此引出函数极限的

一般概念:在自变量 x 的某个变化过程中,如果对应的函数值 $f(x)$ 无限接近于某个确定的数 A,那么 A 就称为 x 在该变化过程中函数 $f(x)$ 的极限.显然,极限 A 是与自变量 x 的变化过程紧密相关.自变量的变化过程不同,函数的极限就有不同的表现形式.

我们主要研究以下两种情形:(1)当自变量 x 的绝对值无限增大时函数的极限.(2)当自变量趋于有限值 x_0 时函数的极限.

1. 当 $x \to \infty$ 时,函数 $f(x)$ 的极限

定义 12 如果当 x 的绝对值无限增大,即 $x \to \infty$ 时,函数 $f(x)$ 的值无限接近于一个确定的常数 A,那么 A 就叫作函数 $f(x)$ 当 $x \to \infty$ 时的**极限**.记为

$$\lim_{x \to \infty} f(x) = A \quad \text{或者} \quad f(x) \to A \quad (x \to \infty).$$

在以上的函数极限定义中,自变量 x 的绝对值无限增大指的是:x 既可以取正值,也可以取负值,但其绝对值无限增大.

与数列极限类似,当 $x \to \infty$ 时函数 $f(x)$ 的极限的严格数学定义如下:

* **定义 13** 设函数 $f(x)$ 在 $|x| > M$(M 为正的常数)时有定义,A 为常数,若对任意给定的正数 ε(不论多么小),总存在正数 X,使当 $|x| > X$ 时,恒有

$$|f(x) - A| < \varepsilon,$$

则称常数 A 为 $x \to \infty$ 时函数 $f(x)$ 的极限,记为 $\lim\limits_{x \to \infty} f(x) = A$.

$\lim\limits_{x \to \infty} f(x) = A$ 的几何意义:作直线 $y = A - \varepsilon$ 和 $y = A + \varepsilon$,则总存在一个正数 X,使得当 $|x| > X$ 时,函数 $y = f(x)$ 的图形位于这两条直线之间(图 1-22).

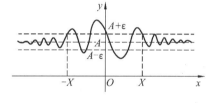

图 1-22

类似地,当 $x \to -\infty$(或 $x \to +\infty$)时,函数 $f(x)$ 趋近于常数 A,则称常数 A 为 $x \to -\infty$(或 $x \to +\infty$)时函数 $f(x)$ 的极限,记为

$$\lim_{x \to -\infty} f(x) = A \left[\text{或} \lim_{x \to +\infty} f(x) = A \right].$$

$\lim\limits_{x \to \infty} f(x) = A$ 包含两种情形:$\lim\limits_{x \to +\infty} f(x) = A$ 或 $\lim\limits_{x \to -\infty} f(x) = A$;反之,只有当 $\lim\limits_{x \to +\infty} f(x) = \lim\limits_{x \to -\infty} f(x) = A$,才可记为 $\lim\limits_{x \to \infty} f(x) = A$.

* **【例 13】** 用定义证明 $\lim\limits_{x \to \infty} \dfrac{\sin x}{x} = 0$.

证 对任意给定的 $\varepsilon > 0$,要使

$$\left| \frac{\sin x}{x} - 0 \right| = \left| \frac{\sin x}{x} \right| \leqslant \frac{1}{|x|} < \varepsilon,$$

只需 $|x| > \dfrac{1}{\varepsilon}$,因此,取 $X = \dfrac{1}{\varepsilon}$,则当 $|x| > X$ 时,必有

$$\left| \frac{\sin x}{x} - 0 \right| \leqslant \frac{1}{|x|} < \frac{1}{X} = \varepsilon,$$

于是由定义 13 知

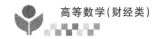

$$\lim_{x \to \infty} \frac{\sin x}{x} = 0.$$

*【例14】 讨论极限$\lim\limits_{x \to \infty} \arctan x$是否存在.

解 由函数$f(x) = \arctan x$的图形（图1-17）可知：

$$\lim_{x \to -\infty} \arctan x = -\frac{\pi}{2}, \quad \lim_{x \to +\infty} \arctan x = \frac{\pi}{2},$$

由于

$$\lim_{x \to -\infty} \arctan x \neq \lim_{x \to +\infty} \arctan x,$$

故$\lim\limits_{x \to \infty} \arctan x$不存在.

若$\lim\limits_{x \to \infty} f(x) = C$，则称直线$y = C$为函数$y = f(x)$图形的水平渐近线.例如，例13中直线$y = 0$为$y = \dfrac{\sin x}{x}$的水平渐近线，同样，例14中直线$y = -\dfrac{\pi}{2}$及$y = \dfrac{\pi}{2}$均为$y = \arctan x$的水平渐近线.

2. 当$x \to x_0$时，函数$f(x)$的极限

考察函数$f(x) = 2x + 1$，当$x \to \dfrac{1}{2}$时的变化趋势：由此可知，当$x \to \dfrac{1}{2}$时，函数$f(x) = 2x + 1$的值无限接近于2.对于这种当$x \to x_0$时，函数$f(x)$的变化趋势，给出下面的定义：

定义14 如果当x无限接近于定值x_0，即当$x \to x_0$时（在x_0处可以无定义），函数$f(x)$无限接近于一个确定的常数A，那么A就叫作函数$f(x)$当$x \to x_0$时的**极限**.记为

$$\lim_{x \to x_0} f(x) = A \quad \text{或者} \quad f(x) \to A \, (x \to x_0).$$

根据定义14可得：$\lim\limits_{x \to x_0} C = C \, (C$为常数$)$，$\lim\limits_{x \to x_0} x = x_0$.

当$x \to x_0$时，函数极限的严格数学定义如下：

****定义15** 设函数$f(x)$在x_0的某去心邻域内有定义，A为常数.若对任意给定的$\varepsilon > 0$（无论ε多么小），总存在$\delta > 0$，使当$0 < |x - x_0| < \delta$时，恒有

$$|f(x) - A| < \varepsilon,$$

则称常数A为函数$f(x)$当$x \to x_0$时的极限.记为

$$\lim_{x \to x_0} f(x) = A \quad \text{或} \quad f(x) \to A \, (x \to x_0).$$

几点说明：

（1）函数极限与$f(x)$在点x_0处是否有定义无关.

（2）δ与任意给定的正数ε有关.

（3）$\lim\limits_{x \to x_0} f(x) = A$的几何解释：任意给定一正数$\varepsilon$，作平行于$x$轴的两条直线$y = A + \varepsilon$和$y = A - \varepsilon$.根据定义，对于给定的$\varepsilon$，存在点$x_0$的一个$\delta$去心邻域$0 < |x - x_0| < \delta$，当$y = f(x)$的图形上的点的横坐标$x$落在该邻域内时，这些点对应的纵

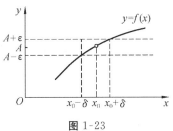

图1-23

坐标落在带形区域 $A-\varepsilon<f(x)<A+\varepsilon$ 内(图 1-23).

类似地,当 $x\to x_0^-$(或 $x\to x_0^+$)时,函数 $f(x)$ 趋于常数 A,则称 A 为 $f(x)$ 在点 x_0 处的左极限(或右极限),记为

$$\lim_{x\to x_0^-}f(x)=A\,[\text{或}\lim_{x\to x_0^+}f(x)=A].$$

有时简记为

$$f(x_0-0)=A\,[\text{或}\,f(x_0+0)=A].$$

函数的左、右极限与函数的极限是三个不同的概念,但三者之间有如下关系:

$\lim\limits_{x\to x_0}f(x)=A$ 的充分必要条件为 $\lim\limits_{x\to x_0^-}f(x)=\lim\limits_{x\to x_0^+}f(x)=A$.

*【例 15】 用定义证明 $\lim\limits_{x\to 3}\dfrac{x^2-9}{x-3}=6$.

证 当 $x\neq 3$ 时,$|f(x)-A|=\left|\dfrac{x^2-9}{x-3}-6\right|=|x-3|$.任意给定 $\varepsilon>0$,要使 $|f(x)-A|<\varepsilon$,只要取 $\delta=\varepsilon$,则当 $0<|x-3|<\delta$ 时,就有 $\left|\dfrac{x^2-9}{x-3}-6\right|<\varepsilon$,故由定义 15 知 $\lim\limits_{x\to 3}\dfrac{x^2-9}{x-3}=6$.

【例 16】 设 $f(x)=\begin{cases}x-1, & x\leqslant 0,\\ x^2, & x>0,\end{cases}$ 讨论 $\lim\limits_{x\to 0}f(x)$ 是否存在.

解 由图 1-24,得

$\lim\limits_{x\to 0^-}f(x)=\lim\limits_{x\to 0^-}(x-1)=-1,\lim\limits_{x\to 0^+}f(x)=\lim\limits_{x\to 0^+}x^2=0,$

$\lim\limits_{x\to 0^-}f(x)\neq\lim\limits_{x\to 0^+}f(x)$,故 $\lim\limits_{x\to 0}f(x)$ 不存在.

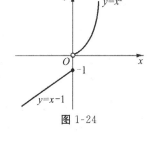

图 1-24

【例 17】 设 $f(x)=\begin{cases}\sqrt{x}, & x\geqslant 0,\\ \sin x, & x<0,\end{cases}$ 求 $\lim\limits_{x\to 0}f(x)$.

解 因为 $\lim\limits_{x\to 0^-}f(x)=\lim\limits_{x\to 0^-}\sin x=0,\lim\limits_{x\to 0^+}f(x)=\lim\limits_{x\to 0^+}\sqrt{x}=0$,故 $\lim\limits_{x\to 0}f(x)=0$.

【例 18】 设 $f(x)=\dfrac{1-2^{\frac{1}{x}}}{1+2^{\frac{1}{x}}}$,求 $\lim\limits_{x\to 0}f(x)$.

解 当 $x\to 0^-$ 时,$\dfrac{1}{x}\to-\infty$,即 $2^{\frac{1}{x}}\to 0$,因此 $\lim\limits_{x\to 0^-}f(x)=\lim\limits_{x\to 0^-}\dfrac{1-2^{\frac{1}{x}}}{1+2^{\frac{1}{x}}}=1$;当 $x\to 0^+$ 时,$\dfrac{1}{x}\to+\infty$,则 $2^{\frac{1}{x}}\to+\infty$,因此

$$\lim_{x\to 0^+}f(x)=\lim_{x\to 0^+}\dfrac{1-2^{\frac{1}{x}}}{1+2^{\frac{1}{x}}}=\lim_{x\to 0^+}\dfrac{2^{-\frac{1}{x}}-1}{2^{-\frac{1}{x}}+1}=-1.$$

所以

$$\lim_{x\to 0^-}f(x)\neq\lim_{x\to 0^+}f(x),$$

因而 $\lim\limits_{x \to 0} f(x)$ 不存在.

四、函数极限的性质

利用函数极限的定义,可以证明类似数列极限的一些相应性质.下面仅以 $x \to x_0$ 的极限形式给出这些性质,至于其他形式的极限的性质,只需稍作修改即可得到.

* **定理 5** 函数极限具有如下基本性质:

(1)（唯一性） 若 $\lim\limits_{x \to x_0} f(x)$ 存在,则其极限值唯一.

(2)（局部有界性） 若 $\lim\limits_{x \to x_0} f(x)$ 存在,则函数 $f(x)$ 在 x_0 的某去心邻域内有界.

(3)（局部保号性） 若 $\lim\limits_{x \to x_0} f(x) = A$,且 $A > 0$（或 $A < 0$）,则在 x_0 的某去心邻域内,恒有

$$f(x) > 0 \left[\text{或 } f(x) < 0 \right].$$

(4) 若 $\lim\limits_{x \to x_0} f(x) = A$,且在 x_0 的某去心邻域内 $f(x) > 0$ [或 $f(x) < 0$],则有 $A \geqslant 0$（或 $A \leqslant 0$）.

习 题 1-2

1. 数列 $\{x_n\}$ 有界是 $\lim\limits_{n \to \infty} x_n$ 存在的（　　）.

A. 必要条件　　　B. 充分条件　　　C. 充分必要条件　　D. 无关条件

2. 设 $\{a_n\}, \{b_n\}, \{c_n\}$ 均为非负数列,且 $\lim\limits_{n \to \infty} a_n = 0, \lim\limits_{n \to \infty} b_n = 1, \lim\limits_{n \to \infty} c_n = \infty$,则必有（　　）.

A. $a_n < b_n$ 对任意 n 成立　　　　　　B. $b_n < c_n$ 对任意 n 成立

C. 极限 $\lim\limits_{n \to \infty} a_n c_n$ 不存在　　　　　D. 极限 $\lim\limits_{n \to \infty} b_n c_n$ 不存在

3. 讨论下列函数在给定点处的极限是否存在.若存在,求其极限值.

(1) $f(x) = \begin{cases} 1 - \sqrt{1-x}, & x < 1, \\ x - 1, & x > 1 \end{cases}$ 在 $x = 1$ 处;

(2) $f(x) = \begin{cases} 2x + 1, & x \leqslant 1, \\ x^2 - x + 3, & 1 < x \leqslant 2, \\ x^3 - 1, & x > 2 \end{cases}$ 在 $x = 1$ 与 $x = 2$ 处.

4. 求下列函数的极限.

(1) $\lim\limits_{x \to -\infty} e^x$;　　　　　　　　　(2) $\lim\limits_{x \to +\infty} \operatorname{arccot} x$;

(3) $\lim\limits_{x \to +\infty} \left(\dfrac{1}{2} \right)^x$.

第三节 无穷小与无穷大

对无穷小的认识问题,可以远溯到古希腊,那时,阿基米德就曾用无限小量方法得到许多重要的数学结果,但他认为无限小量方法存在着不合理的地方.直到1821 年,柯西在他的《分析教程》中才对无限小(即这里所说的无穷小)这一概念给出了明确的回答.而有关无穷小的理论就是在柯西的理论基础上发展起来的.

一、无穷小

定义 16 极限为零的变量(函数)称为无穷小.

例如,

(1) $\lim\limits_{x\to 0}\sin x = 0$,函数 $\sin x$ 是当 $x\to 0$ 时的无穷小.

(2) $\lim\limits_{x\to\infty}\dfrac{1}{x}$,函数 $\dfrac{1}{x}$ 是当 $x\to\infty$ 时的无穷小.

(3) $\lim\limits_{n\to\infty}\dfrac{1}{2^n} = 0$,$\dfrac{1}{2^n}$ 是当 $n\to\infty$ 时的无穷小.

几点说明:

(1) 根据定义,无穷小本质上是这样一个变量(函数):在某个过程(如 $x\to x_0$ 或 $x\to\infty$)中,该变量的绝对值能小于任意给定的正数 ε.无穷小不能与很小的数(如千万分之一)混淆.但零是可以作为无穷小的唯一常数.

(2) 无穷小是相对于 x 的某个变化过程而言的.例如,当 $x\to\infty$ 时,$\dfrac{1}{x}$ 是无穷小;当 $x\to 3$ 时,$\dfrac{1}{x}$ 不是无穷小.

* **定理 6** $\lim\limits_{x\to x_0} f(x) = A$ 的充分必要条件是
$$f(x) = A + \alpha(x),$$
其中 $\alpha(x)$ 是当 $x\to x_0$ 时的无穷小.

证 先证必要性.设 $\lim\limits_{x\to x_0} f(x) = A$,则对任意给定的 $\varepsilon > 0$,存在 $\delta > 0$,使当 $0 < |x - x_0| < \delta$ 时,恒有
$$|f(x) - A| < \varepsilon,$$
令 $\alpha(x) = f(x) - A$,则 α 是当 $x\to x_0$ 时的无穷小,且
$$f(x) = A + \alpha(x).$$

再证充分性.设 $f(x) = A + \alpha(x)$,其中 A 为常数,$\alpha(x)$ 是当 $x\to x_0$ 时的无穷小,于是
$$|f(x) - A| = |\alpha(x)|.$$

因为 $\alpha(x)$ 是当 $x\to x_0$ 时的无穷小,故对任意给定的 $\varepsilon > 0$,存在 $\delta > 0$,使当 $0 < |x - x_0| < \delta$ 时,恒有 $|\alpha(x)| < \varepsilon$,即

$$|f(x)-A|<\varepsilon,$$

从而 $\lim\limits_{x\to x_0} f(x)=A$.

注 (1) 定理 6 对 $x\to\infty$ 等其他情形也成立(读者自证).

(2) 定理 6 的结论在今后的学习中有重要的应用,尤其是在理论推导或证明中,它将函数的极限运算问题转化为常数与无穷小的代数运算问题.

利用极限的定义可证:

定理 7 无穷小有如下性质:

(1) 有限个无穷小的和或差仍为无穷小;

(2) 有限个无穷小的积仍为无穷小;

(3) 无穷小与有界函数之积是无穷小,常数与无穷小之积仍为无穷小.

例如,例 13 中,因 $x\to\infty$ 时,$\dfrac{1}{x}$ 是无穷小,而 $\sin x$ 是有界函数,由定理 7 立即得

$$\lim_{x\to\infty}\frac{\sin x}{x}=0.$$

【例 19】 求 $\lim\limits_{x\to 0} x\sin\dfrac{1}{x}$.

解 因 $x\neq 0$ 时,$\left|\sin\dfrac{1}{x}\right|\leqslant 1$,故 $x\neq 0$ 时,$\left|\sin\dfrac{1}{x}\right|$ 为有界函数;又因 $x\to 0$ 时,x 为无穷小,由定理 7 可知,$x\to 0$ 时,$x\sin\dfrac{1}{x}$ 为无穷小,即有

$$\lim_{x\to 0} x\sin\frac{1}{x}=0.$$

通过前面的学习我们已经知道,两个无穷小量的和、差及乘积仍旧是无穷小.那么两个无穷小量的商会是怎样的呢? 这个问题的答案会在后面介绍无穷小量的比较时给出.

二、无穷大

定义 17 当 $x\to x_0$(或 $x\to\infty$)时,函数 $f(x)$ 的绝对值 $|f(x)|$ 无限增大(即大于预先给定的任意正数),则称函数 $f(x)$ 为 $x\to x_0$(或 $x\to\infty$)时的**无穷大**,记为

$$\lim_{x\to x_0} f(x)=\infty[\text{或}\lim_{x\to\infty} f(x)=\infty].$$

若 $\lim\limits_{x\to x_0} f(x)=+\infty[\text{或}\lim\limits_{x\to x_0} f(x)=-\infty]$,则称函数 $f(x)$ 为 $x\to x_0$ 时的正无穷大(或负无穷大).

若 $\lim\limits_{x\to x_0} f(x)=\infty$,则称直线 $x=x_0$ 为 $y=f(x)$ 图形的铅直渐近线.

例如,当 $x\to 1$ 时,$y=\dfrac{1}{x-1}$ 的绝对值无限增大,即当

$x\to 1$ 时,$y=\dfrac{1}{x-1}$ 是无穷大,故 $\lim\limits_{x\to 1}\dfrac{1}{x-1}=\infty$,$x=1$ 为

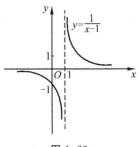

图 1-25

$y=\dfrac{1}{x-1}$ 的铅直渐近线(图 1-25).

同理,$\lim\limits_{x\to+\infty}10^x=+\infty$,$\lim\limits_{x\to0^+}\ln x=-\infty$,$\lim\limits_{n\to\infty}(1-n^2)=-\infty$,而 $\lim\limits_{n\to\infty}(-1)^n n=\infty$.

无穷大与无穷小之间有一种简单的关系.

定理 8 在自变量的同一变化过程中,若 $f(x)$ 为无穷大,则 $\dfrac{1}{f(x)}$ 为无穷小;反之,若 $f(x)$ 为无穷小,且 $f(x)\neq0$,则 $\dfrac{1}{f(x)}$ 为无穷大.

例如,因 $\lim\limits_{x\to+\infty}\mathrm{e}^x=+\infty$,故 $\lim\limits_{x\to+\infty}\mathrm{e}^{-x}=0$;因 $\lim\limits_{x\to1}(x-1)=0$,故 $\lim\limits_{x\to1}\dfrac{1}{x-1}=\infty$.

【例 20】 求 $\lim\limits_{x\to2}\dfrac{x^3-2x^2}{(x-2)^2}$.

解 因为
$$\lim_{x\to2}\frac{(x-2)^2}{x^3-2x^2}=\lim_{x\to2}\frac{(x-2)^2}{x^2(x-2)}=\lim_{x\to2}\frac{x-2}{x^2}=0,$$

故 $x\to2$ 时,$\dfrac{(x-2)^2}{x^3-2x^2}$ 为无穷小,由定理 8 得 $\lim\limits_{x\to2}\dfrac{x^3-2x^2}{(x-2)^2}=\infty$.

 习题 1-3

1.观察并判断下列变量,当 x 趋近于何值时为无穷小:

(1) $f(x)=\dfrac{x-2}{x^2+2}$;

(2) $f(x)=\ln(1+x)$;

(3) $f(x)=\mathrm{e}^{1-x}$;

(4) $f(x)=\dfrac{1}{\ln(4-x)}$.

2.观察并判断下列变量,当 x 趋近于何值时为无穷大:

(1) $f(x)=\dfrac{x^2+1}{x^2-4}$;

(2) $f(x)=\ln|1-x|$;

(3) $f(x)=\mathrm{e}^{-\frac{1}{x}}$;

(4) $f(x)=\dfrac{1}{\sqrt{x-5}}$.

3.求下列极限并写出相应的渐近线方程:

(1) $\lim\limits_{x\to\left(-\frac{\pi}{2}\right)^-}\tan x$;

(2) $\lim\limits_{x\to+\infty}\dfrac{\arctan x}{x}$.

第四节　极限运算法则

利用函数图形和极限定义只能求出一些简单函数(如基本初等函数)的极限,而实际问题中的函数要复杂得多.下面我们将介绍极限的四则运算法则,并运用这些法则来求一些较复杂的函数的极限.

一、极限的四则运算法则

利用极限与无穷小的关系和无穷小的性质,可以证明如下的极限四则运算法则:

定理 9 设 $\lim\limits_{x \to x_0} f(x) = A$, $\lim\limits_{x \to x_0} g(x) = B$, 则

(1) $\lim\limits_{x \to x_0} [f(x) \pm g(x)] = \lim\limits_{x \to x_0} f(x) \pm \lim\limits_{x \to x_0} g(x) = A \pm B$;

(2) $\lim\limits_{x \to x_0} [f(x) \cdot g(x)] = \lim\limits_{x \to x_0} f(x) \cdot \lim\limits_{x \to x_0} g(x) = A \cdot B$;

(3) $\lim\limits_{x \to x_0} \dfrac{f(x)}{g(x)} = \dfrac{\lim\limits_{x \to x_0} f(x)}{\lim\limits_{x \to x_0} g(x)} = \dfrac{A}{B} \ (B \neq 0)$.

【例 21】 求 $\lim\limits_{x \to 3}(2x^2 - 3x + 2)$.

解 $2(\lim\limits_{x \to 3} x)^2 - 3\lim\limits_{x \to 3} x + 2 = 2 \times 3^2 - 3 \times 3 + 2 = 11$.

可以将例 21 推广到一般多项式的极限.

设 $P_n(x) = a_0 x^n + a_1 x^{n-1} + \cdots + a_{n-1} x + a_n$, 则

$$\lim_{x \to x_0} P_n(x) = a_0 (\lim_{x \to x_0} x)^n + a_1 (\lim_{x \to x_0} x)^{n-1} + \cdots + a_{n-1} \lim_{x \to x_0} x + a_n$$
$$= a_0 x_0^n + a_1 x_0^{n-1} + \cdots + a_{n-1} x_0 + a_n = P_n(x_0).$$

【例 22】 求 $\lim\limits_{x \to 2} \dfrac{x^4 - 3x - 8}{2x^3 - x^2 + 1}$.

解 因为 $\lim\limits_{x \to 2}(2x^3 - x^2 + 1) = 2 \times 2^3 - 2^2 + 1 = 13 \neq 0$, 得

$$\lim_{x \to 2} \frac{x^4 - 3x - 8}{2x^3 - x^2 + 1} = \frac{\lim\limits_{x \to 2}(x^4 - 3x - 8)}{\lim\limits_{x \to 2}(2x^3 - x^2 + 1)} = \frac{2^4 - 3 \times 2 - 8}{2 \times 2^3 - 2^2 + 1} = \frac{2}{13}.$$

设有理分式函数

$$F(x) = \frac{P_n(x)}{Q_m(x)},$$

其中 $P_n(x), Q_m(x)$ 分别为 n 次和 m 次多项式,且 $Q_m(x_0) \neq 0$, 则

$$\lim_{x \to x_0} F(x) = \lim_{x \to x_0} \frac{P_n(x)}{Q_m(x)} = \frac{\lim\limits_{x \to x_0} P_n(x)}{\lim\limits_{x \to x_0} Q_m(x)} = \frac{P_n(x_0)}{Q_m(x_0)} = F(x_0).$$

【例 23】 求 $\lim\limits_{x \to 1} \dfrac{4x - 1}{x^2 + 2x - 3}$.

解 因为 $\lim\limits_{x \to 1}(x^2 + 2x - 3) = 0$, 所以极限商的法则不能用. 又

$$\lim_{x \to 1} \frac{x^2 + 2x - 3}{4x - 1} = 0,$$

由无穷小与无穷大的关系,得

$$\lim_{x \to 1} \frac{4x - 1}{x^2 + 2x - 3} = \infty.$$

【例 24】 求 $\lim\limits_{x \to 1} \dfrac{x^2-1}{x^2+2x-3}$.

解 当 $x \to 1$ 时,分子和分母的极限都是零,此时应先约去不为零的无穷小因子 $(x-1)$ 后再求极限.

$$\lim_{x \to 1} \frac{x^2-1}{x^2+2x-3} = \lim_{x \to 1} \frac{(x-1)(x+1)}{(x-1)(x+3)} = \lim_{x \to 1} \frac{x+1}{x+3} = \frac{1}{2}.$$

【例 25】 求 $\lim\limits_{x \to \infty} \dfrac{2x^3+3x^2+5}{7x^3+4x^2-1}$.

解 当 $x \to \infty$ 时,分子和分母的极限都是无穷大,不能用极限商的法则,此时可采用分子、分母同除以 x 的最高次幂将其变形,即同除以 x^3,有

$$\lim_{x \to \infty} \frac{2x^3+3x^2+5}{7x^3+4x^2-1} = \lim_{x \to \infty} \frac{2+\dfrac{3}{x}+\dfrac{5}{x^3}}{7+\dfrac{4}{x}-\dfrac{1}{x^3}} = \frac{2}{7}.$$

注 当 $a_0 \neq 0, b_0 \neq 0, m$ 和 n 为非负整数时,

$$\lim_{x \to \infty} \frac{a_0 x^m + a_1 x^{m-1} + \cdots + a_m}{b_0 x^n + b_1 x^{n-1} + \cdots + b_n} = \begin{cases} \dfrac{a_0}{b_0}, & n = m, \\ 0, & n > m, \\ \infty, & n < m. \end{cases}$$

【例 26】 求 $\lim\limits_{n \to \infty} \left(\dfrac{1}{n^2} + \dfrac{2}{n^2} + \cdots + \dfrac{n}{n^2} \right)$.

解 当 $n \to \infty$ 时,题设极限是无穷多个无穷小之和,先变形冉求极限.

$$\lim_{n \to \infty} \left(\frac{1}{n^2} + \frac{2}{n^2} + \cdots + \frac{n}{n^2} \right) = \lim_{n \to \infty} \frac{1+2+\cdots+n}{n^2}$$

$$= \lim_{n \to \infty} \frac{\dfrac{1}{2}n(n+1)}{n^2} = \lim_{n \to \infty} \frac{1}{2} \left(1 + \frac{1}{n} \right) = \frac{1}{2}.$$

【例 27】 求 $\lim\limits_{x \to +\infty} (\sqrt{x+1} - \sqrt{x})$.

解 当 $x \to \infty$ 时,$\sqrt{x+1}$ 与 $\sqrt{x}$ 均为无穷大,但经有理化变形后,可得

$$\lim_{x \to +\infty} (\sqrt{x+1} - \sqrt{x}) = \lim_{x \to +\infty} \frac{1}{\sqrt{x+1} + \sqrt{x}} = 0.$$

【例 28】 已知 $\lim\limits_{x \to +\infty} \left(\dfrac{x^2+2}{x-1} - ax - b \right) = 0$,求常数 a, b.

解 由于 $\lim\limits_{x \to +\infty} \left(\dfrac{x^2+2}{x-1} - ax - b \right) = \lim\limits_{x \to +\infty} \dfrac{(1-a)x^2 + (a-b)x + 2 + b}{x-1} = 0$,于是,

上式中分子多项式的次数应为零,故有 $1-a=0$ 且 $a-b=0$,由此解得 $a=b=1$.

【例 29】 求 $\lim\limits_{x \to +\infty} \dfrac{x^2+1}{x^3+x+2} (\sin x + \cos x)$.

解 由于

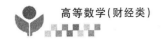

$$\lim_{x \to +\infty} \frac{x^2+1}{x^3+x+2}=0,$$

且 $|\sin x + \cos x| < 2$,故由无穷小的性质,得

$$\lim_{x \to +\infty} \frac{x^2+1}{x^3+x+2}(\sin x + \cos x)=0.$$

二、复合函数的极限

定理 10（变量替换定理） 设 $y=f(u)$ 与 $u=g(x)$ 构成复合函数 $y=f[g(x)]$. 若 $\lim\limits_{x \to x_0} g(x)=u_0$,且 $g(x) \neq u_0 (x \neq x_0)$,又 $\lim\limits_{u \to u_0} f(u)=A$,则有

$$\lim_{x \to x_0} f[g(x)]=\lim_{u \to u_0} f(u)=A.$$

定理 10 为极限计算中经常用到的"变量替换法"提供了理论依据.实际上,若令 $u=g(x)$,则极限 $\lim\limits_{x \to x_0} f[g(x)]$ 就转化为求极限 $\lim\limits_{u \to u_0} f(u)$,而后者可能较易计算.

【例 30】 求 $\lim\limits_{x \to \frac{\pi}{2}} \dfrac{\cos^2 x}{2-\sin x-\sin^2 x}$.

解 作变换 $u=\sin x$,则当 $x \to \dfrac{\pi}{2}$ 时,$u \to 1$,于是由定理 9 可得

$$\lim_{x \to \frac{\pi}{2}} \frac{\cos^2 x}{2-\sin x-\sin^2 x}=\lim_{u \to 1} \frac{1-u^2}{2-u-u^2}=\lim_{u \to 1} \frac{(1-u)(1+u)}{(1-u)(2+u)}=\lim_{u \to 1} \frac{1+u}{2+u}=\frac{2}{3}.$$

习题 1-4

1. 求下列数列的极限:

(1) $\lim\limits_{n \to \infty} \dfrac{(-2)^n+3^n}{(-2)^{n+1}+3^{n+1}}$;

(2) $\lim\limits_{n \to \infty} \left(1-\dfrac{1}{2^2}\right)\left(1-\dfrac{1}{3^2}\right)\cdots\left(1-\dfrac{1}{n^2}\right)$;

(3) $\lim\limits_{n \to \infty}(1+r)(1+r^2)\cdots(1+r^{2n})(|r|<1)$.

2. 求下列函数的极限:

(1) $\lim\limits_{x \to 1} \dfrac{x^2-3x+2}{x-1}$;

(2) $\lim\limits_{x \to \infty} \dfrac{4x^4-3x^3+1}{2x^4+5x^2-6}$;

(3) $\lim\limits_{x \to 2} \dfrac{2-\sqrt{x+2}}{2-x}$;

(4) $\lim\limits_{x \to 0}(1+x^2)^{x^{-2}}$;

(5) $\lim\limits_{x \to \infty}\left(\dfrac{\sin x}{x}+100\right)$;

(6) $\lim\limits_{x \to +\infty} \sqrt{x}(\sqrt{x+1}-\sqrt{x})$;

(7) $\lim\limits_{x \to -1}\left(\dfrac{3}{x^3+1}-\dfrac{1}{x+1}\right)$.

3. 求常数 a 和 b,使得 $\lim\limits_{x \to 0} \dfrac{\sqrt{ax+b}-2}{x}=1$.

4. 若 $f(x)=\dfrac{1+e^{\frac{1}{x}}}{1-e^{\frac{1}{x}}}$,求 $\lim\limits_{x \to 0^-} f(x)$, $\lim\limits_{x \to 0^+} f(x)$, $\lim\limits_{x \to 0} f(x)$.

第五节 极限存在准则与两个重要极限

两个重要极限是在学生学习了数列的极限、函数的极限及函数极限的四则运算法则的基础上进行研究的,它是解决极限计算问题的一个有效工具,也是今后研究初等函数求导公式的一个工具,所以两个重要极限是后继学习的重要基础.

一、极限存在准则

定理 11(夹逼准则)

(1) 若数列 $\{x_n\}$,$\{y_n\}$,$\{z_n\}$ 满足下列条件:

① $y_n \leqslant x_n \leqslant z_n (n \geqslant N, N$ 是个正整数);

② $\lim\limits_{n \to \infty} y_n = \lim\limits_{n \to \infty} z_n = a$,则数列 $\{x_n\}$ 的极限存在,且 $\lim\limits_{n \to \infty} x_n = a$.

(2) 假设在 x_0 的某去心邻域内,有

$$g(x) \leqslant f(x) \leqslant h(x),$$

且有

$$\lim_{x \to x_0} g(x) = \lim_{x \to x_0} h(x) = A,$$

则极限 $\lim\limits_{x \to x_0} f(x)$ 存在,且有 $\lim\limits_{x \to x_0} f(x) = A$.

【例 31】 求 $\lim\limits_{n \to \infty} \left(\dfrac{1}{\sqrt{n^2+1}} + \dfrac{1}{\sqrt{n^2+2}} + \cdots + \dfrac{1}{\sqrt{n^2+n}} \right)$.

解 设 $x_n = \dfrac{1}{\sqrt{n^2+1}} + \dfrac{1}{\sqrt{n^2+2}} + \cdots + \dfrac{1}{\sqrt{n^2+n}}$,因 $\dfrac{n}{\sqrt{n^2+n}} \leqslant x_n \leqslant \dfrac{n}{\sqrt{n^2+1}}$,

又

$$\lim_{n \to \infty} \frac{n}{\sqrt{n^2+n}} = \lim_{n \to \infty} \frac{1}{\sqrt{1+\dfrac{1}{n}}} = 1, \lim_{n \to \infty} \frac{n}{\sqrt{n^2+1}} = \lim_{n \to \infty} \frac{1}{\sqrt{1+\dfrac{1}{n^2}}} = 1,$$

由夹逼准则,得

$$\lim_{n \to \infty} x_n = \lim_{n \to \infty} \left(\frac{1}{\sqrt{n^2+1}} + \frac{1}{\sqrt{n^2+2}} + \cdots + \frac{1}{\sqrt{n^2+n}} \right) = 1.$$

定义 18 若数列 $\{x_n\}$ 满足条件 $x_1 \leqslant x_2 \leqslant \cdots \leqslant x_n \leqslant x_{n+1} \leqslant \cdots$,则称数列 $\{x_n\}$ 是单调增加的;若数列 $\{x_n\}$ 满足条件 $x_1 \geqslant x_2 \geqslant \cdots \geqslant x_n \geqslant x_{n+1} \geqslant \cdots$,则称数列 $\{x_n\}$ 是单调减少的.单调增加和单调减少的数列统称为单调数列.

定理 12 单调有界数列必有极限.

由定理 5 知,收敛的数列必定有界,但有界的数列不一定收敛.定理 12 表明,若一数列不仅有界,而且单调,则该数列一定收敛.

【例 32】 设有数列 $x_1 = \sqrt{3}$,$x_2 = \sqrt{3+x_1}$,$\cdots$,$x_n = \sqrt{3+x_{n-1}}$,$\cdots$,求 $\lim\limits_{n \to \infty} x_n$.

解 显然 $x_{n+1} > x_n$,故 $\{x_n\}$ 是单调增加的.下面用数学归纳法证明数列 $\{x_n\}$ 有

界.因为 $x_1=\sqrt{3}<3$,假定 $x_k<3$,则有

$$x_{k+1}=\sqrt{3+x_k}<\sqrt{3+3}<3,$$

故 $\{x_n\}$ 是有界的.

根据定理 12 知,$\lim\limits_{n\to\infty}x_n$ 存在.设 $\lim\limits_{n\to\infty}x_n=A$,因为

$$x_{n+1}=\sqrt{3+x_n},$$

即

$$x_{n+1}^2=3+x_n,$$

所以

$$\lim_{n\to\infty}x_{n+1}^2=\lim_{n\to\infty}(3+x_n),$$

即

$$A^2=3+A,$$

解得

$$A=\frac{1+\sqrt{13}}{2}\ \text{或}\ A=\frac{1-\sqrt{13}}{2}(\text{舍去}),$$

所以

$$\lim_{n\to\infty}x_n=\frac{1+\sqrt{13}}{2}.$$

二、两个重要极限

1. $\lim\limits_{x\to 0}\dfrac{\sin x}{x}=1$

关于该极限,我们不做理论推导,只要求会利用它进行极限的计算.

【例 33】 求 $\lim\limits_{x\to 0}\dfrac{\sin 3x}{\sin 5x}=1$.

解 $\lim\limits_{x\to 0}\dfrac{\sin 3x}{\sin 5x}=\dfrac{3}{5}\lim\limits_{x\to 0}\dfrac{\dfrac{\sin 3x}{3x}}{\dfrac{\sin 5x}{5x}}=\dfrac{3}{5}$.

【例 34】 求 $\lim\limits_{x\to 2}\dfrac{\sin (x-2)}{x^2-4}$.

解 $\lim\limits_{x\to 2}\dfrac{\sin(x-2)}{x^2-4}=\lim\limits_{x\to 2}\dfrac{\sin(x-2)}{x-2}\lim\limits_{x\to 2}\dfrac{1}{x+2}=1\times\dfrac{1}{4}=\dfrac{1}{4}$.

2. $\lim\limits_{x\to\infty}\left(1+\dfrac{1}{x}\right)^x=\mathrm{e}$

同样,关于该极限,我们也不做理论推导,只要求会利用它进行极限的计算.

【例 35】 求下列极限:

(1) $\lim\limits_{n\to\infty}\left(1+\dfrac{1}{n}\right)^{n+3}$;

(2) $\lim\limits_{x\to\infty}\left(1+\dfrac{k}{x}\right)^x(k\neq 0)$;

(3) $\lim\limits_{x\to 0}(1-2x)^{\frac{1}{x}}$;

(4) $\lim\limits_{x\to\infty}\left(\dfrac{x+3}{x+2}\right)^{2x}$.

解 (1) $\lim\limits_{n\to\infty}\left(1+\dfrac{1}{n}\right)^{n+3}=\lim\limits_{n\to\infty}\left(1+\dfrac{1}{n}\right)^{n}\cdot\left(1+\dfrac{1}{n}\right)^{3}=\mathrm{e}\cdot1^{3}=\mathrm{e}$;

(2) $\lim\limits_{x\to\infty}\left(1+\dfrac{k}{x}\right)^{x}=\lim\limits_{x\to\infty}\left[\left(1+\dfrac{k}{x}\right)^{\frac{x}{k}}\right]^{k}=\left[\lim\limits_{x\to\infty}\left(1+\dfrac{k}{x}\right)^{\frac{x}{k}}\right]^{k}=\mathrm{e}^{k}$;

(3) $\lim\limits_{x\to0}(1-2x)^{\frac{1}{x}}=\lim\limits_{x\to0}\left[1+(-2x)\right]^{\frac{1}{-2x}\cdot(-2)}=\mathrm{e}^{-2}$;

(4) $\lim\limits_{x\to\infty}\left(\dfrac{x+3}{x+2}\right)^{2x}=\lim\limits_{x\to\infty}\left(\dfrac{1+\frac{3}{x}}{1+\frac{2}{x}}\right)^{2x}=\dfrac{\left[\lim\limits_{x\to\infty}\left(1+\frac{3}{x}\right)^{\frac{x}{3}}\right]^{6}}{\left[\lim\limits_{x\to\infty}\left(1+\frac{2}{x}\right)^{\frac{x}{2}}\right]^{4}}=\mathrm{e}^{2}$.

【例 36】 求下列极限:

(1) $\lim\limits_{x\to0}\dfrac{\ln(1+x)}{x}$;   (2) $\lim\limits_{x\to0}\dfrac{\mathrm{e}^{x}-1}{x}$.

解 (1) $\lim\limits_{x\to0}\dfrac{\ln(1+x)}{x}=\lim\limits_{x\to0}\ln(1+x)^{\frac{1}{x}}=\ln\left[\lim\limits_{x\to0}(1+x)^{\frac{1}{x}}\right]=\ln\mathrm{e}=1$;

(2) 令 $u=\mathrm{e}^{x}-1$,则 $x=\ln(1+u)$,且 $x\to0$ 时, $u\to0$,于是由(1),得

$$\lim\limits_{x\to0}\frac{\mathrm{e}^{x}-1}{x}=\lim\limits_{u\to0}\frac{u}{\ln(1+u)}=1.$$

在利用第二个重要极限求函数极限时,常遇到幂指函数 $\left[f(x)\right]^{g(x)}$ 的极限问题,如果 $\lim\limits_{x\to x_0}f(x)=A>0$, $\lim\limits_{x\to x_0}g(x)=B$,那么可以证明: $\lim\limits_{x\to x_0}\left[f(x)\right]^{g(x)}=A^{B}$.

【例 37】 求 $\lim\limits_{x\to0}(1+x)^{\frac{3}{\tan x}}$.

解
$$\lim\limits_{x\to0}(1+x)^{\frac{3}{\tan x}}=\lim\limits_{x\to0}\left[(1+x)^{\frac{1}{x}}\right]^{\frac{3x}{\tan x}}.$$

因为

$$\lim\limits_{x\to0}(1+x)^{\frac{1}{x}}=\mathrm{e},\lim\limits_{x\to0}\frac{3x}{\tan x}=3,$$

所以

$$\lim\limits_{x\to0}(1+x)^{\frac{3}{\tan x}}=\mathrm{e}^{3}.$$

【例 38】(应用案例) 设有一笔本金 A_0 存入银行,年利率为 r,则第一年年末结算时,其本利和为

$$A_1=A_0+rA_0=A_0(1+r).$$

若一年分两期计息,每期利率为 $\dfrac{r}{2}$,且前一期的本利和为后一期的本金,则第一年年末的本利和为

$$A_2=A_0\left(1+\frac{r}{2}\right)+A_0\left(1+\frac{r}{2}\right)\frac{r}{2}=A_0\left(1+\frac{r}{2}\right)^{2}.$$

若一年分 n 期计息,每期利率为 $\dfrac{r}{n}$,且前一期的本利和为后一期的本金,则第 t 年年末的本利和为

$$A_n(t) = A_0 \left(1 + \frac{r}{n}\right)^{nt},$$

上式称为第 t 年年末本利和的离散复利公式.

令 $n \to \infty$,则表示利息随时计入本金,因此,第 t 年年末的本利和为

$$A(t) = \lim_{n \to \infty} A_n(t) = \lim_{n \to \infty} A_0 \left(1 + \frac{r}{n}\right)^{nt} = A_0 \lim_{n \to \infty} \left[\left(1 + \frac{r}{n}\right)^{\frac{n}{r}}\right]^{rt} = A_0 e^{rt}.$$

上式称为第 t 年年末本利和的连续复利公式.本金 A_0 称为现在值或现值,第 t 年年末本利和 $A_n(t)$ 或 $A(t)$ 称为未来值.已知现在值 A_0,求未来值 $A_n(t)$ 或 $A(t)$,称为复利问题;已知未来值 $A_n(t)$ 或 $A(t)$,求现在值 A_0,称为贴现问题,这时称利率 r 为贴现率.

习 题 1-5

一、选择题

1.下列极限正确的是(   ).

A. $\lim\limits_{x \to \infty} \dfrac{\sin x}{x} = 1$
B. $\lim\limits_{x \to \infty} \dfrac{x - \sin x}{x + \sin x}$ 不存在

C. $\lim\limits_{x \to \infty} x \sin \dfrac{1}{x} = 1$
D. $\lim\limits_{x \to \infty} \arctan x = \dfrac{\pi}{2}$

2.下列极限正确的是(   ).

A. $\lim\limits_{x \to 0^-} e^{\frac{1}{x}} = 0$
B. $\lim\limits_{x \to 0^+} e^{\frac{1}{x}} = 0$

C. $\lim\limits_{x \to 0} (1 + \cos x)^{\sec x} = e$
D. $\lim\limits_{x \to \infty} (1 + x)^{\frac{1}{x}} = e$

3.若 $\lim\limits_{x \to x_0} f(x) = \infty$,$\lim\limits_{x \to x_0} g(x) = \infty$,则下列极限正确的是(   ).

A. $\lim\limits_{x \to x_0} [f(x) + g(x)] = \infty$
B. $\lim\limits_{x \to x_0} [f(x) - g(x)] = \infty$

C. $\lim\limits_{x \to x_0} \dfrac{1}{f(x) + g(x)} = 0$
D. $\lim\limits_{x \to x_0} k f(x) = \infty \ (k \neq 0)$

4.设 $f(x) = \begin{cases} \dfrac{\sin x}{x}, & x < 0, \\ 0, & x = 0, \\ x \sin \dfrac{1}{x} + a, & x > 0, \end{cases}$ 且 $\lim\limits_{x \to 0} f(x)$ 存在,则 $a = ($ $)$.

A. -1 B. 0   C. 1   D. 2

二、填空题

1. $\lim\limits_{x \to \infty} \left(\dfrac{x}{1+x}\right)^x = $ _____.

2. $\lim\limits_{x \to 1} \left(\dfrac{1}{x-1} - \dfrac{2}{x^2-1}\right) = $ _____.

3. $\lim\limits_{x \to \infty} \dfrac{(2x-1)^3 (3x+2)^{97}}{(3x+1)^{100}} = $ _____.

4. 已知 $\lim\limits_{x\to 1}\dfrac{x^2+ax+6}{1-x}$ 存在,则 $a=\underline{\hspace{3cm}}$.

三、计算题

1. 求 $\lim\limits_{x\to\infty}\dfrac{\sin 3x+2x}{\sin 2x-3x}$.

2. 求 $\lim\limits_{x\to 0}\dfrac{\sqrt{1+\tan x}-\sqrt{1+\sin x}}{x(1-\cos x)}$.

3. 求 $\lim\limits_{x\to\infty}\left(\sin\dfrac{2}{x}+\cos\dfrac{1}{x}\right)^x$.

4. 设 $\lim\limits_{n\to\infty}\left(\dfrac{n+2a}{n-a}\right)^{\frac{n}{3}}=8$,求 a 的值.

5. 设 $f(x)=a^x(a>0,a\neq 1)$,求 $\lim\limits_{n\to\infty}\dfrac{1}{n^2}\ln\left[f(1)\cdot f(2)\cdots\cdot f(n)\right]$.

第六节 无穷小的比较

在同一变化过程中,两个无穷小的和、差、积仍然都是无穷小量,那么,两个无穷小量的商会出现什么情况呢? 回答这个问题,需要讨论无穷小的比较,无穷小之比的极限不同,反映了无穷小趋向于零的快慢程度不同.

一、无穷小比较的概念

根据无穷小的运算性质,两个无穷小的和、差、积仍是无穷小,但两个无穷小的商却会出现不同的情况.

我们知道,当 $x\to 0$ 时,$x,3x,x^2,\sin x$ 都是无穷小量,也就是说,当 $x\to 0$ 时,$x,3x,x^2,\sin x$ 都趋近于零.但是,它们趋近于零的速度是有差异的,详见表 1-2.

表 1-2 无穷小量趋近于零的速度差异

x	0.1	0.01	0.001	⋯	→0
$3x$	0.3	0.03	0.003	⋯	→0
x^2	0.01	0.000 1	0.000 001	⋯	→0
$\sin x$	0.099 833 42	0.009 999 833	0.000 999 999 8	⋯	→0

快慢是相对的,只有进行比较,才能判断哪个快、哪个慢,为此,我们引入无穷小量阶的概念.

定义 19 设 α,β 是在自变量变化的同一过程中的两个无穷小,且 $\alpha\neq 0$.

(1) 若 $\lim\dfrac{\beta}{\alpha}=0$,则称 β 是比 α 高阶的无穷小,记作 $\beta=o(\alpha)$.

(2) 若 $\lim\dfrac{\beta}{\alpha}=\infty$,则称 β 是比 α 低阶的无穷小.

（3）若 $\lim\dfrac{\beta}{\alpha}=C(C\neq0)$，则称 β 与 α 是同阶的无穷小;特别地，若 $\lim\dfrac{\beta}{\alpha}=1$，则称 β 与 α 是等价的无穷小，记作 $\alpha\sim\beta$.

（4）若 $\lim\dfrac{\beta}{\alpha^k}=C(C\neq0,k>0)$，则称 β 是 α 的 k 阶无穷小.

例如，就前述三个无穷小 $x,x^2,\sin x(x\to0)$ 而言，根据定义知道，x^2 是比 x 高阶的无穷小，x 是比 x^2 低阶的无穷小，而 $\sin x$ 与 x 是等价无穷小.

【例39】 证明:当 $x\to0$ 时，$4x\tan^3 x$ 为 x 的四阶无穷小.

解 因为 $\lim\limits_{x\to0}\dfrac{4x\tan^3 x}{x^4}=4\lim\limits_{x\to0}\left(\dfrac{\tan x}{x}\right)^3=4$，故当 $x\to0$ 时，$4x\tan^3 x$ 为 x 的四阶无穷小.

【例40】 当 $x\to0$ 时，求 $\tan x-\sin x$ 关于 x 的阶数.

解 因为

$$\lim\limits_{x\to0}\dfrac{\tan x-\sin x}{x^3}=\lim\limits_{x\to0}\left(\dfrac{\tan x}{x}\cdot\dfrac{1-\cos x}{x^2}\right)=\dfrac{1}{2},$$

故当 $x\to0$ 时，$\tan x-\sin x$ 为 x 的三阶无穷小.

二、等价无穷小

根据等价无穷小的定义，可以证明，当 $x\to0$ 时，有下列常用等价无穷小关系:

$\sin x\sim x,\tan x\sim x,\arcsin x\sim x,\arctan x\sim x,1-\cos x\sim\dfrac{1}{2}x^2,\ln(1+x)\sim x,$

$e^x-1\sim x,a^x-1\sim x\ln a(a>0),(1+x)^\alpha-1\sim\alpha x(\alpha\neq0$ 且为常数$)$.

注 当 $x\to0$ 时，x 为无穷小.在常用等价无穷小中，用任意一个无穷小 $\beta(x)$ 代替 x 后，上述等价关系依然成立.

例如，当 $x\to1$ 时，有 $(x-1)^2\to0$，从而 $\sin(x-1)^2\sim(x-1)^2(x\to1)$.

定理13 设 $\alpha,\alpha',\beta,\beta'$ 是同一过程中的无穷小，且 $\alpha\sim\alpha',\beta\sim\beta',\lim\dfrac{\beta'}{\alpha'}$ 存在，则

$$\lim\dfrac{\beta}{\alpha}=\lim\dfrac{\beta'}{\alpha'}.$$

证 $\lim\dfrac{\beta}{\alpha}=\lim\left(\dfrac{\beta}{\beta'}\cdot\dfrac{\beta'}{\alpha'}\cdot\dfrac{\alpha'}{\alpha}\right)=\lim\dfrac{\beta}{\beta'}\cdot\lim\dfrac{\beta'}{\alpha'}\cdot\lim\dfrac{\alpha'}{\alpha}=\lim\dfrac{\beta'}{\alpha'}.$

定理13表明，在求两个无穷小之比的极限时，分子及分母都可以用等价无穷小替换.因此，如果无穷小的替换运用得当，则可简化极限的计算.

【例41】 求 $\lim\limits_{x\to0}\dfrac{\tan 2x}{\sin 5x}$.

解 当 $x\to0$ 时，$\tan 2x\sim 2x,\sin 5x\sim 5x$，故

$$\lim\limits_{x\to0}\dfrac{\tan 2x}{\sin 5x}=\lim\limits_{x\to0}\dfrac{2x}{5x}=\dfrac{2}{5}.$$

【例42】 求 $\lim\limits_{x\to0}\dfrac{\tan x-\sin x}{\sin^3 2x}$.

解（错误）　当 $x \to 0$ 时，$\tan x \sim x$，$\sin 2x \sim 2x$，所以

$$原式 = \lim_{x \to 0} \frac{x - x}{(2x)^3} = 0.$$

解（正确）　当 $x \to 0$ 时，$\sin 2x \sim 2x$，$\tan x - \sin x = \tan x (1 - \cos x) \sim \frac{1}{2} x^3$，故

$$\lim_{x \to 0} \frac{\tan x - \sin x}{\sin^3 2x} = \lim_{x \to 0} \frac{\frac{1}{2} x^3}{(2x)^3} = \frac{1}{16}.$$

【例 43】　求 $\displaystyle\lim_{x \to 0} \frac{\sqrt{1 + \tan x} - \sqrt{1 - \tan x}}{\sqrt{1 + 2x} - 1}$.

解　当 $x \to 0$ 时，$\sqrt{1 + 2x} - 1 \sim \frac{1}{2}(2x)$，$\tan x \sim x$，故

$$\lim_{x \to 0} \frac{\sqrt{1 + \tan x} - \sqrt{1 - \tan x}}{\sqrt{1 + 2x} - 1} = \lim_{x \to 0} \frac{2 \tan x}{x(\sqrt{1 + \tan x} + \sqrt{1 - \tan x})}$$

$$= \lim_{x \to 0} \frac{\tan x}{x} \cdot \lim_{x \to 0} \frac{2}{\sqrt{1 + \tan x} + \sqrt{1 - \tan x}}$$

$$= \lim_{x \to 0} \frac{2}{\sqrt{1 + \tan x} + \sqrt{1 - \tan x}} = 2.$$

习题 1-6

1. 当 $x \to 0^+$ 时，$f(x) = \sqrt{1 + x^a} - 1$ 是比 x 高阶的无穷小，则（　　）.
A. $a > 1$　　　　　B. $a > 0$　　　　　C. a 为任意实数　　D. $a < 1$

2. 若 $\displaystyle\lim_{x \to 0} \frac{x^2 \ln(1 + x^2)}{\sin^n x} = 0$ 且 $\displaystyle\lim_{x \to 0} \frac{\sin^n x}{1 - \cos x} = 0$，则正整数 $n =$ _____.

3. 求 $\displaystyle\lim_{x \to 0} \frac{\ln \cos 2x}{\ln \cos 3x}$.

4. 设 $f(x) = \begin{cases} \mathrm{e}^{-\frac{1}{x}} + a, & x > 0, \\ \dfrac{\sqrt{1 - \cos x}}{x}, & x < 0 \end{cases}$ 且 $\displaystyle\lim_{x \to 0} f(x)$ 存在，求 a 的值.

5. 利用等价无穷小替换，求下列极限：

(1) $\displaystyle\lim_{x \to 0} \frac{\arctan 2x}{\sin 4x}$;

(2) $\displaystyle\lim_{x \to 0} \frac{\ln(1 + 2x^2)}{9x^2}$;

(3) $\displaystyle\lim_{x \to 0} \frac{\ln(1 + 3x \sin x)}{\tan x^2}$;

(4) $\displaystyle\lim_{x \to 0} \frac{(\sin x^3)(\mathrm{e}^{5x} - 1)}{1 - \cos x^2}$;

(5) $\displaystyle\lim_{x \to 0} \frac{\sqrt{1 + x \tan x} - 1}{x \arctan x}$;

(6) $\displaystyle\lim_{x \to \mathrm{e}} \frac{\ln x - 1}{x - \mathrm{e}}$.

第七节　函数的连续性

在自然界中有许多现象,如气温的变化、植物的生长等都是连续地变化着的.这种现象在函数关系上的反映,就是函数的连续性.

一、连续与间断的概念

在定义函数的连续性之前我们先来学习一个概念——增量.设变量 x 从它的一个初值 x_1 变到终值 x_2,终值与初值的差 x_2-x_1 就叫作变量 x 的增量,记为 Δx,即 $\Delta x = x_2 - x_1$,增量 Δx 可正可负.

我们再来看一个例子:函数 $y = f(x)$ 在点 x_0 的邻域内有定义,当自变量 x 在邻域内从 x_0 变到 $x_0 + \Delta x$ 时,函数 y 相应地从 $f(x_0)$ 变到 $f(x_0 + \Delta x)$,其对应的增量为 $\Delta y = f(x_0 + \Delta x) - f(x_0)$.这个关系式的几何解释如图 1-26 所示.

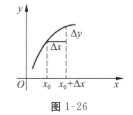

图 1-26

现在我们可对连续性的概念这样描述:当 Δx 趋向于零时,函数 y 对应的增量 Δy 也趋向于零,即 $\lim\limits_{\Delta x \to 0} \Delta y = 0$,那么就称函数 $y = f(x)$ 在点 x_0 处连续.

下面我们给出函数 $f(x)$ 在点 x_0 处连续的概念.

定义 20　设函数 $f(x)$ 在点 x_0 的某邻域内有定义.

(1) 若 $\lim\limits_{x \to x_0} f(x) = f(x_0)$,则称 $f(x)$ 在点 x_0 处连续,并称 x_0 为 $f(x)$ 的一个连续点;

(2) 若 $f(x)$ 在开区间 (a,b) 内每一点都连续,则称 $f(x)$ 在 (a,b) 内连续;

(3) 若 x_0 不是 $f(x)$ 的连续点,则称 x_0 为 $f(x)$ 的间断点,或称 $f(x)$ 在点 x_0 处间断.

连续与间断具有明显的几何解释:若 $f(x)$ 连续,则曲线 $y = f(x)$ 的图形是一条连续不间断的曲线;若 x_0 是 $f(x)$ 的间断点,则曲线 $y = f(x)$ 在点 $(x_0, f(x_0))$ 处发生断裂.图 1-27 所示的函数 $f(x)$ 在区间 (a,b) 内共有三个间断点:x_1, x_2, x_3.在这三个点附近 $f(x)$ 的图形形态各异,但其共同点是曲线 $y = f(x)$ 在三个点处出现"断裂".

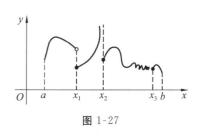

图 1-27

利用单侧极限可定义单侧连续的概念.

定义 21　(1) 若 $f(x)$ 在点 x_0 的某左邻域内有定义,且 $\lim\limits_{x \to x_0^-} f(x) = f(x_0)$,则称 $f(x)$ 在点 x_0 处**左连续**;若 $f(x)$ 在点 x_0 的某右邻域内有定义,且 $\lim\limits_{x \to x_0^+} f(x) = f(x_0)$,则称 $f(x)$ 在点 x_0 处**右连续**.

(2) 若 $f(x)$ 在闭区间 $[a,b]$ 上有定义,在开区间 (a,b) 内连续,且在点 a 处右连续、在点 b 处左连续,则称 $f(x)$ 在闭区间 $[a,b]$ 上连续.

若 $f(x)$ 在点 x_0 的某邻域内有定义,则由定义 21 和左、右极限与极限的关系可知:$f(x)$ 在点 x_0 处连续 $\Leftrightarrow f(x)$ 在点 x_0 处既左连续又右连续.

【例 44】 讨论函数

$$f(x)=\begin{cases} 1+x, & x\leqslant 0, \\ 1+x^2, & 0<x\leqslant 1, \\ 5-x, & x>1 \end{cases}$$

在 $x=0$ 和 $x=1$ 处的连续性.

解 在 $x=0$ 处,有

$$f(0)=1+0=1,$$
$$\lim_{x\to 0^-}f(x)=\lim_{x\to 0^-}(1+x)=1, \lim_{x\to 0^+}f(x)=\lim_{x\to 0^+}(1+x^2)=1.$$

由此可知

$$\lim_{x\to 0}f(x)=1=f(0).$$

因此,由定义 21 可知 $f(x)$ 在 $x=0$ 处连续.

在 $x=1$ 处,有 $f(1)=1+1^2=2$,$\lim\limits_{x\to 1^-}f(x)=\lim\limits_{x\to 1^-}(1+x^2)=2$,$\lim\limits_{x\to 1^+}f(x)=$ $\lim\limits_{x\to 1^+}(5-x)=4$.

因左、右极限不相等,故 $\lim\limits_{x\to 1}f(x)$ 不存在,依定义 $x=1$ 是 $f(x)$ 的间断点.但是由 $\lim\limits_{x\to 1^-}f(x)=f(1)=2$ 可知,$f(x)$ 在 $x=1$ 处左连续.

该函数的图形如图 1-28 所示.

由定义 20 可知,函数 $f(x)$ 在点 x_0 处连续必须满足以下三个条件:

(1) $f(x)$ 在点 x_0 处有定义;

(2) $\lim\limits_{x\to x_0}f(x)$ 存在;

(3) $\lim\limits_{x\to x_0}f(x)=f(x_0)$.

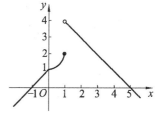

图 1-28

这三个条件中只要有一个条件不满足,则依定义,$f(x)$ 在 x_0 处不连续或 x_0 是 $f(x)$ 的间断点.据此,可将间断点进行分类.

定义 22 (1) 若 x_0 是 $f(x)$ 的间断点,且左、右极限 $\lim\limits_{x\to x_0^-}f(x)$,$\lim\limits_{x\to x_0^+}f(x)$ 皆存在,则称 x_0 为 $f(x)$ 的**第一类间断点**.其中,若 $\lim\limits_{x\to x_0^-}f(x)=\lim\limits_{x\to x_0^+}f(x)\neq f(x_0)$ 或 $f(x_0)$ 无定义,则称 x_0 为 $f(x)$ 的**可去间断点**[重新定义 $f(x_0)=\lim\limits_{x\to x_0^-}f(x)=$ $\lim\limits_{x\to x_0^+}f(x)$,可消去间断];若 $\lim\limits_{x\to x_0^-}f(x)\neq\lim\limits_{x\to x_0^+}f(x)$,则称 x_0 为**跳跃间断点**.

(2) 若 x_0 为 $f(x)$ 的间断点,且 $\lim\limits_{x\to x_0^-}f(x)$ 与 $\lim\limits_{x\to x_0^+}f(x)$ 中至少有一个不存在,则称 x_0 为 $f(x)$ 的**第二类间断点**.其中,若 $\lim\limits_{x\to x_0^-}f(x)$,$\lim\limits_{x\to x_0^+}f(x)$ 中至少有一个为无穷大,则称 x_0 为**无穷间断点**;否则,称 x_0 为**非无穷第二类间断点**.

例如,例 44 中的 $x=1$ 为该函数的跳跃间断点.

【例 45】 讨论 $f(x)=x\sin\dfrac{1}{x}$ 在 $x=0$ 处的连续性.

解 因为 $\lim\limits_{x\to 0}f(x)=\lim\limits_{x\to 0}x\sin\dfrac{1}{x}=0$,而 $f(0)$ 没有定义,故 $f(x)$ 在 $x=0$ 处间断,$x=0$ 为 $f(x)$ 的可去间断点.

注 若修改定义为 $f(x)=\begin{cases} x\sin\dfrac{1}{x}, & x\neq 0 \\ 0, & x=0, \end{cases}$ 则 $f(x)$ 在 $x=0$ 处连续.

【例 46】 讨论 $f(x)=\begin{cases} \dfrac{1}{x}, & x>0, \\ x, & x\leqslant 0 \end{cases}$ 在 $x=0$ 处的连续性.

解 因为

$$\lim_{x\to 0^-}f(x)=\lim_{x\to 0^-}x=0,\ \lim_{x\to 0^+}f(x)=\lim_{x\to 0^+}\frac{1}{x}=\infty,$$

所以 $x=0$ 为无穷间断点(图 1-29).

【例 47】 讨论 $f(x)=\sin\dfrac{1}{x}$ 在 $x=0$ 处的连续性.

解 因为在 $x=0$ 处函数无定义,且 $\lim\limits_{x\to 0}\sin\dfrac{1}{x}$ 不存在,所以 $x=0$ 为第二类间断点,且为振荡间断点(图 1-30).

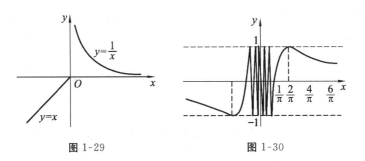

图 1-29   图 1-30

二、连续函数的运算性质

函数的连续性是在极限理论基础上建立的,因而可以利用函数极限的性质证明连续函数具有如下性质:

定理 14(连续函数的四则运算) 设 $f(x)$ 与 $g(x)$ 在点 x_0 处(或区间 I 上)连续,则

(1) $f(x)\pm g(x)$ 在点 x_0 处(或 I 上)连续;

(2) $f(x)\cdot g(x)$ 在点 x_0 处(或 I 上)连续;

(3) 当 $g(x_0)\neq 0$(或 $g(x)\neq 0,x\in I$)时,$\dfrac{f(x)}{g(x)}$ 在点 x_0 处(或 I 上)连续.

利用极限的复合运算法则容易证明.

定理 15(复合函数的连续性)　设函数 $y=f(u)$ 在点 u_0 处连续,$u=\varphi(x)$ 在点 x_0 处连续,且 $\varphi(x_0)=u_0$,则复合函数 $y=f[\varphi(x)]$ 在点 x_0 处连续,即有

$$\lim_{x \to x_0} f[\varphi(x)]=f[\varphi(x_0)].$$

由复合函数极限的定理直接可得.

注　由 $\varphi(x)$ 在点 x_0 处连续和上式,可得 $\lim\limits_{x \to x_0} f[\varphi(x)]=f[\lim\limits_{x \to x_0}\varphi(x)]$.

上式表明,函数 $f(x)$ 在点 x_0 处连续时,函数符号"f"与极限符号"$\lim\limits_{x \to x_0}$"可以交换.利用上式可简化很多函数极限的求解过程,后面将举例说明.

定理 16(反函数的连续性)　设函数 $y=f(x)$ 在区间 $[a,b]$ 上单调、连续,且 $f(a)=\alpha$,$f(b)=\beta$,则其反函数 $y=f^{-1}(x)$ 在区间 $[\alpha,\beta]$ 或 $[\beta,\alpha]$ 上单调、连续.

定理 17　一切初等函数在其定义区间内都是连续的.

【例 48】　求 $\lim\limits_{x \to 1}\dfrac{4\arctan x}{1+\ln(1+x^2)}$.

解　所给函数为初等函数,其定义域为 **R**,故由初等函数的连续性,得

$$\lim_{x \to 1}\frac{4\arctan x}{1+\ln(1+x^2)}=\frac{4 \times \dfrac{\pi}{4}}{1+\ln 2}=\frac{\pi}{1+\ln 2}.$$

【例 49】　求 $\lim\limits_{x \to 1}\arcsin\dfrac{1-\sqrt{x}}{1-x}$.

解　由于 $\arcsin u$ 是连续函数,则

$$
\begin{aligned}
\lim_{x \to 1}\arcsin \frac{1-\sqrt{x}}{1-x} &=\arcsin \lim_{x \to 1}\frac{1-\sqrt{x}}{1-x}\\
&=\arcsin\left[\lim_{x \to 1}\frac{1-\sqrt{x}}{(1-\sqrt{x})(1+\sqrt{x})}\right]\\
&=\arcsin\left(\lim_{x \to 1}\frac{1}{1+\sqrt{x}}\right)\\
&=\arcsin \frac{1}{2}=\frac{\pi}{6}.
\end{aligned}
$$

【例 50】　求 $\lim\limits_{x \to 0}(\cos x)^{\frac{1}{\sin^2 x}}$.

解　$\lim\limits_{x \to 0}(\cos x)^{\frac{1}{\sin^2 x}}=\lim\limits_{x \to 0}(\sqrt{1-\sin^2 x})^{\frac{1}{\sin^2 x}}=\lim\limits_{x \to 0}[(1-\sin^2 x)^{-\frac{1}{\sin^2 x}}]^{-\frac{1}{2}}=\mathrm{e}^{-\frac{1}{2}}$.

【例 51】　求 $\lim\limits_{x \to \infty}\left(1+\dfrac{1}{x^2}\right)^x$.

解　$\lim\limits_{x \to \infty}\left(1+\dfrac{1}{x^2}\right)^x=\lim\limits_{x \to \infty}\left(1+\dfrac{1}{x^2}\right)^{x^2 \cdot \frac{1}{x}}=\mathrm{e}^{\lim\limits_{x \to \infty}\frac{1}{x}}=\mathrm{e}^0=1$.

【例 52】　讨论函数

$$f(x)=\begin{cases} 1-\mathrm{e}^{\frac{1}{x-2}}, & x<2,\\ \sin \dfrac{\pi}{x}, & x \geqslant 2 \end{cases}$$

的连续性.

解 $f(x)$ 在其定义域 $(-\infty,+\infty)$ 内不是初等函数,但在 $(-\infty,2)$ 内 $f(x)=1-\mathrm{e}^{\frac{1}{x-2}}$ 为初等函数,在 $(2,+\infty)$ 内 $f(x)=\sin\dfrac{\pi}{x}$ 也为初等函数,故 $f(x)$ 在 $(-\infty,2)\bigcup(2,+\infty)$ 内连续.在分段点 $x=2$ 处,有 $\lim\limits_{x\to 2^-}f(x)=\lim\limits_{x\to 2^-}(1-\mathrm{e}^{\frac{1}{x-2}})=1=f(2)$,

$\lim\limits_{x\to 2^+}f(x)=\lim\limits_{x\to 2^+}\sin\dfrac{\pi}{x}=1=f(2)$.因此,$f(x)$ 在 $x=2$ 处既左连续又右连续,从而 $f(x)$ 在 $x=2$ 处连续.综上所述,$f(x)$ 在其定义域 $(-\infty,+\infty)$ 内连续.

此例表明,讨论分段函数的连续性时,首先利用初等函数的连续性,分段说明函数在各分段子区间内的连续性;然后按连续性定义,讨论函数在各分段点处的连续性,最后得出函数的连续区域.

三、闭区间上连续函数的性质

本小段不加证明地介绍闭区间上连续函数的两个重要性质:最值定理与介值定理,它们是某些理论证明的基础,后续内容中将会多次用到.

定义 23 设函数 $f(x)$ 在区间 I 上有定义.若存在 $x_0\in I$,使对 I 内的一切 x,恒有

$$f(x)\leqslant f(x_0) \text{ 或 } f(x)\geqslant f(x_0),$$

则称 $f(x_0)$ 是 $f(x)$ 在 I 上的**最大值**或**最小值**.最大值与最小值统称为**最值**.

定理 18(最值定理) 设函数 $f(x)$ 在闭区间 $[a,b]$ 上连续,则 $f(x)$ 在 $[a,b]$ 上必能取得最大值与最小值.即在 $[a,b]$ 上至少存在两点 x_1,x_2,使对任意的 $x\in[a,b]$,恒有

$$f(x_1)\leqslant f(x)\leqslant f(x_2).$$

由上式可得如下推论:

推论 闭区间上的连续函数一定是有界函数.

定理 19(介值定理) 设函数 $f(x)$ 在闭区间 $[a,b]$ 上连续,且 $f(x)$ 在 $[a,b]$ 上的最大值为 M,最小值为 m,则对任何实数 $C(m<C<M)$,至少存在一点 $x_0\in(a,b)$,使得

$$f(x_0)=C.$$

推论(零点定理) 设函数 $f(x)$ 在闭区间 $[a,b]$ 上连续,且 $f(a)\cdot f(b)<0$,则至少存在一点 $x_0\in(a,b)$,使得 $f(x_0)=0$.

几点说明:

(1) 最值定理与介值定理的几何意义如图 1-31 所示.

图 1-31 中,$f(x_1)=m$ 与 $f(x_2)=M$ 分别为 $f(x)$ 的最小值与最大值,而 $m<f(x_3)=f(x_4)=C<M$.

(2) 最值定理与介值定理中的条件"$f(x)$ 在闭区间上连续"是必要的,否则定理不一定成立.例如,函数 $f(x)=\begin{cases} 1-x, & 0\leqslant x<1, \\ 1, & x=1, \\ 3-x, & 1<x\leqslant 1.5 \end{cases}$

在闭区间$[0,1.5]$上不连续.该函数既不能取得最小值($m=0$),也不能取得最大值($M=2$);当$C\in(1,1.5)$时,也不存在$x_0\in(0,1.5)$,使得$f(x_0)=C$,如图 1-32 所示.

(3) 零点定理的几何意义如图 1-33 所示.图中共有三个点满足:
$$f(x_i)=0, i=1,2,3,$$
零点定理常用于证明方程实根的存在性.

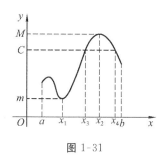 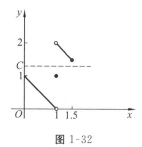 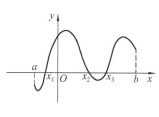

图 1-31　　　　　图 1-32　　　　　图 1-33

【例 53】 证明:方程 $e^x-3x=0$ 在$(0,1)$内至少有一个实根.

证 设 $f(x)=e^x-3x$,则 $f(x)$ 为初等函数,它在闭区间$[0,1]$上连续,且有
$$f(0)=1>0, f(1)=e-3<0,$$
于是,由零点定理可知,方程
$$e^x-3x=0$$
在$(0,1)$内至少有一个实根 x_0.

【例 54】 设函数 $f(x)$ 在闭区间$[0,1]$上连续,且 $0<f(x)<1, x\in[0,1]$,证明:存在 $\xi\in(0,1)$,使得 $f(\xi)=\xi$.

证 构造辅助函数 $F(x)=f(x)-x$,由于 $f(x)$ 在区间$[0,1]$上连续,因此 $F(x)$ 在$[0,1]$上连续,且
$$F(0)=f(0), F(1)=f(1)-1,$$
因为 $0<f(0)<1, 0<f(1)<1$,则 $F(0)>0, F(1)<0$.

由零点定理知,存在 $\xi\in(0,1)$,使
$$F(\xi)=f(\xi)-\xi=0,$$
即 $f(\xi)=\xi$.

【例 55】(应用案例) 设冰从 $-40\ ℃$ 升到 $100\ ℃$ 所需要的热量(单位:J)为
$$f(x)=\begin{cases}2.1x+84, & -40\leqslant x\leqslant 0,\\ 4.2x+420, & x>0.\end{cases}$$
试问当 $x=0$ 时,函数是否连续?若不连续,则解释其几何意义.

解 因为 $\lim\limits_{x\to0^-}f(x)=\lim\limits_{x\to0^-}(2.1x+84)=84, \lim\limits_{x\to0^+}f(x)=\lim\limits_{x\to0^+}(4.2x+420)=420$,所以 $\lim\limits_{x\to0^-}f(x)\neq\lim\limits_{x\to0^+}f(x)$,故 $\lim\limits_{x\to0}f(x)$ 不存在.

由于函数 $f(x)$ 在 $x=0$ 点的左、右极限都存在,但是不相等,这说明冰化成水时不是连续的,需要的热量会突然增加.

习 题 1-7

一、选择题

1. 若 $f(x)$ 为连续函数，且 $f(0)=1$，$f(1)=0$，则 $\lim\limits_{x\to\infty}f\left(x\sin\dfrac{1}{x}\right)=($).

A. -1 B. 0 C. 1 D. 不存在

2. 要使 $f(x)=\ln(1+kx)^{\frac{m}{x}}$ 在点 $x=0$ 处连续，应给 $f(0)$ 补充定义的数值是(   ).

A. km B. $\dfrac{k}{m}$ C. $\ln km$ D. e^{km}

二、填空题

1. 设 $f(x)$ 为连续奇函数，则 $f(0)=$ _____.

2. 设 $f(x)$ 在 $x=2$ 处连续，且 $f(2)=4$，则 $\lim\limits_{x\to2}f(x)\left(\dfrac{1}{x-2}-\dfrac{4}{x^2-4}\right)=$

_____.

3. $f(x)=\dfrac{(x-1)\cdot\sin x}{x^5-x}$ 的间断点个数为 _____.

三、计算题

1. 已知 $f(x)=\begin{cases}\dfrac{\sin 2x+e^{2ax}-1}{x}, & x\neq0,\\ a, & x=0\end{cases}$ 在 $(-\infty,+\infty)$ 上连续，求 a 的值.

2. 讨论 $f(x)=\begin{cases}e^{\frac{1}{x}}, & x<0,\\ 0, & 0\leqslant x\leqslant1,\\ \dfrac{\ln x}{x-1}, & x>1\end{cases}$ 在 $x=0$，$x=1$ 处的连续性.

3. 求 $f(x)=\dfrac{1}{\ln|x|}$ 的间断点，并指出间断点的类型.

4. 设 $f(x)=\begin{cases}e^{\frac{1}{x-1}}, & x>0,x\neq1,\\ \ln(1+x), & -1<x\leqslant0.\end{cases}$ 指出 $f(x)$ 的间断点，并判断间断点的

类型.

四、综合题

求 $f(x)=\dfrac{\dfrac{1}{x}-\dfrac{1}{x+1}}{\dfrac{1}{x-1}-\dfrac{1}{x}}$ 的间断点，并判断间断点的类型.

五、证明题

证明：$x^4-2x-4=0$ 在区间 $(-2,2)$ 内至少有两个实根.

阅读材料① 第二次数学危机 ·································

第二次数学危机发生在牛顿创立微积分的十七世纪.第一次数学危机是由毕达哥拉斯学派内部人士提出的,第二次数学危机则是由牛顿学派的外部人士贝克莱大主教提出的,是对牛顿"无穷小量"说法的质疑引起的.

1. 危机爆发

在微积分大范围应用的同时,关于微积分基础的问题也越来越严重.关键问题就是无穷小量究竟是不是零? 无穷小及其分析是否合理? 由此而引起了数学界甚至哲学界长达一个半世纪的争论,造成了第二次数学危机.

无穷小量究竟是不是零? 两种答案都会导致矛盾.牛顿对它曾做过三种不同的解释:1669 年说它是一种常量;1671 年又说它是一个趋于零的变量;1676 年它被"两个正在消逝的量的最终比"所代替.但是,他始终无法解决上述矛盾.莱布尼茨曾试图用和无穷小量成比例的有限量的差分来代替无穷小量,但是他也没有找到从有限量过渡到无穷小量的桥梁.

英国大主教贝克莱于 1734 年撰写文章,攻击流数(导数)"是消失了的量的鬼魂……能消化得了二阶、三阶流数的人,是不会因吞食了神学论点就呕吐的".他说,用忽略高阶无穷小而消除了原有的错误,是依靠双重的错误得到了虽然不科学却是正确的结果.贝克莱虽然也抓住了当时微积分、无穷小方法中一些不清整、不合逻辑的问题,不过他是出自对科学的厌恶和对宗教的维护,而不是出自对科学的追求和探索.

当时一些数学家和其他学者,也批判过微积分的一些问题,指出其缺乏必要的逻辑基础.

例如,罗尔曾说:"微积分是巧妙的谬论的汇集."在那个勇于创造的时代的初期,科学逻辑中存在这样那样的问题,并不是个别现象.

18 世纪的数学思想的确是不严密的,它偏向直观,强调形式的计算而不管基础的可靠,存在一系列问题:没有清楚的无穷小概念,导数、微分、积分等概念不清楚;无穷大概念不清楚;发散级数求和的任意性;符号的不严格使用;不考虑连续性就进行微分;不考虑导数及积分的存在性及函数可否展开成幂级数;等等.

2. 初步解决

直到 19 世纪 20 年代,一些数学家才比较关注微积分的严格基础.从波尔查诺、阿贝尔、柯西、狄里赫利等人的工作开始,到威尔斯特拉斯、狄德金和康托的工作结束,中间经历了半个多世纪,基本上解决了各种矛盾,为数学分析奠定了一个严格的基础.

波尔查诺给出了连续性的正确定义;阿贝尔指出要严格限制滥用级数展开及求和;柯西在 1821 年的《代数分析教程》中从定义变量出发,认识到函数不一定要有解析表达式,他抓住极限的概念,指出无穷小量和无穷大量都不是固定的量而是变量,无穷小量是以零为极限的变量,并且定义了导数和积分;狄里赫利给出了函数的现代定义.在这些工作的基础上,威尔斯特拉斯消除了其中不确切的地方,给出现在通用的极限的定义、连续的定义,并把导数、积分严格地建立在极限的基础上.

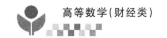

19世纪70年代初,威尔斯特拉斯、狄德金、康托等人独立地建立了实数理论,而且在实数理论的基础上建立起极限论的基本定理,从而使数学分析建立在实数理论的严格基础之上.

3. 事件影响

这次危机不但没有阻碍微积分的迅猛发展和广泛应用,反而让微积分驰骋在各个科技领域,解决了大量的物理问题、天文问题、数学问题,大大推动了工业革命的发展.就微积分自身而言,经过本次危机的"洗礼",其自身得到了系统化、完整化的发展,扩展出了不同的分支,成了18世纪数学世界的"霸主".

同时,第二次数学危机也促进了19世纪的分析严格化、代数抽象化及几何非欧化的进程.

总习题 一

一、选择题

1. 设 $f(x), g(x)$ 是 $[-1,1]$ 上的偶函数,$h(x)$ 是 $[-1,1]$ 上的奇函数,则( )中所给的函数必为奇函数.

    A. $f(x) + g(x)$ B. $f(x) + h(x)$

    C. $f(x)[g(x) + h(x)]$ D. $f(x)g(x)h(x)$

2. 已知 $\alpha(x) = \dfrac{1-x}{1+x}$,$\beta(x) = 1 - \sqrt[3]{x}$,则当 $x \to 1$ 时有( ).

    A. α 是比 β 高阶的无穷小   B. α 是比 β 低阶的无穷小

    C. α 与 β 是同阶无穷小   D. $\alpha \sim \beta$

3. 已知函数 $f(x) = \begin{cases} \dfrac{\sqrt{1+x}-1}{\sqrt[3]{1+x}-1}, & x \neq 0 \text{ 且 } x \geqslant -1, \\ k, & x = 0 \end{cases}$ 在 $x = 0$ 处连续,则 $k = $ ( ).

    A. $\dfrac{3}{2}$ B. $\dfrac{2}{3}$ C. 1 D. 0

4. 数列极限 $\lim\limits_{n \to \infty} n[\ln(n-1) - \ln n] = $ ( ).

    A. 1 B. -1 C. ∞ D. 不存在但非 ∞

5. 已知 $f(x) = \begin{cases} x + \dfrac{\sin x}{x}, & x < 0, \\ 0, & x = 0, \\ x \cos \dfrac{1}{x}, & x > 0, \end{cases}$ 则 $x = 0$ 是 $f(x)$ 的( ).

    A. 连续点   B. 可去间断点   C. 跳跃间断点   D. 振荡间断点

6. 下列各项中 $f(x)$ 和 $g(x)$ 相同的是( ).

    A. $f(x) = \lg x^2, g(x) = 2\lg x$

B. $f(x)=x$，$g(x)=\sqrt{x^2}$

C. $f(x)=\sqrt[3]{x^4-x^3}$，$g(x)=x\sqrt[3]{x-1}$

D. $f(x)=1$，$g(x)=\sec^2 x-\tan^2 x$

7. $\lim\limits_{x\to 0}\dfrac{\sin x}{|x|}=$（   ）.

   A. 1   B. -1 C. 0   D. 不存在

8. $\lim\limits_{x\to 0}(1-x)^{\frac{1}{x}}=$（   ）.

   A. 1   B. -1 C. e   D. e^{-1}

9. $f(x)$ 在 x_0 的某一去心邻域内有界是 $\lim\limits_{x\to x_0}f(x)$ 存在的（   ）.

   A. 充分必要条件   B. 充分条件

   C. 必要条件   D. 既不充分也不必要条件

10. $\lim\limits_{x\to\infty}x(\sqrt{x^2+1}-x)=$（   ）.

   A. 1   B. 2   C. $\dfrac{1}{2}$ D. 0

11. 当 $x\to 1$ 时，函数 $\dfrac{x^2-1}{x-1}e^{\frac{1}{x-1}}$ 的极限（   ）.

   A. 等于 2   B. 等于 0   C. 为 ∞ D. 不存在但不为 ∞

二、填空题

1. 已知 $f\left(\sin\dfrac{x}{2}\right)=1+\cos x$，则 $f(\cos x)=$ _____.

2. $\lim\limits_{x\to\infty}\dfrac{(4+3x)^2}{x(1-x^2)}=$ _____.

3. 当 $x\to 0$ 时，$\tan x-\sin x$ 是 x 的 _____ 阶无穷小.

4. 若 $\lim\limits_{x\to 0}x^k\sin\dfrac{1}{x}=0$ 成立，则 $k=$ _____.

5. $\lim\limits_{x\to -\infty}e^x\arctan x=$ _____.

6. 若 $f(x)=\begin{cases}e^x+1,&x>0\\x+b,&x\leqslant 0\end{cases}$ 在 $x=0$ 处连续，则 $b=$ _____.

7. $\lim\limits_{x\to 0}\dfrac{\ln(3x+1)}{6x}=$ _____.

8. 设 $f(x)$ 的定义域是 $[0,1]$，则 $f(\ln x)$ 的定义域是 _____.

9. 函数 $y=1+\ln(x+2)$ 的反函数为 _____.

10. 设 a 是非零常数，则 $\lim\limits_{x\to\infty}\left(\dfrac{x+a}{x-a}\right)^x=$ _____.

11. 已知当 $x\to 0$ 时，$(1+ax^2)^{\frac{1}{3}}-1$ 与 $\cos x-1$ 是等价无穷小，则常数 $a=$ _____.

12. 函数 $f(x)=\arcsin\dfrac{3x}{1+x}$ 的定义域是 _____.

13. $\lim\limits_{x \to \infty} \sqrt{x^2+2} - \sqrt{x^2-2} = $ _____ .

14. 设 $\lim\limits_{x \to \infty} \left(\dfrac{x+2a}{x-a} \right)^x = 8$,则 $a = $ _____ .

15. $\lim\limits_{n \to \infty} (\sqrt{n} + \sqrt{n+1})(\sqrt{n+2} - \sqrt{n}) = $ _____ .

三、计算题

1. 计算下列极限:

(1) $\lim\limits_{n \to \infty} 2^n \sin \dfrac{x}{2^{n-1}}$;

(2) $\lim\limits_{x \to 0} \dfrac{\csc x - \cot x}{x}$;

(3) $\lim\limits_{x \to \infty} x (e^{\frac{1}{x}} - 1)$;

(4) $\lim\limits_{x \to \infty} \left(\dfrac{2x+1}{2x-1} \right)^{3x}$;

(5) $\lim\limits_{x \to \frac{\pi}{3}} \dfrac{8\cos^2 x - 2\cos x - 1}{2\cos^2 x + \cos x - 1}$;

(6) $\lim\limits_{x \to 0} \dfrac{\sqrt{1+x\sin x} - \sqrt{\cos x}}{x\tan x}$;

(7) $\lim\limits_{n \to \infty} \left(\dfrac{1}{1 \times 2} + \dfrac{1}{2 \times 3} + \cdots + \dfrac{1}{n \times (n+1)} \right)$;

(8) $\lim\limits_{x \to 2} \dfrac{\ln(1 + \sqrt[3]{2-x})}{\arctan \sqrt[3]{4-x^2}}$.

2. 试确定 a, b 的值,使 $\lim\limits_{x \to +\infty} \left(\dfrac{x^2+1}{x+1} - ax - b \right) = \dfrac{1}{2}$.

3. 利用极限存在准则求极限:

(1) $\lim\limits_{n \to \infty} \dfrac{1 + \dfrac{1}{2} + \dfrac{1}{3} + \cdots + \dfrac{1}{n} + \dfrac{1}{n+1}}{1 + \dfrac{1}{2} + \dfrac{1}{3} + \cdots + \dfrac{1}{n}}$;

(2) 设 $x_1 > a > 0$,且 $x_{n+1} = \sqrt{a x_n}$ ($n = 1, 2, \cdots$),证明 $\lim\limits_{n \to \infty} x_n$ 存在,并求此极限值.

4. 设 $f(x) = \begin{cases} x \sin \dfrac{1}{x}, & x > 0, \\ a + x^2, & x \leqslant 0, \end{cases}$ 要使 $f(x)$ 在 $(-\infty, +\infty)$ 内连续,应当怎样选择数 a ?

5. 设 $f(x) = \begin{cases} e^{\frac{1}{x-1}}, & x > 0, \\ \ln(1+x), & -1 < x \leqslant 0, \end{cases}$ 求 $f(x)$ 的间断点,并说明间断点所属类型.

6. 计算极限 $\lim\limits_{x \to \frac{\pi}{2}} (\sin x)^{\tan x}$.

7. 计算极限 $\lim\limits_{x \to \infty} \left(\dfrac{2x+3}{2x+1} \right)^{x+1}$.

8. 证明:方程 $\sin x + x + 1 = 0$ 在开区间 $\left(-\dfrac{\pi}{2}, \dfrac{\pi}{2} \right)$ 内至少有一个根.

导数与微分

第一节　导数的概念

在科学研究与实际生活中,除了需要了解变量之间的函数关系外,还经常遇到求给定函数 y 相对于自变量 x 的变化率的问题,此类问题导致导数概念的产生,它是微分学中的基本概念.本节以极限概念为基础,引进导数的定义,建立导数的计算方法.

一、导数的定义

1. 变速直线运动的瞬时速度

设一物体做变速直线运动,其运动方程为 $s=s(t)$,以运动的直线为数轴,起点为 O,对于任一时刻 t,物体的运动路程可用数轴上的一个点 $s(t)$ 来表示(图 2-1).

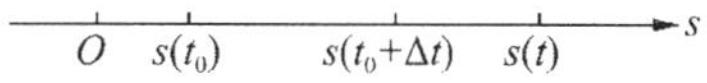

```
 ├──────────┼──────────┼──────┼──→ s
 O       s(t_0)    s(t_0+Δt)  s(t)
```

图 2-1

设物体在 t_0 时刻的位置为 $s(t_0)$,在 t_0 时刻有增量 Δt,则在 $t_0+\Delta t$ 时刻,相应的物体的路程 $\Delta s=s(t_0+\Delta t)-s(t_0)$,从而在 Δt 这段时间内的平均速率为

$$\bar{v}=\frac{\Delta s}{\Delta t}=\frac{s(t_0+\Delta t)-s(t_0)}{\Delta t}.$$

显然,这个平均速率 $\bar{v}$ 是随 Δt 的变化而变化的,当 $|\Delta t|$ 很小时,$\bar{v}$ 可以作为物体在 t_0 时刻的速率的近似值,$|\Delta t|$ 越小,近似程度越高;当 $\Delta t\to 0$ 时,$\bar{v}$ 的极限就是物体在 t_0 时刻的瞬时速率,即

$$v_0(t)=\lim_{\Delta t\to 0}\bar{v}=\lim_{\Delta t\to 0}\frac{\Delta s}{\Delta t}=\lim_{\Delta t\to 0}\frac{s(t_0+\Delta t)-s(t_0)}{\Delta t}.$$

这就是说,物体运动的瞬时速率是路程的增量与时间的增量之比,当时间的增量趋于零时的极限.

2. 非恒定电流的电流强度

由物理学知道,对于恒定电流来说,电流强度(简称电流)即单位时间内通过导线横截面的电量,可用公式 $i=\dfrac{Q}{t}$ 来计算,其中 Q 为通过的电量,t 为时间.但在实际问题中,常会遇到非恒定的电流.例如,正弦交流电.讨论这种非恒定电流的电流强度的方法,和前面讨论变速直线运动的瞬时速率的方法本质上是相同的.

设从 0 到 t 这段时间通过导体横截面的电量为 $Q(t)$,我们来求 t_0 时刻的电流强度 $i(t_0)$.

时间 t 在时刻 t_0 有增量 Δt,可求在 Δt 这段时间内的平均电流强度为

$$\bar{i} = \frac{\Delta Q}{\Delta t} = \frac{Q(t_0 + \Delta t) - Q(t_0)}{\Delta t}.$$

当 $\Delta t \to 0$ 时,$\bar{i}$ 的极限就是 t_0 时刻的瞬时电流强度 $i(t_0)$,即

$$i(t_0) = \lim_{\Delta t \to 0} \bar{i} = \lim_{\Delta t \to 0} \frac{\Delta Q}{\Delta t} = \lim_{\Delta t \to 0} \frac{Q(t_0 + \Delta t) - Q(t_0)}{\Delta t}.$$

以上两个问题,虽然它们所代表的具体内容不同,但从数量上看,它们有共同的本质:它们都是当自变量的增量趋于零时,函数的增量与自变量的增量之比的极限.抽去这些问题的不同的实际意义,只考虑它们的共同性质,就可得出函数的导数定义.

定义 1 设 $y = f(x)$ 在点 x_0 的某个邻域内有定义,当自变量 x 在 x_0 处取得增量 Δx(点 $x_0 + \Delta x$ 仍在该邻域内)时,相应地,函数 y 取得增量:

$$\Delta y = f(x_0 + \Delta x) - f(x_0).$$

若当 $\Delta x \to 0$ 时,极限

$$\lim_{\Delta x \to 0} \frac{\Delta y}{\Delta x} = \lim_{\Delta x \to 0} \frac{f(x_0 + \Delta x) - f(x_0)}{\Delta x}$$

存在,则称此极限值为函数 $y = f(x)$ 在点 x_0 处的导数,并称函数 $y = f(x)$ 在点 x_0 处可导,记为

$$f'(x_0), y'|_{x=x_0}, \frac{\mathrm{d}y}{\mathrm{d}x}\Big|_{x=x_0} \text{或} \frac{\mathrm{d}f(x)}{\mathrm{d}x}\Big|_{x=x_0}.$$

若令 $x = x_0 + \Delta x$,则当 $\Delta x \to 0$ 时,$x \to x_0$,于是导数公式可表示为

$$f'(x_0) = \lim_{x \to x_0} \frac{f(x) - f(x_0)}{x - x_0}.$$

若上式右端极限不存在,则称函数 $f(x)$ 在点 x_0 处不可导,称 x_0 为 $f(x)$ 的不可导点.特别地,若上述极限为无穷大,此时导数不存在,有时也称 $f(x)$ 在点 x_0 处的导数为无穷大.

导数概念是函数变化率这一概念的精确描述,它撇开了自变量和因变量所代表的几何或物理等方面的特殊意义,纯粹从数量方面来刻画函数变化率的本质:函数增量与自变量增量的比值 $\frac{\Delta y}{\Delta x}$ 是函数 y 在以 x_0 和 $x_0 + \Delta x$ 为端点的区间上的平均变化率,而导数 $y'|_{x=x_0}$ 则是函数 y 在点 x_0 处的变化率,它反映了函数随自变量变化而变化的快慢程度.

有时需要考虑函数 $f(x)$ 在点 x_0 的左侧或右侧的导数,如在定义区间端点或分段函数的分段点就需要考虑单侧导数.

定义 2 设函数 $f(x)$ 在点 x_0 的某个左邻域(或右邻域)内有定义,且极限 $\lim\limits_{\Delta x \to 0^-} \dfrac{\Delta y}{\Delta x}$ (或 $\lim\limits_{\Delta x \to 0^+} \dfrac{\Delta y}{\Delta x}$)存在,则称此极限值为 $f(x)$ 在点 x_0 的左导数(或右导数),记为 $f_-'(x_0)$ [或 $f_+'(x_0)$],即

$$f_-'(x_0) = \lim_{\Delta x \to 0^-} \frac{f(x_0 + \Delta x) - f(x_0)}{\Delta x} = \lim_{x \to x_0^-} \frac{f(x) - f(x_0)}{x - x_0}$$

$$\left[\text{或} \ f_+'(x_0) = \lim_{\Delta x \to 0^+} \frac{f(x_0 + \Delta x) - f(x_0)}{\Delta x} = \lim_{x \to x_0^+} \frac{f(x) - f(x_0)}{x - x_0} \right].$$

根据函数极限与左、右极限的关系可得以下定理.

定理 1 函数 $f(x)$ 在点 x_0 处可导的充分必要条件是:函数 $y = f(x)$ 在点 x_0 处的左、右导数均存在且相等,即

$$f'(x_0) = A \Leftrightarrow f_-'(x_0) = f_+'(x_0) = A.$$

定理 1 常被用于判断分段函数在分段点处是否可导.

【例 1】 讨论 $f(x) = |x|$ 在点 $x = 0$ 处的可导性.

解 $f_-'(0) = \lim\limits_{\Delta x \to 0^-} \dfrac{f(\Delta x + 0) - f(0)}{\Delta x} = \lim\limits_{\Delta x \to 0^-} \dfrac{|\Delta x|}{\Delta x} = \lim\limits_{\Delta x \to 0^-} \dfrac{-\Delta x}{\Delta x} = -1.$

而

$$f_+'(0) = \lim_{\Delta x \to 0^+} \frac{f(\Delta x + 0) - f(0)}{\Delta x} = \lim_{\Delta x \to 0^+} \frac{|\Delta x|}{\Delta x} = \lim_{\Delta x \to 0^+} \frac{\Delta x}{\Delta x} = 1.$$

由于 $f_-'(0) \neq f_+'(0)$,因而 $f(x) = |x|$ 在点 $x = 0$ 处不可导.其图形如图 2-2 所示.

【例 2】 求函数 $f(x) = \begin{cases} \sin x, & x < 0, \\ x, & x \geqslant 0 \end{cases}$ 在 $x = 0$ 处的导数.

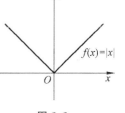

图 2-2

解 当 $\Delta x < 0$ 时,

$$\Delta y = f(0 + \Delta x) - f(0) = \sin \Delta x - 0 = \sin \Delta x,$$

故

$$f_-'(0) = \lim_{\Delta x \to 0^-} \frac{\Delta y}{\Delta x} = \lim_{\Delta x \to 0^-} \frac{\sin \Delta x}{\Delta x} = 1.$$

当 $\Delta x > 0$ 时,

$$\Delta y = f(0 + \Delta x) - f(0) = \Delta x - 0 = \Delta x,$$

故

$$f_+'(0) = \lim_{\Delta x \to 0^+} \frac{\Delta y}{\Delta x} = \lim_{\Delta x \to 0^+} \frac{\Delta x}{\Delta x} = 1.$$

由于 $f_-'(0) = f_+'(0) = 1$,得

$$f'(0) = \lim_{\Delta x \to 0} \frac{\Delta y}{\Delta x} = 1.$$

定义 3 若函数 $f(x)$ 在开区间 (a, b) 内每一点都可导,则称 $f(x)$ 在 (a, b) 内可导;若 $f(x)$ 在 (a, b) 内可导,且在点 a 右侧可导,在点 b 左侧可导,则称 $f(x)$ 在

闭区间$[a,b]$上可导.

注意,$f(x)$在(a,b)内可导时,对任意的$x\in(a,b)$,总存在唯一的导数值$f'(x)$与之对应.因此$f'(x)$是x的函数,称$f'(x)$为$f(x)$的导函数,简称导数,导函数$f'(x)$也可记为

$$y',\frac{\mathrm{d}y}{\mathrm{d}x},\frac{\mathrm{d}f}{\mathrm{d}x}.$$

显然,函数$f(x)$在点x_0处的导数$f'(x_0)$就是导函数$f'(x)$在点x_0处的函数值,即

$$f'(x_0)=f'(x)|_{x=x_0}.$$

二、用定义计算导数

求函数$y=f(x)$的导数可分为以下三个步骤:

(1)求增量:$\Delta y=f(x+\Delta x)-f(x)$.

(2)算比值:$\dfrac{\Delta y}{\Delta x}=\dfrac{f(x+\Delta x)-f(x)}{\Delta x}$.

(3)取极限:$f'(x)=\lim\limits_{\Delta x\to 0}\dfrac{\Delta y}{\Delta x}$.

【例3】 求函数$f(x)=C(C$为常数)的导数.

解 $f'(x)=\lim\limits_{\Delta x\to 0}\dfrac{f(x+\Delta x)-f(x)}{\Delta x}=\lim\limits_{\Delta x\to 0}\dfrac{C-C}{\Delta x}=0,$

即

$$(C)'=0.$$

【例4】 求函数$f(x)=x^a(a\neq 0$为常数)的导数.

解 $f'(x)=\lim\limits_{\Delta x\to 0}\dfrac{(x+\Delta x)^a-x^a}{\Delta x}=x^a\lim\limits_{\Delta x\to 0}\dfrac{\left(1+\dfrac{\Delta x}{x}\right)^a-1}{\Delta x}.$

当$\Delta x\to 0$时,$\left(1+\dfrac{\Delta x}{x}\right)^a-1\sim a\dfrac{\Delta x}{x}$,所以

$$f'(x)=x^a\lim\limits_{\Delta x\to 0}\dfrac{a\dfrac{\Delta x}{x}}{\Delta x}=ax^{a-1},$$

即

$$(x^a)'=ax^{a-1}(a\neq 0).$$

例如,$(\sqrt{x})'=\dfrac{1}{2\sqrt{x}}$,$\left(\dfrac{1}{x}\right)'=-\dfrac{1}{x^2}$.

【例5】 设$f'(x_0)$存在,求极限$\lim\limits_{\Delta x\to 0}\dfrac{f(x_0+\Delta x)-f(x_0-2\Delta x)}{\Delta x}$.

解

$$\lim\limits_{\Delta x\to 0}\dfrac{f(x_0+\Delta x)-f(x_0-2\Delta x)}{\Delta x}$$

$$=\lim_{\Delta x \to 0}\frac{[f(x_0+\Delta x)-f(x_0)]-[f(x_0-2\Delta x)-f(x_0)]}{\Delta x}$$

$$=\lim_{\Delta x \to 0}\frac{f(x_0+\Delta x)-f(x_0)}{\Delta x}+2\lim_{\Delta x \to 0}\frac{f(x_0-2\Delta x)-f(x_0)}{(-2\Delta x)}$$

$$=f'(x_0)+2f'(x_0)=3f'(x_0).$$

【例6】　若函数 $f(x)$ 可导，求 $\lim\limits_{n \to \infty}n\left[f\left(x+\dfrac{a}{n}\right)-f\left(x-\dfrac{b}{n}\right)\right](a,b\neq 0)$.

解　$\lim\limits_{n \to \infty}\dfrac{\left[f\left(x+\dfrac{a}{n}\right)-f(x)\right]+\left[f(x)-f\left(x-\dfrac{b}{n}\right)\right]}{\dfrac{1}{n}}$

$$=a\lim_{n \to \infty}\frac{f\left(x+\dfrac{a}{n}\right)-f(x)}{\dfrac{a}{n}}+b\lim_{n \to \infty}\frac{f(x)-f\left(x-\dfrac{b}{n}\right)}{\dfrac{b}{n}}$$

$$=af'(x)+bf'(x)=(a+b)f'(x).$$

三、导数的几何意义

根据导数的定义可知：

$$f'(x)=\lim_{\Delta x \to 0}\frac{\Delta y}{\Delta x}.$$

我们先看增量之比 $\dfrac{\Delta y}{\Delta x}$ 在函数 $y=f(x)$ 的图象上表示什么.

当自变量在点 x_0 处取得增量 Δx 时，函数 $y=f(x)$ 取得增量 Δy.在函数图象上得到两点 $M_0(x_0,y_0),M(x_0+\Delta x,y_0+\Delta y)$，可见比值 $\dfrac{\Delta y}{\Delta x}$ 就是割线 M_0M 的斜率，即

$$\frac{\Delta y}{\Delta x}=\tan\varphi.（其中 \varphi 是割线 M_0M 的倾斜角）$$

当 $\Delta x \to 0$ 时，M 点将沿曲线趋向于定点 M_0，而割线 M_0M 就无限趋近于它的极限位置 M_0T，直线 M_0T 称为曲线在 M_0 点处的切线.因此，割线斜率 $\tan\varphi=\dfrac{\Delta y}{\Delta x}$ 的极限即为切线的斜率 $\tan\alpha$，即

$$\lim_{\Delta x \to 0}\frac{\Delta y}{\Delta x}=\lim_{\varphi \to a}\tan\varphi=\tan\alpha.$$

由此可知，函数 $y=f(x)$ 在点 x_0 处的导数 $f'(x_0)$ 的几何意义，就是曲线 $y=f(x)$ 在点 $M_0(x_0,y_0)$ 处的**切线的斜率**.即

$$f'(x_0)=\tan\alpha=k.（\alpha 是切线的倾斜角）$$

如果 $y=f(x)$ 在点 x 处的导数为无穷大，即 $\tan\alpha$ 不存在，这时曲线 $y=f(x)$ 的割线以垂直于 X 轴的直线为极限位置，即曲线 $y=f(x)$ 在点 $M_0(x,y)$ 处具有

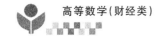

垂直于 X 轴的切线.

根据导数的几何意义并应用直线的点斜式方程,可以得到曲线 $y = f(x)$ 在定点 $M_0(x_0, y_0)$ 处的切线方程为

$$y - y_0 = f'(x_0)(x - x_0).$$

过切点 M_0 且与该切线垂直的直线叫作曲线 $y = f(x)$ 在点 M_0 处的法线,如果 $f'(x_0) \neq 0$,法线的斜率为 $-\dfrac{1}{f'(x_0)}$,从而法线的方程为

$$y - y_0 = -\dfrac{1}{f'(x_0)}(x - x_0).$$

【例7】 若曲线 $y = x^3$ 在点 (x_0, y_0) 处切线斜率等于 3 ,求点 (x_0, y_0) 的坐标.

解 由题意,得 $(x^3)'\big|_{x=x_0} = 3$,即 $3x_0^2 = 3$,解之,得 $x = \pm 1$.

把 $x = 1$ 代入 $y = x^3$,得 $y = 1$;把 $x = -1$ 代入 $y = x^3$,得 $y = -1$.

综上得:点 (x_0, y_0) 的坐标为 $(1,1)$ 和 $(-1,-1)$.

【例8】 抛物线 $y = x^2$ 在何处切线与 Ox 轴正向夹角为 $\dfrac{\pi}{4}$,并且求该处切线的方程.

解 由题意,得 $(x^2)'\big|_{x=x_0} = \tan\dfrac{\pi}{4}$,即 $2x_0 = 1$,解之,得 $x_0 = \dfrac{1}{2}$.把 $x_0 = \dfrac{1}{2}$ 代入 $y = x^2$,得 $y = \dfrac{1}{4}$.

故 $y = x^2$ 在 $\left(\dfrac{1}{2}, \dfrac{1}{4}\right)$ 点处切线与 Ox 轴正向夹角为 $\dfrac{\pi}{4}$,此处切线为 $y - \dfrac{1}{4} = x - \dfrac{1}{2}$,即 $y = x - \dfrac{1}{4}$.

四、函数的可导性与连续性的关系

初等函数在其定义域上都是连续的,那么函数的连续性与可导性之间有什么关系呢? 下面的定理回答了这个问题.

定理2 若函数 $y = f(x)$ 在点 x_0 处可导,则它在 x_0 处连续.

证 因为函数 $y = f(x)$ 在点 x_0 处可导,故有

$$\lim_{\Delta x \to 0} \frac{\Delta y}{\Delta x} = f'(x_0),$$

$$\frac{\Delta y}{\Delta x} = f'(x_0) + \alpha.$$

其中,$\alpha \to 0$(当 $\Delta x \to 0$ 时),$\Delta y = f'(x_0)\Delta x + \alpha \Delta x$,从而

$$\lim_{\Delta x \to 0} \Delta y = \lim_{\Delta x \to 0} [f'(x_0)\Delta x + \alpha \Delta x] = 0.$$

所以,函数 $y = f(x)$ 在点 x_0 处连续.

该定理的逆命题不成立,即函数在某点连续,但在该点不一定可导.例如,例1 中的 $f(x) = |x|$ 在 $x = 0$ 处连续,但不可导.

【例 9】　设

$$f(x)=\begin{cases}\mathrm{e}^x, & x\leqslant0,\\x^2+ax+b, & x>0,\end{cases}$$

a,b 取何值时,函数 $f(x)$ 在 $x=0$ 处可导?

解　$f(x)$ 在 $x=0$ 处可导,其必要条件是 $f(x)$ 在 $x=0$ 处连续,即

$$\lim_{x\to0^+}f(x)=\lim_{x\to0^-}f(x)=f(0).$$

因为

$$f(0)=1,$$
$$\lim_{x\to0^+}f(x)=\lim_{x\to0^+}(x^2+ax+b)=b,$$
$$\lim_{x\to0^-}f(x)=\lim_{x\to0^-}\mathrm{e}^x=1,$$

所以 $b=1$.

又

$$f_+'(0)=\lim_{x\to0^+}\frac{f(x)-f(0)}{x-0}=\lim_{x\to0^+}\frac{(x^2+ax+1)-1}{x}=a,$$
$$f_-'(0)=\lim_{x\to0^-}\frac{f(x)-f(0)}{x-0}=\lim_{x\to0^-}\frac{\mathrm{e}^x-1}{x}=1.$$

若要 $f(x)$ 在 $x=0$ 处可导,必有 $a=1$.

所以,当 $a=1,b=1$ 时,函数 $f(x)$ 在 $x=0$ 处可导.

【例 10】　讨论 $f(x)=\begin{cases}x\sin\dfrac{1}{x}, & x\neq0,\\0, & x=0\end{cases}$ 在 $x=0$ 处的连续性与可导性.

解　注意到 $\sin\dfrac{1}{x}$ 是有界函数,则有

$$\lim_{x\to0}x\sin\frac{1}{x}=0.$$

由 $\lim_{x\to0}f(x)=0=f(0)$ 知,函数 $f(x)$ 在 $x=0$ 处连续.

但在 $x=0$ 处,有

$$\frac{\Delta y}{\Delta x}=\frac{(0+\Delta x)\sin\dfrac{1}{\Delta x}-0}{\Delta x}=\sin\frac{1}{\Delta x},$$

因为极限 $\lim_{\Delta x\to0}\dfrac{\Delta y}{\Delta x}$ 不存在,所以 $f(x)$ 在 $x=0$ 处不可导.

【例 11】(医学问题)　人在遇到光亮刺激时,眼睛会通过减少瞳孔的面积做出反应.实验表明:当光亮为 x 时,瞳孔的面积 R(单位:mm^2)为

$$R=\frac{40+24x^{0.4}}{1+4x^{0.4}}.$$

在研究人体对外界光强度 x 的刺激时,将 R 对 x 的变化率称为敏感度,求人体对光的敏感度.

解 人体对光的敏感度为

$$R' = \left(\frac{40+24x^{0.4}}{1+4x^{0.4}}\right)'$$

$$= \frac{(40+24x^{0.4})'(1+4x^{0.4}) - (40+24x^{0.4})(1+4x^{0.4})'}{(1+4x^{0.4})^2}.$$

$$= \frac{-54.4x^{-0.6}}{(1+4x^{0.4})^2}.$$

 题 2-1

一、选择题

1. $f(x) = \begin{cases} x\sin\dfrac{1}{x}, & x \neq 0, \\ 0, & x=0 \end{cases}$ 在 $x=0$ 处 ( ).

A. 极限不存在   B. 极限存在但不连续

C. 连续但不可导   D. 可导但不连续

2. 设 $f(x) = \begin{cases} x^2+1, & x \leq 1, \\ ax+b, & x>1 \end{cases}$ 在 $x=1$ 处可导,则 ( ).

A. $a=-2, b=2$ B. $a=0, b=2$ C. $a=2, b=0$ D. $a=1, b=1$

二、填空题

1. 设 $y=6x+k$ 是曲线 $y=3x^2-6x+13$ 的一条切线,则 $k=$ _____.

2. 已知直线 l 与 x 轴平行,且与曲线 $y=x-e^x$ 相切,则切点坐标是 _____.

3. 若 $y=f(x)$ 满足:$f(x)=f(0)+x+\alpha(x)$,且 $\lim\limits_{x\to 0}\dfrac{\alpha(x)}{x}=0$,则 $f'(0)=$

_____.

三、计算题

1. 设 $f(x) = \begin{cases} \dfrac{e^x-1}{x}, & x<0, \\ kx+b, & x \geq 0 \end{cases}$ 在 $x=0$ 处可导,求 k,b 的值.

2. 讨论 $f(x)=|x-a|\varphi(x)$ 在 $x=a$ 处是否可导,其中 $\varphi(x)$ 在 $x=a$ 处连续.

第二节 求导法则与导数公式

如果都用定义求导数,显得较难且繁琐.为此,需要讨论求函数导数的方法.求导数的方法称为函数的微分法.本讲将介绍导数的四则运算及复合函数的运算.有了这些运算,再把基本初等函数的导数求出来,那么初等函数求导数问题就解决了.

一、导数的四则运算法则

定理 3 如果函数 $u=u(x)$ 及 $v=v(x)$ 都在点 x 处具有导数,那么它的和、

差、积、商(除分母为零的点外)都在点 x 处具有导数,且

(1) $[u(x)\pm v(x)]'=u'(x)\pm v'(x)$;

(2) $[u(x)v(x)]'=u'(x)v(x)+u(x)v'(x)$;

(3) $\left[\dfrac{u(x)}{v(x)}\right]'=\dfrac{u'(x)v(x)-u(x)v'(x)}{v^2(x)}[v(x)\neq 0]$.

以上三个法则都可用导数的定义和极限的运算法则来验证,下面以法则(2)为例.

证

$$
\begin{aligned}
[u(x)v(x)]' &=\lim_{\Delta x\to 0}\frac{u(x+\Delta x)v(x+\Delta x)-u(x)v(x)}{\Delta x}\\
&=\lim_{\Delta x\to 0}\left[\frac{u(x+\Delta x)-u(x)}{\Delta x}v(x+\Delta x)+u(x)\frac{v(x+\Delta x)-v(x)}{\Delta x}\right]\\
&=\lim_{\Delta x\to 0}\frac{u(x+\Delta x)-u(x)}{\Delta x}\lim_{\Delta x\to 0}v(x+\Delta x)+u(x)\lim_{\Delta x\to 0}\frac{v(x+\Delta x)-v(x)}{\Delta x}\\
&=u'(x)v(x)+u(x)v'(x).
\end{aligned}
$$

其中

$$\lim_{\Delta x\to 0}v(x+\Delta x)=v(x),$$

是由于 $v'(x)$ 存在,故 $v(x)$ 在点 x 处连续,于是法则(2)获得证明.法则(2)可简单地表示为

$$(uv)'=u'v+uv'.$$

法则(1)(2)均可推广到有限多个函数运算的情形.例如,设 $u=u(x),v=v(x),w=w(x)$ 均可导,则有

$$(u-v+w)'=u'-v'+w'.$$

$$(uvw)'=[(uv)w]'=(uv)'w+(uv)w'=(u'v+uv')w+uvw',$$

即

$$(uvw)'=u'vw+uv'w+uvw'.$$

若在法则(2)中令 $v(x)=C(C$ 为常数),则有 $[Cu(x)]'=Cu'(x)$.

若在法则(3)中令 $u(x)=C(C$ 为常数),则有 $\left[\dfrac{C}{v(x)}\right]'=-C\dfrac{v'(x)}{v^2(x)}$.

【例 12】 设 $f(x)=5x^3+10e^x-2\cos x+\sin\dfrac{\pi}{7}$,求 $f'(x)$.

解

$$
\begin{aligned}
f'(x)&=5(x^3)'+10(e^x)'-2(\cos x)'+\left(\sin\frac{\pi}{7}\right)'\\
&=15x^2+10e^x+2\sin x.
\end{aligned}
$$

【例 13】 求 $y=2\sqrt{x}\sin x$ 的导数.

解

$$y'=2[(\sqrt{x})'\sin x+\sqrt{x}(\sin x)']=2\left(\frac{1}{2\sqrt{x}}\sin x+\sqrt{x}\cos x\right)$$

$$= \frac{1}{\sqrt{x}} \sin x + 2\sqrt{x} \cos x.$$

【例 14】 求 $y = \tan x$ 的导数.

解

$$y' = \left(\frac{\sin x}{\cos x}\right)' = \frac{(\sin x)' \cos x - \sin x (\cos x)'}{\cos^2 x}$$

$$= \frac{\cos x \cos x - \sin x (-\sin x)}{\cos^2 x}$$

$$= \frac{1}{\cos^2 x} = \sec^2 x,$$

即

$$(\tan x)' = \sec^2 x.$$

同理可得

$$(\cot x)' = -\csc^2 x.$$

【例 15】 求下列函数的导数：

(1) $y = (\sqrt{x} + 1)\left(\frac{1}{\sqrt{x}} - 1\right)$; (2) $y = \frac{1 + \sin^2 x}{\sin 2x}$.

解 (1) 因为 $y = (\sqrt{x} + 1)\left(\frac{1}{\sqrt{x}} - 1\right) = 1 + \frac{1}{\sqrt{x}} - \sqrt{x} - 1 = x^{-\frac{1}{2}} - x^{\frac{1}{2}}$,

所以 $y' = -\frac{1}{2} x^{-\frac{3}{2}} - \frac{1}{2} x^{-\frac{1}{2}} = -\frac{1}{2\sqrt{x}}\left(1 + \frac{1}{x}\right)$.

(2) 因为

$$y = \frac{1 + \sin^2 x}{\sin 2x} = \frac{\sin^2 x + \cos^2 x + \sin^2 x}{\sin 2x}$$

$$= \frac{2\sin^2 x + \cos^2 x}{2\sin x \cos x} = \tan x + \frac{1}{2}\cot x.$$

所以 $y' = \sec^2 x - \frac{1}{2}\csc^2 x.$

【例 16】 求下列函数在给定点处的导数：

(1) $y = x \tan x$，求 $y'|_{x=0}$;

(2) $f(x) = (1 + x^3)\left(5 - \frac{1}{x^2}\right)$，求 $f'(1), f'(-1)$.

解 (1) $y' = (x)' \tan x + x(\tan x)' = \tan x + x \sec^2 x$，故 $y'|_{x=0} = 0$.

(2) $f(x) = 5 - \frac{1}{x^2} + 5x^3 - x$，$f'(x) = \frac{2}{x^3} + 15x^2 - 1$，故 $f'(1) = 16, f'(-1) = 12$.

【例 17】（电学领域） 电路中某点处的电流 i 是通过该点处的电量 q 关于时间 t 的瞬时变化率，如果一电路中的电量 $q(t) = t^5 + 3t$.试求：

(1) 其电流函数 $i(t)$;

(2) $t = 2$ 时的电流.

解 （1）根据题意，电流函数 $i(t)=q'(t)=(t^5+3t)'=5t^4+3$.

（2）当 $t=2$ 时，$i(2)=5\times 2^4+3=83$.

二、反函数的求导法则

根据反函数的定义，函数 $y=f(x)$ 为单调连续函数，则它的反函数 $x=\varphi(x)$ 也是单调连续的，由此我们可给出反函数的求导法则（我们以定理的形式给出）.

定理 4 设函数 $x=\varphi(y)$ 在区间 I_y 内单调、可导且 $\varphi'(y)\neq 0$，则其反函数 $y=f(x)$ 在对应区间 I_y 内也可导，且

$$f'(x)=\frac{1}{\varphi'(y)}\text{或}\frac{\mathrm{d}y}{\mathrm{d}x}=\frac{1}{\dfrac{\mathrm{d}x}{\mathrm{d}y}}.$$

即反函数的导数等于直接函数导数的倒数.注：这里的反函数是以 y 为自变量的，我们没有对它作记号变换.即：$\varphi'(y)$ 是对 y 求导，$f'(x)$ 是对 x 求导.

【例 18】 求函数 $y=\arcsin x$ 的导数.

解 因为 $y=\arcsin x$ 的反函数 $x=\sin y$ 在 $I_y=\left(-\dfrac{\pi}{2},\dfrac{\pi}{2}\right)$ 内单调、可导，且

$$(\sin y)'=\cos y>0,$$

所以在对应区间 $I_x=(-1,1)$ 内，有

$$(\arcsin x)'=\frac{1}{(\sin y)'}=\frac{1}{\cos y}=\frac{1}{\sqrt{1-\sin^2 y}}=\frac{1}{\sqrt{1-x^2}},$$

即

$$(\arcsin x)'=\frac{1}{\sqrt{1-x^2}}.$$

同理可得

$$(\arccos x)'=-\frac{1}{\sqrt{1-x^2}},(\arctan x)'=\frac{1}{1+x^2},(\operatorname{arccot} x)'=-\frac{1}{1+x^2}.$$

【例 19】 求函数 $y=\log_a x(a>0$ 且 $a\neq 1)$ 的导数.

解 因为 $y=\log_a x$ 的反函数 $x=a^y$ 在 $I_y=(-\infty,+\infty)$ 内单调、可导，且
$$(a^y)'=a^y\ln a\neq 0,$$
所以在对应区间 $I_x=(0,+\infty)$ 内，有

$$(\log_a x)'=\frac{1}{(a^y)'}=\frac{1}{a^y\ln a}=\frac{1}{x\ln a},$$

即

$$(\log_a x)'=\frac{1}{x\ln a}.$$

另可推得 $(\ln x)'=\dfrac{1}{x}$.

三、复合函数的求导法则

在学习此法则之前我们先来看一个例子：求 $(\sin 2x)'$.解答：由于 $(\sin x)'=\cos x$,

故$(\sin 2x)'=\cos 2x$.这个解答正确吗?这个解答显然是错误的,正确的解答如下:

$(\sin 2x)'=(2\sin x\cos x)'=2[(\sin x)'\cos x+\sin x(\cos x)']=2\cos 2x$.我们发生错误的原因是$(\sin 2x)'$是对自变量$x$求导,而不是对$2x$求导.下面我们给出复合函数的求导法则.

定理 5 若函数$u=g(x)$在点x处可导,而$y=f(u)$在点$u=g(x)$处可导,则复合函数$y=f[g(x)]$在点x处可导,且其导数为

$$\frac{\mathrm{d}y}{\mathrm{d}x}=f'(u)g'(x)\text{或}\frac{\mathrm{d}y}{\mathrm{d}x}=\frac{\mathrm{d}y}{\mathrm{d}u}\cdot\frac{\mathrm{d}u}{\mathrm{d}x}.$$

也就是两个可导函数复合而成的复合函数的导数等于函数对中间变量的导数乘上中间变量对自变量的导数.

【例 20】 已知$y=\sin^2 x$,求$\dfrac{\mathrm{d}y}{\mathrm{d}x}$.

解 设$u=\sin x$,则$y=\sin^2 x$可分解为$y=u^2$,$u=\sin x$,因此

$$\frac{\mathrm{d}y}{\mathrm{d}x}=\frac{\mathrm{d}y}{\mathrm{d}u}\cdot\frac{\mathrm{d}u}{\mathrm{d}x}=(u^2)'(\sin x)'=2u\cos x=2\sin x\cos x=\sin 2x.$$

推论 设$y=f(u)$,$u=\varphi(v)$,$v=\psi(x)$均可导,则复合函数$y=f\{\varphi[\psi(x)]\}$也可导,且

$$y_x{'}=y_u{'}\cdot u_v{'}\cdot v_x{'}.$$

通常,我们不必每次都写出具体的复合结构,只要记住哪些为中间变量,哪个是自变量,然后由外向内逐层依次求导,并注意不要遗漏,熟练掌握这一方法可提高求导速度.

【例 21】 设函数$y=\mathrm{e}^{\sin 2x}$,求导数y'.

解

$$y'=(\mathrm{e}^{\sin 2x})'=\mathrm{e}^{\sin 2x}(\sin 2x)'$$
$$=\cos 2x\,\mathrm{e}^{\sin 2x}(2x)'=2\cos 2x\,\mathrm{e}^{\sin 2x}.$$

【例 22】 求$y=\mathrm{e}^{-x}\sin\sqrt{2x}$的导数.

解

$$y'=(\mathrm{e}^{-x})'\sin\sqrt{2x}+\mathrm{e}^{-x}(\sin\sqrt{2x})'$$
$$=\mathrm{e}^{-x}(-x)'\sin\sqrt{2x}+\mathrm{e}^{-x}\cos\sqrt{2x}(\sqrt{2x})'$$
$$=-\mathrm{e}^{-x}\sin\sqrt{2x}+\mathrm{e}^{-x}\cdot\cos\sqrt{2x}\cdot\sqrt{2}\cdot\frac{1}{2\sqrt{x}}$$
$$=\mathrm{e}^{-x}\left(\frac{\cos\sqrt{2x}}{\sqrt{2x}}-\sin\sqrt{2x}\right).$$

【例 23】 求下列函数的导数:

(1) $y=\tan(1+2^x)$;   (2) $y=\ln\cos(\mathrm{e}^{-x})$.

解

(1) $y'=[\tan(1+2^x)]'=\sec^2(1+2^x)\cdot(1+2^x)'=\sec^2(1+2^x)\cdot 2^x\ln 2$;

(2) $y' = [\text{lncos}(\text{e}^{-x})]' = \dfrac{1}{\cos(\text{e}^{-x})}[\cos(\text{e}^{-x})]' = \dfrac{-\sin(\text{e}^{-x})}{\cos(\text{e}^{-x})} \cdot (\text{e}^{-x})'$

$\qquad = -\tan(\text{e}^{-x})\text{e}^{-x} \cdot (-x)' = \text{e}^{-x}\tan(\text{e}^{-x}).$

【例 24】　设 $f(x) = \arctan \text{e}^{x} - \ln\sqrt{\dfrac{\text{e}^{2x}}{\text{e}^{2x}+1}}$，求 $f'(0).$

解　因为

$$f(x) = \arctan \text{e}^{x} - \dfrac{1}{2}\left[\ln \text{e}^{2x} - \ln(\text{e}^{2x}+1)\right] = \arctan \text{e}^{x} - x + \dfrac{1}{2}\ln(\text{e}^{2x}+1),$$

所以

$$f'(x) = \dfrac{1}{1+(\text{e}^{x})^2} \cdot \text{e}^{x} - 1 + \dfrac{1}{2} \cdot \dfrac{1}{\text{e}^{2x}+1}\text{e}^{2x} \cdot 2$$

$$= \dfrac{1}{1+\text{e}^{2x}} \cdot \text{e}^{x} - 1 + \dfrac{1}{\text{e}^{2x}+1}\text{e}^{2x}$$

$$= \dfrac{\text{e}^{x}-1}{1+\text{e}^{2x}}.$$

因此

$$f'(0) = \dfrac{\text{e}^{0}-1}{\text{e}^{0}+1} = 0.$$

【例 25】　设 $y = f(u), u = \sin x^2$，求 $\dfrac{\text{d}y}{\text{d}x}$ 和 $\dfrac{\text{d}^2 y}{\text{d}x^2}.$

解　$\qquad \dfrac{\text{d}y}{\text{d}x} = f'(u) \cdot 2x \cdot \cos x^2,$

$$\dfrac{\text{d}^2 y}{\text{d}x^2} = f''(u) \cdot 4x^2(\cos x^2)^2 + f'(u)(2\cos x^2 - 4x^2\sin x^2).$$

【例 26】　已知 $f(u)$ 可导，求函数 $y = f(\sec x)$ 的导数.

解　$\qquad y' = f'(\sec x) \cdot (\sec x)' = f'(\sec x) \cdot \sec x \tan x.$

四、基本求导法则与导数公式

基本初等函数的导数公式与本节中所讨论的求导法则，在初等函数的求导运算中起着重要的作用，我们必须熟练地掌握它们. 为了便于查阅，现在把这些导数公式和求导法则归纳如下：

1. 基本初等函数的导数公式

(1) $(c)' = 0;$　　　　　　　　　　(2) $(x^{\alpha}) = \alpha x^{\alpha-1}$（$\alpha$ 为实数）；

(3) $(\sin x)' = \cos x;$　　　　　　　(4) $(\cos x)' = -\sin x;$

(5) $(\tan x)' = \sec^2 x;$　　　　　　(6) $(\cot x)' = -\csc^2 x;$

(7) $(\sec x)' = \sec x \cdot \tan x;$　　　(8) $(\csc x)' = -\csc x \cdot \cot x;$

(9) $(\text{e}^x)' = \text{e}^x;$　　　　　　　　(10) $(a^x)' = a^x \ln a;$

(11) $(\ln x)' = \dfrac{1}{x};$　　　　　　(12) $(\log_a x)' = \dfrac{1}{x \ln a};$

(13) $(\arcsin x)' = \dfrac{1}{\sqrt{1-x^2}}$;　　　　(14) $(\arccos x)' = -\dfrac{1}{\sqrt{1-x^2}}$;

(15) $(\arctan x)' - \dfrac{1}{1+x^2}$;　　　　(16) $(\operatorname{arccot} x)' = -\dfrac{1}{1+x^2}$.

2. 求导法则

(1) $(u \pm v)' = u' \pm v'$ [$u = u(x), v = v(x)$,以下同].

(2) $(uv)' = u'v + uv'$,$(cu)' = cu'$(c 为常数).

(3) $\left(\dfrac{v}{u}\right)' = \dfrac{uv' - u'v}{u^2}$,$\left(\dfrac{1}{u}\right)' = -\dfrac{u'}{u^2}$($u \neq 0$).

(4) 若 $y = f(u), u = \varphi(x)$,则对于复合函数 $y = f[\varphi(x)]$,有
$$y_x{}' = y_u{}' \cdot u_x{}'.$$

3. 反函数的求导法则

设 $x = f(y)$ 在区间 I_y 内单调、可导,且 $f'(y) \neq 0$,则它的反函数 $y = f^{-1}(x)$ 在 $I_x = f(I_y)$ 内也可导,且
$$[f^{-1}(x)]' = \dfrac{1}{f'(y)} \text{ 或 } \dfrac{\mathrm{d}y}{\mathrm{d}x} = \dfrac{1}{\dfrac{\mathrm{d}x}{\mathrm{d}y}}.$$

4. 复合函数的求导法则

设 $y = f(u), u = g(x)$,且 $f(u)$ 及 $g(x)$ 都可导,则复合函数 $y = f[g(x)]$ 的导数为
$$\dfrac{\mathrm{d}y}{\mathrm{d}x} = \dfrac{\mathrm{d}y}{\mathrm{d}u} \cdot \dfrac{\mathrm{d}u}{\mathrm{d}x} \text{ 或 } y'(x) = f'(u) \cdot g'(x).$$

 习题 2-2

一、选择题

1. 设 $f(x^2) = x^4 + x^2 + 1$,则 $f'(1) = ($　　$)$.

A. 1　　　　　B. 3　　　　　C. -1　　　　　D. -3

2. 设 $f(x) = x(x^2 - 1^2)(x^2 - 2^2)\cdots(x^2 - n^2)$,则 $f'(0) = ($　　$)$.

A. $(n!)^2$　　　B. $(-1)^n (n!)^2$　　C. $n!$　　　　　D. $(-1)^n n!$

3. 设 $f(x)$ 为可导偶函数,且 $g(x) = f(\cos x)$,则 $g'\left(\dfrac{\pi}{2}\right) = ($　　$)$.

A. 0　　　　　B. 1　　　　　C. -1　　　　　D. 2

4. 设 $f(x)$ 在 $x = 1$ 有连续导数,且 $f'(1) = 2$,则 $\lim\limits_{x \to 0^+} \dfrac{\mathrm{d}}{\mathrm{d}x} f(\cos\sqrt{x}) = ($　　$)$.

A. 1　　　　　B. -1　　　　　C. 2　　　　　D. -2

二、填空题

1. 设 $f(x) = \sqrt{1 + \ln^2 x}$,则 $f'(\mathrm{e}) = $_____.

2. 设 $y = \ln\sqrt{\dfrac{1 - \mathrm{e}^x}{1 + \mathrm{e}^x}}$,则 $y' = $_____.

三、计算题

1. 求下列函数的导数：

(1) $y = 4x^2 + 3x + 1$；

(2) $y = 4e^x + 3e + 1$；

(3) $y = x + \ln x + 1$；

(4) $y = \sin x + x + 1$；

(5) $y = 2\cos x + 3x$；

(6) $y = 2^x + 3^x$；

(7) $y = \log_2 x + x^2$.

2. 求下列函数的导数：

(1) $y = 4(x+1)^2 + (3x+1)^2$；

(2) $y = xe^x + 10$；

(3) $y = \sin x \cos x$；

(4) $y = \arctan 2x$；

(5) $y = \cos 8x$；

(6) $y = e^x \sin 2x$.

3. 设 $y = x\arcsin \dfrac{x}{2} + \sqrt{4-x^2}$，求 y'.

4. 已知 $f'(x) = \dfrac{1}{x}$，$y = f\left(\dfrac{x+1}{x-1}\right)$，求 $\dfrac{\mathrm{d}y}{\mathrm{d}x}$.

5. 设 $f(x) = \ln(1+x)$，$y = f[f(x)]$，求 $\dfrac{\mathrm{d}y}{\mathrm{d}x}$.

四、综合题

1. 若曲线 $y = x^2 + ax + b$ 与 $2y = -1 + xy^3$ 在点 $(1,-1)$ 处相切，求常数 a, b.

第三节　高阶导数

我们知道，当函数 $f(x)$ 在区间 I 上可导时，其导函数 $f'(x)$ 仍然是 x 的函数，它可能仍然存在导数.也就是说，我们将面临对导函数进行求导的问题,这种导数称为高阶导数.

一、高阶导数的定义

定义 4　若函数 $y = f(x)$ 的导函数 $f'(x)$ 在点 x 处可导,则称导函数 $f'(x)$ 在点 x 处的导数为函数 $f(x)$ 的二阶导数,记为

$$y'',\ f''(x),\ \frac{\mathrm{d}^2 y}{\mathrm{d}x^2} \text{或} \frac{\mathrm{d}^2 f}{\mathrm{d}x^2}.$$

类似地,定义 $y = f(x)$ 的二阶导数 $f''(x)$ 的导数为三阶导数,记为

$$y''',\ f'''(x),\ \frac{\mathrm{d}^3 y}{\mathrm{d}x^3} \text{或} \frac{\mathrm{d}^3 f}{\mathrm{d}x^3}.$$

一般地,$y = f(x)$ 的 $n-1$ 阶导数的导数称为 $f(x)$ 的 n 阶导数,记为

$$y^{(n)},\ f^{(n)}(x),\ \frac{\mathrm{d}^n y}{\mathrm{d}x^n} \text{或} \frac{\mathrm{d}^n f}{\mathrm{d}x^n}.$$

二阶和二阶以上的导数统称为高阶导数.

【例 27】 设 $y=(1+x^2)\arctan x$,求 $y''(1)$.

解

$$y'=2x\cdot\arctan x+(1+x^2)\cdot\frac{1}{1+x^2}=2x\arctan x+1,$$

$$y''=2\arctan x+2x\cdot\frac{1}{1+x^2},$$

故

$$y''(1)=\frac{\pi}{2}+1.$$

【例 28】 设 $f(x)=\arctan x$,求 $f''(0),f'''(0)$.

解

$$f'(x)=\frac{1}{1+x^2},$$

$$f''(x)=\left(\frac{1}{1+x^2}\right)'=\frac{-2x}{(1+x^2)^2},$$

$$f'''(x)=\left[\frac{-2x}{(1+x^2)^2}\right]'=\frac{2(3x^2-1)}{(1+x^2)^3}.$$

所以

$$f''(0)=\frac{-2x}{(1+x^2)^2}\bigg|_{x=0}=0,$$

$$f'''(0)=\frac{2(3x^2-1)}{(1+x^2)^3}\bigg|_{x=0}=-2.$$

*二、特殊函数的高阶导数

下面介绍几个初等函数的 n 阶导数.

*【例 29】 求下列函数的 n 阶导数.

(1) $y=x^n$(n 为正整数);　　　　　(2) $y=\sin x$;

(3) $y=\ln(1+x)$.

解 (1) $y'=nx^{n-1},y''=n(n-1)x^{n-2},\cdots,y^{(n)}=n!$,

即
$$(x^n)^{(n)}=n!,(x^n)^{(n+1)}=0.$$

(2)
$$y'=(\sin x)'=\cos x=\sin\left(x+\frac{\pi}{2}\right),$$

$$y''=\left[\sin\left(x+\frac{\pi}{2}\right)\right]'=\cos\left(x+\frac{\pi}{2}\right)=\sin\left(x+2\cdot\frac{\pi}{2}\right),$$

$$y'''=\left[\sin\left(x+2\cdot\frac{\pi}{2}\right)\right]'=\cos\left(x+2\cdot\frac{\pi}{2}\right)=\sin\left(x+3\cdot\frac{\pi}{2}\right).$$

归纳得

$$y^{(n)}=\sin\left(x+n\cdot\frac{\pi}{2}\right).$$

即 $(\sin x)^{(n)}=\sin\left(x+n\cdot\dfrac{\pi}{2}\right).$ 同理,有 $(\cos x)^{(n)}=\cos\left(x+n\cdot\dfrac{\pi}{2}\right).$

(3)
$$y'=[\ln(1+x)]'=\frac{1}{1+x}=(1+x)^{-1},$$
$$y''=-(1+x)^{-2},y'''=(-1)^2\cdot2\cdot(1+x)^{-3},$$

归纳得
$$y^{(n)}=(-1)^{n-1}(n-1)!(1+x)^{-n},$$

即
$$[\ln(1+x)]^{(n)}=\frac{(-1)^{n-1}(n-1)!}{(1+x)^n}.$$
$$\left(\frac{1}{1+x}\right)^{(n)}=\frac{(-1)^n n!}{(1+x)^{n+1}}.$$

*【例 30】 求下列函数的 n 阶导数:

(1) $y=\dfrac{1}{x^2-1}$;   (2) $y=\ln(1+2x-3x^2).$

解 (1) $y=\dfrac{1}{x^2-1}=\dfrac{1}{2}\left(\dfrac{1}{x-1}-\dfrac{1}{x+1}\right),$ 得
$$y^{(n)}=\frac{1}{2}\left[\left(\frac{1}{x-1}\right)^{(n)}-\left(\frac{1}{x+1}\right)^{(n)}\right]=\frac{1}{2}\left[\frac{(-1)^n n!}{(x-1)^{n+1}}-\frac{(-1)^n n!}{(x+1)^{n+1}}\right].$$

(2) $y=\ln(1+2x-3x^2)=\ln(1-x)+\ln(1+3x),$ 得
$$y^{(n)}=[\ln(1-x)]^{(n)}+[\ln(1+3x)]^{(n)}$$
$$=\frac{(-1)^{n-1}\cdot(-1)^n\cdot(n-1)!}{(1-x)^n}+\frac{(-1)^{n-1}\cdot3^n\cdot(n-1)!}{(1+3x)^n}.$$

【例 31】(应用案例) 设某种汽车刹车后运动规律为 $s=19.2t-0.4t^3$,假设汽车做直线运动,求汽车在 $t=4$ s 时的速度和加速度.

解 刹车后速度为
$$v=\frac{\mathrm{d}s}{\mathrm{d}t}=(19.2t-0.4t^3)'=19.2-1.2t^2(\mathrm{m/s});$$

刹车后加速度为
$$a=\frac{\mathrm{d}^2 s}{\mathrm{d}t^2}=(19.2-1.2t^2)'=-2.4t(\mathrm{m/s}^2);$$

当 $t=4$ s 时汽车速度为
$$v=19.2-1.2t^2|_{t=4}=0(\mathrm{m/s});$$

加速度为
$$a=-2.4t|_{t=4}=-9.6(\mathrm{m/s}^2).$$

一阶导数的符号可以反映事物是增长还是减少,二阶导数的符号则说明增长或减少的快慢.

习 题 2-3

1. 设 $f(x) = \ln(1+x)$，则 $f^{(5)}(x) = ($ $).$

  A. $\dfrac{4!}{(1+x)^5}$ B. $\dfrac{-4!}{(1+x)^5}$ C. $\dfrac{5!}{(1+x)^5}$ D. $\dfrac{-5!}{(1+x)^5}$

2. 设 $f(x) = a_0 x^n + a_1 x^{n-1} + \cdots + a_{n-1}x + a_0$，则 $f^{(n)}(0) = $ _____.

3. 设 $y = x \arcsin \dfrac{x}{2} + \sqrt{4-x^2}$，求 y''.

4. 设 $y = \dfrac{1-x}{1+x}$，求 $y^{(n)}$.

5. 设 $y = \arctan \dfrac{1-x}{1+x}$，求 y''.

6. 设 $y = f(u)$，$u = \sin x^2$，求 $\dfrac{\mathrm{d}y}{\mathrm{d}x}$ 和 $\dfrac{\mathrm{d}^2 y}{\mathrm{d}x^2}$.

第四节　　隐函数的导数

前面讨论的函数 $y = f(x)$ 都是以自变量 x 的明显形式表达因变量 y，这种函数称为显函数.例如，$y = x^2 \cos x$.然而，表示变量间对应关系的函数形式有多种，其中一种是自变量 x 与因变量 y 之间的函数关系，由方程 $F(x,y) = 0$ 确定，这时称由此方程确定的函数 $y(x)$ 为隐函数.大多数隐函数无法显化，如由方程

$$e^x - e^y - xy = 0$$

确定隐函数 $y = y(x)$，但无法显化.那能不能求隐函数的导数呢？回答是肯定的.

一、隐函数的导数

若已知 $F(x,y) = 0$，求 $\dfrac{\mathrm{d}y}{\mathrm{d}x}$ 时，一般按下列步骤进行求解：

① 若方程 $F(x,y) = 0$ 能化为 $y = f(x)$ 的形式，则用前面我们所学的方法进行求导；

② 若方程 $F(x,y) = 0$ 不能化为 $y = f(x)$ 的形式，则方程两边对 x 进行求导，并把 y 看成 x 的函数 $y = f(x)$，用复合函数求导法则进行.

【例32】 已知 $x^2 + y^2 - xy = 1$，求 $\dfrac{\mathrm{d}y}{\mathrm{d}x}$.

解 此方程不易显化，故运用隐函数求导法.两边对 x 进行求导，$\dfrac{\mathrm{d}}{\mathrm{d}x}(x^2 + y^2 - xy) = \dfrac{\mathrm{d}}{\mathrm{d}x}(1) = 0$，得 $2x + 2yy' - (y + xy') = 0$，故 $\dfrac{\mathrm{d}y}{\mathrm{d}x} = y' = \dfrac{y-2x}{2y-x}$.

注 隐函数两边对 x 进行求导时，一定要把变量 y 看成 x 的函数，然后对其利

用复合函数求导法则进行求导.

【例33】　求由方程 $xy + \ln y = 1$ 所确定的函数 $y = f(x)$ 在点 $M(1,1)$ 处的切线方程.

解　方程两边对 x 求导,得

$$y + xy' + \frac{1}{y} \cdot y' = 0,$$

解得

$$y' = -\frac{y^2}{xy+1}.$$

在点 $M(1,1)$ 处,有

$$y' \Big|_{x=1, y=1} = -\frac{1}{2}.$$

于是,点 $M(1,1)$ 处的切线方程为

$$y - 1 = -\frac{1}{2}(x-1),$$

即

$$x + 2y - 3 = 0.$$

【例34】　设 $y = f(x)$ 由方程 $y - 2x = (x-y)\ln(x-y)$ 确定,求 $\dfrac{\mathrm{d}^2 y}{\mathrm{d}x^2}$.

解　方程两边对 x 求导,得

$$y' - 2 = (1-y')\ln(x-y) + (x-y) \cdot \frac{1-y'}{x-y},$$

解得 $y' = 1 + \dfrac{1}{2 + \ln(x-y)}$.两边再对 x 求导,得

$$\frac{\mathrm{d}^2 y}{\mathrm{d}x^2} = -\frac{[2+\ln(x-y)]'}{[2+\ln(x-y)]^2} = -\frac{\dfrac{1-y'}{x-y}}{[2+\ln(x-y)]^2},$$

即

$$\frac{\mathrm{d}^2 y}{\mathrm{d}x^2} = \frac{1}{(x-y)[2+\ln(x-y)]^3}.$$

求隐函数的二阶导数时,在得到一阶导数的表达式后,再进一步求二阶导数的表达式,此时要注意将一阶导数的表达式代入其中.

二、对数求导法

对幂指函数 $y = u(x)^{v(x)}$,直接使用前面介绍的求导法则不能求出其导数.对于这类函数,可以先在函数两边取对数,然后在等式两边同时对自变量 x 求导,最后解出所求导数.我们把这种方法称为对数求导法.

【例35】　设 $y = x^{\sin x}\,(x > 0)$,求 y'.

解　在题设等式两边取对数,得

$$\ln y = \sin x \ln x,$$

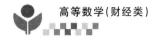

等式两边对 x 求导,得

$$\frac{1}{y}y' = \cos x \ln x + \sin x \cdot \frac{1}{x},$$

所以

$$y' = y\left(\cos x \ln x + \sin x \cdot \frac{1}{x}\right) = x^{\sin x}\left(\cos x \ln x + \frac{\sin x}{x}\right).$$

一般地,设 $y = u(x)^{v(x)}\left[u(x) > 0\right]$,在等式两边取对数,得

$$\ln y = v(x) \ln u(x),$$

在等式两边同时对自变量 x 求导,得

$$\frac{y'}{y} = v'(x) \cdot \ln u(x) + \frac{v(x)u'(x)}{u(x)},$$

从而

$$y' = u(x)^{v(x)}\left[v'(x) \cdot \ln u(x) + \frac{v(x)u'(x)}{u(x)}\right].$$

此外,对数法求导还常用于求多个函数乘积的导数.

【例 36】 设 $y = \dfrac{(x+1) \cdot \sqrt[3]{x-1}}{(x+4)^2 \mathrm{e}^x}(x > 1)$,求 y'.

解 对等式两边取对数,得

$$\ln y = \ln(x+1) + \frac{1}{3}\ln(x-1) - 2\ln(x+4) - x.$$

上式两边对 x 求导,得

$$\frac{1}{y}y' = \frac{1}{x+1} + \frac{1}{3} \cdot \frac{1}{x-1} - \frac{2}{x+4} - 1,$$

因此

$$y' = \frac{(x+1)\sqrt[3]{x-1}}{(x+4)^2 \mathrm{e}^x}\left[\frac{1}{x+1} + \frac{1}{3(x-1)} - \frac{2}{x+4} - 1\right].$$

三、参数方程表示的函数的导数

若由参数方程 $x = \varphi(t)$,$y = \psi(t)$ 确定 y 与 x 之间的函数关系,则称此函数关系所表示的函数为参数方程表示的函数.

在实际问题中,有时需要计算由参数方程所表示的函数的导数.但要从方程中消去参数 t 有时会有困难.因此,希望有一种能直接由参数方程出发计算出它所表示的函数的导数的方法.下面具体讨论.

一般地,设 $x = \varphi(t)$ 具有单调、连续的反函数 $t = \varphi^{-1}(x)$,则变量 y 与 x 构成复合函数关系

$$y = \psi[\varphi^{-1}(x)].$$

现在,要计算这个复合函数的导数.为此,假定函数 $x = \varphi(t)$,$y = \psi(t)$ 都可导,且 $\varphi'(t) \neq 0$,则由复合函数与反函数的求导法则,有

$$\frac{\mathrm{d}y}{\mathrm{d}x}=\frac{\mathrm{d}y}{\mathrm{d}t}\cdot\frac{\mathrm{d}t}{\mathrm{d}x}=\frac{\dfrac{\mathrm{d}y}{\mathrm{d}t}}{\dfrac{\mathrm{d}x}{\mathrm{d}t}}=\frac{\psi'(t)}{\varphi'(t)}.$$

若函数 $x=\varphi(t),y=\psi(t)$ 二阶可导,则可进一步求出 $y=y(x)$ 的二阶导数.令上式为

$$\frac{\mathrm{d}y}{\mathrm{d}x}=\frac{\psi'(t)}{\varphi'(t)}=F(t).$$

两边对 x 求导,得

$$\frac{\mathrm{d}^2y}{\mathrm{d}x^2}=\frac{\mathrm{d}F(t)}{\mathrm{d}x}=\frac{\mathrm{d}F(t)}{\mathrm{d}t}\cdot\frac{\mathrm{d}t}{\mathrm{d}x}=\frac{\dfrac{\mathrm{d}F(t)}{\mathrm{d}t}}{\dfrac{\mathrm{d}x}{\mathrm{d}t}}=\frac{F'(t)}{\varphi'(t)}.$$

【例 37】 设参数方程 $\begin{cases}x=\arctan t,\\y=\ln(1+t^2)\end{cases}$ 确定函数 $y=y(x)$,求 $\dfrac{\mathrm{d}y}{\mathrm{d}x},\dfrac{\mathrm{d}^2y}{\mathrm{d}x^2}$.

解 由

$$\frac{\mathrm{d}y}{\mathrm{d}x}=\frac{\dfrac{\mathrm{d}y}{\mathrm{d}t}}{\dfrac{\mathrm{d}x}{\mathrm{d}t}}=\frac{\dfrac{2t}{1+t^2}}{\dfrac{1}{1+t^2}}=2t,$$

得

$$\frac{\mathrm{d}^2y}{\mathrm{d}x^2}=\frac{(2t)'}{(\arctan t)'}=\frac{2}{\dfrac{1}{1+t^2}}=2(1+t^2).$$

习题 2-4

1. 设 $y=f(x)$ 由方程 $\mathrm{e}^{2x+y}-\cos(xy)=\mathrm{e}-1$ 所确定,则曲线 $y=f(x)$ 在点 $(0,1)$ 的切线斜率 $f'(0)=(\qquad)$.

A. 2 B. -2 C. $\dfrac{1}{2}$ D. $-\dfrac{1}{2}$

2. 若 $\begin{cases}x=\mathrm{e}^t\sin t,\\y=\mathrm{e}^{-t}\cos t,\end{cases}$ 求 $\dfrac{\mathrm{d}^2y}{\mathrm{d}x^2}$.

3. $y=f(x)$ 由方程 $x^3+y^3-\sin x+6y=0$ 确定,求 $\mathrm{d}y|_{x=0}$.

4. 方程 $\sin(xy)-\ln\dfrac{x+1}{y}=1$ 确定 $y=y(x)$,求 $\dfrac{\mathrm{d}y}{\mathrm{d}x}\Big|_{x=0}$.

5. 求由方程 $x+y-\mathrm{e}^{2x}+\mathrm{e}^y=0$ 所确定的隐函数的导数 $\dfrac{\mathrm{d}y}{\mathrm{d}x}$.

6. 设 $f(x)=x^{\mathrm{e}^x}$,求 $f'(x)$.

7. 设 $y=x(\sin x)^{\cos x}$,求 y'.

8. 求 $y = \left[\dfrac{(x+1)(x+2)(x+3)}{x^3 \cdot (x+4)} \right]^{\frac{7}{3}}$ 的导数 $\dfrac{\mathrm{d}y}{\mathrm{d}x}$.

9. 若 $y = x^y$,求 y'.

10. 设 $\begin{cases} x = \ln\sqrt{1+t^2}, \\ y = t - \arctan t, \end{cases}$ 确定 $y = y(x)$,求 $\dfrac{\mathrm{d}^2 y}{\mathrm{d}x^2}$.

11. 求曲线 $\begin{cases} x = t, \\ y = t^3 \end{cases}$ 在点 $(1,1)$ 处切线的斜率.

第五节 函数的微分

本节介绍微分学的第二个基本概念——微分.

一、微分的概念

先分析一个具体问题.设有一块边长为 x_0 的正方形金属薄片,由于受到温度变化的影响,边长从 x_0 变到 $x_0 + \Delta x$,问此薄片的面积改变了多少?

如图 2-3 所示,此薄片原面积 $A = x_0^2$.薄片受到温度变化的影响后,面积变为 $(x_0 + \Delta x)^2$,故面积 A 的改变量为

$$\Delta A = (x_0 + \Delta x)^2 - x_0^2 = 2x_0\Delta x + (\Delta x)^2.$$

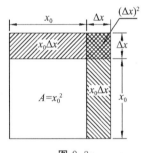

图 2-3

上式包含两部分,第一部分 $2x_0\Delta x$ 是 Δx 的线性函数,即图 2-3 中带有单斜线的两个矩形面积之和;第二部分 $(\Delta x)^2$ 是图中带有交叉斜线的小正方形的面积.当 $\Delta x \to 0$ 时,$(\Delta x)^2$ 是比 Δx 高阶的无穷小,即

$$(\Delta x)^2 = o(\Delta x)(\Delta x \to 0).$$

由此可见,如果边长有微小改变时(即 $|\Delta x|$ 很小时),我们可以将第二部分 $(\Delta x)^2$ 这个高阶无穷小忽略,而用第一部分 $2x_0\Delta x$ 近似地表示 ΔA,即 $\Delta A \approx 2x_0\Delta x$.我们把 $2x_0\Delta x$ 称为 $A = x^2$ 在点 x_0 处的微分.

定义 5 设函数 $y = f(x)$ 在某区间内有定义,x_0 及 $x_0 + \Delta x$ 在该区间内,若函数的增量 $\Delta y = f(x_0 + \Delta x) - f(x_0)$ 可表示为 $\Delta y = A\Delta x + o(\Delta x)$,其中 A 是与 Δx 无关的常数,则称函数 $y = f(x)$ 在点 x_0 处可微,并且称 $A\Delta x$ 为函数 $y = f(x)$ 在点 x_0 处相应于自变量的改变量 Δx 的微分,记作 $\mathrm{d}y$,即 $\mathrm{d}y = A\Delta x$.

由定义可知,若函数 $y = f(x)$ 在点 x_0 处可微,则微分 $\mathrm{d}y$ 是自变量的改变量 Δx 的线性函数,称 $\mathrm{d}y$ 为 Δy 的线性主部,得

$$\Delta y - \mathrm{d}y = o(\Delta x),$$

即当 $|\Delta x|$ 很小时,$\Delta y \approx \mathrm{d}y$,这表明非线性问题可以近似转化为线性问题."可微"与"可导"有如下关系:

定理 6 函数 $y = f(x)$ 在点 x 处可微的充分必要条件是函数 $y = f(x)$ 在点 x

处可导,且 $dy = f'(x)dx$.

因 $A = f'(x)$,约定 $\Delta x = dx$,则微分式可表示为 $dy = f'(x)dx$,从而有

$$\frac{dy}{dx} = f'(x),$$

即函数的导数等于函数的微分与自变量的微分的商,因此,导数又称为微商.

【例38】 设函数 $y = x^3$,求函数的微分及函数在 $x = 1$ 处当 $\Delta x = 0.01$ 时的微分.

解 $dy = y'(x)dx = 3x^2dx$,当 $x = 1$ 且 $dx = \Delta x = 0.01$ 时,有

$$dy\Big|_{\substack{x=1 \\ \Delta x=0.01}} = 3 \times 1^2 \times 0.01 = 0.03.$$

二、微分的几何意义

函数的微分有明显的几何意义.在直角坐标系中,函数 $y = f(x)$ 的图形是一条曲线.设 $M(x_0, y_0)$ 是该曲线上的一个定点,当自变量 x 在点 x_0 处取改变量 Δx 时,就得到曲线上另一个点 $N(x_0 + \Delta x, y_0 + \Delta y)$.由图 2-4 可知:

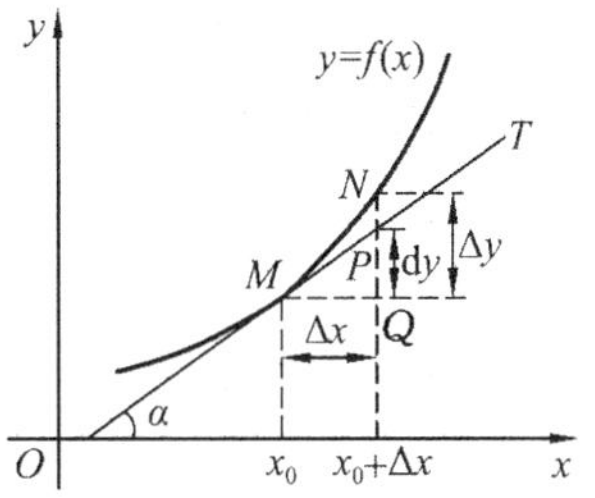

$$MQ = \Delta x, QN = \Delta y.$$

图 2-4

过点 M 作曲线的切线 MT,它的倾角为 α,则 $QP = MQ \cdot \tan\alpha = \Delta x \cdot f'(x_0)$,即

$$dy = QP = f'(x_0)dx.$$

由此可知,当 Δy 是曲线 $y = f(x)$ 上点的纵坐标的增量时,dy 就是曲线的切线上点的纵坐标的增量.

三、微分的基本公式与运算法则

由定理 6 可知,若要求微分 dy,只需求出导数 $f'(x)$ 即可,因此,利用导数基本公式与运算法则,可直接导出微分的基本公式与运算法则.

1. 基本初等函数的微分公式

(1) $d(C) = 0$(C 为常数); (2) $d(x^\mu) = \mu x^{\mu-1}dx$;

(3) $d(\sin x) = \cos x\,dx$; (4) $d(\cos x) = -\sin x\,dx$;

(5) $d(\tan x) = \sec^2 x\,dx$; (6) $d(\cot x) = -\csc^2 x\,dx$;

(7) $d(\sec x) = \sec x\tan x\,dx$; (8) $d(\csc x) = -\csc x\cot x\,dx$;

(9) $d(a^x) = a^x\ln a\,dx$; (10) $d(e^x) = e^x dx$;

(11) $d(\log_a x) = \dfrac{1}{x\ln a}dx$; (12) $d(\ln x) = \dfrac{1}{x}dx$;

(13) $d(\arcsin x) = \dfrac{1}{\sqrt{1-x^2}}dx$; (14) $d(\arccos x) = -\dfrac{1}{\sqrt{1-x^2}}dx$;

(15) $d(\arctan x) = \dfrac{1}{1+x^2}dx$; (16) $d(\text{arccot}\,x) = -\dfrac{1}{1+x^2}dx$.

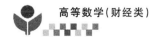

2. 微分的四则运算法则

(1) $\mathrm{d}(Cu)=C\mathrm{d}u$；

(2) $\mathrm{d}(u\pm v)=\mathrm{d}u\pm\mathrm{d}v$；

(3) $\mathrm{d}(uv)=v\mathrm{d}u+u\mathrm{d}v$；

(4) $\mathrm{d}\left(\dfrac{u}{v}\right)=\dfrac{v\mathrm{d}u-u\mathrm{d}v}{v^2}$.

3. 微分形式不变性

设 $y=f(u)$ 是可微函数，若 u 是自变量，得
$$\mathrm{d}y=f'(u)\mathrm{d}u.$$

若 $y=f(u),u=g(x)$，且两者均可导，则由复合函数的求导法则，得
$$\mathrm{d}y=y'(x)\mathrm{d}x=f'(u)g'(x)\mathrm{d}x=f'(u)\mathrm{d}u.$$

由上述分析可知，若函数 $y=f(u)$ 可微，则不论 u 是自变量还是中间变量，其微分形式 $\mathrm{d}y=f'(u)\mathrm{d}u$ 保持不变，称这一性质为微分形式的不变性.

微分形式的不变性对微分的计算有重要意义.

【例 39】 设 $y=f(x)$ 由方程 $\mathrm{e}^{xy}=2x+y^3$ 确定，求微分 $\mathrm{d}y$.

解 方程两边同时微分，得
$$\mathrm{d}(\mathrm{e}^{xy})=\mathrm{d}(2x+y^3),$$

由微分形式不变性，有
$$\mathrm{e}^{xy}\mathrm{d}(xy)=2\mathrm{d}x+\mathrm{d}(y^3),$$
$$\mathrm{e}^{xy}(y\mathrm{d}x+x\mathrm{d}y)=2\mathrm{d}x+3y^2\mathrm{d}y,$$

解出 $\mathrm{d}y$，得
$$\mathrm{d}y=\frac{y\mathrm{e}^{xy}-2}{3y^2-x\mathrm{e}^{xy}}\mathrm{d}x.$$

四、微分在近似计算中的应用

在工程问题中，经常会遇到一些复杂的计算公式.如果直接用这些公式进行计算，那是很费力的.利用微分往往可以把一些复杂的计算公式用简单的近似公式来代替.

前面说过，当 $y=f(x)$ 在点 x_0 处的导数 $f'(x_0)\neq 0$，且 $|\Delta x|$ 很小时，我们有
$$\Delta y\approx\mathrm{d}y=f'(x_0)\Delta x.$$
上式也可以写为 $\Delta y=f(x_0+\Delta x)-f(x_0)\approx f'(x_0)\Delta x$ 或 $f(x_0+\Delta x)\approx f(x_0)+f'(x_0)\Delta x$.令 $x=x_0+\Delta x$，即 $\Delta x=x-x_0$，那么可改写为 $f(x)\approx f(x_0)+f'(x_0)(x-x_0)$.

这种近似计算的实质就是用 x 的线性函数 $f(x_0)+f'(x_0)(x-x_0)$ 来近似表达函数 $f(x)$.从导数的几何意义可知，这也就是用曲线 $y=f(x)$ 在点 $(x_0,f(x_0))$ 处的切线近似代替该曲线（就切点邻近部分来说）.

【例 40】 一个外直径为 10 cm 的球，球壳厚度为 $\dfrac{1}{16}$ cm.试求球壳体积的近似值.

解 半径为 r 的球的体积为
$$V=f(r)=\frac{4}{3}\pi r^3.$$

球壳体积为 ΔV,用 $\mathrm{d}V$ 作为其近似值,有

$$\mathrm{d}V = f'(r)\mathrm{d}r = 4\pi r^2 \mathrm{d}r = 4\pi \cdot 5^2 \cdot \left(-\frac{1}{16}\right) = -19.63(\mathrm{cm}^3),$$

其中 $r = 5, \mathrm{d}r = -\dfrac{1}{16}$.

所求球壳体积 $|\Delta V|$ 的近似值 $|\mathrm{d}V|$ 为 19.63 cm³.

*【例 41】 求 $\sqrt[3]{1.02}$ 的近似值.

解 我们将这个问题看成求函数 $f(x) = \sqrt[3]{x}$ 在点 $x = 1.02$ 处的函数值的近似值问题.得

$$f(x) \approx f(x_0) + f'(x_0)\Delta x = \sqrt[3]{x_0} + \frac{1}{3\sqrt[3]{x_0^2}}\Delta x.$$

令 $x_0 = 1, \Delta x = 0.02$,便有

$$\sqrt[3]{1.02} \approx \sqrt[3]{1} + \frac{1}{3\sqrt[3]{1^2}} \cdot 0.02 \approx 1.006\ 7.$$

习题 2-5

1. 将适当的函数填入下列括号内,使等式成立.

(1) $\mathrm{d}(\quad) = 5x\mathrm{d}x$;　　　　　　　(2) $\mathrm{d}(\quad) = \sin \omega x\mathrm{d}x$;

(3) $\mathrm{d}(\quad) = \mathrm{e}^{-2x}\mathrm{d}x$;　　　　　　　(4) $\mathrm{d}(\quad) = \sec^2 2x\mathrm{d}x$.

2. $y = f(x)$ 由方程 $x^2 + y^3 - \sin x + 6y = 0$ 确定,求 $\mathrm{d}y\big|_{x=0}$.

3. 设 $y = \ln\sqrt{\dfrac{1-\mathrm{e}^x}{1+\mathrm{e}^x}}$,求 $\mathrm{d}y$.

4. 设 $y = \ln[\arctan(1-x)]$,求 $\mathrm{d}y$.

5. 若 $f(u)$ 可导,且 $y = f(-x^2)$,则有 $\mathrm{d}y = (\quad)$.

A. $xf'(-x^2)\mathrm{d}x$　　　　　　　B. $-2xf'(-x^2)\mathrm{d}x$

C. $2f'(-x^2)\mathrm{d}x$　　　　　　　D. $2xf'(-x^2)\mathrm{d}x$

6. 设 $y = \ln\dfrac{\sqrt{1+x}-1}{\sqrt{1+x}+1}$,求 $\mathrm{d}y$.

7. 设 $y = \mathrm{e}^{\sin^2\frac{1}{x}}$,求 $\mathrm{d}y$.

*第六节　微分中值定理

前几节介绍了导数与微分的概念及计算方法,本节开始介绍导数在求未定式的极限、函数几何特性的判别、经济问题等方面的应用.为此,首先要介绍微分学的几个中值定理,它们是导数应用的基础.

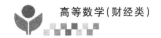

一、罗尔定理

观察图 2-5,设函数 $y=f(x)$ 在区间 $[a,b]$ 上的图形是一条连续光滑的曲线弧,这条曲线在区间 (a,b) 内每一点都存在不垂直于 x 轴的切线,且区间 $[a,b]$ 的两个端点的函数值相等,即 $f(a)=f(b)$,则可以发现在曲线弧上的最高点或最低点处曲线有水平切线,即有 $f'(\xi)=0$. 如果用数学语言把这种几何现象描述出来,即为下面的罗尔定理.

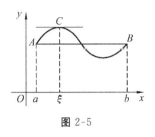

图 2-5

定理 7(罗尔定理) 若函数 $y=f(x)$ 满足:

(1) 在闭区间 $[a,b]$ 上连续,

(2) 在开区间 (a,b) 内可导,

(3) 在区间端点处的函数值相等,即 $f(a)=f(b)$,

则在 (a,b) 内至少存在一点 $\xi(a<\xi<b)$,使得 $f'(\xi)=0$.

由罗尔定理易知,若函数 $f(x)$ 在 $[a,b]$ 上满足定理的三个条件,则其导函数 $f'(x)$ 在 (a,b) 内至少存在一个零点.但要注意,在一般情况下,罗尔定理只给出了导函数的零点的存在性,通常这样的零点是不易具体求出的.

【例 42】 不求导数,判断函数 $f(x)=(x-1)(x-2)(x-3)$ 的导数有几个零点及这些零点所在的范围.

解 因为 $f(1)=f(2)=f(3)=0$,所以 $f(x)$ 在闭区间 $[1,2]$,$[2,3]$ 上满足罗尔定理的三个条件,所以,在 $(1,2)$ 内至少存在一点 ξ_1,使 $f'(\xi_1)=0$,即 ξ_1 是 $f'(x)$ 的一个零点;又在 $(2,3)$ 内至少存在一点 ξ_2,使 $f'(\xi_2)=0$,即 ξ_2 也是 $f'(x)$ 的一个零点.

又因为 $f'(x)$ 为二次多项式,最多只能有两个零点,故 $f'(x)$ 恰好有两个零点,分别在区间 $(1,2)$ 和 $(2,3)$ 内.

【例 43】 证明:方程 $x^5-5x+1=0$ 有且仅有一个小于 1 的正实根.

证 设 $f(x)=x^2-5x+1$,则 $f(x)$ 在 $[0,1]$ 上连续,且 $f(0)=1$,$f(1)=-3$. 由零值定理知,存在点 $x_0\in(0,1)$,使 $f(x_0)=0$,即 x_0 是题设方程的小于 1 的正实根.

再来证明 x_0 是题设方程的小于 1 的唯一正实根.用反证法,设另有 $x_1\in(0,1)$,$x_1\neq x_0$,使 $f(x_1)=0$.易见函数 $f(x)$ 在以 x_0,x_1 为端点的区间上满足罗尔定理的条件,故至少存在一点 ξ(介于 x_0,x_1 之间),使得 $f'(\xi)=0$.但

$$f'(x)=5(x^4-1)<0, x\in(0,1),$$

与前面叙述矛盾,所以 x_0 即为题设方程的小于 1 的唯一正实根.

【例 44】 设 $f(x)$ 在 $[0,1]$ 上连续,在 $(0,1)$ 内可导,且 $f(1)=0$.求证:至少存在一点 $\xi\in(0,1)$,使 $f'(\xi)=-\dfrac{f(\xi)}{\xi}$.

证 构造辅助函数 $F(x)=xf(x)$,因为 $f(x)$ 在 $[0,1]$ 上连续,在 $(0,1)$ 内可

导,所以 $F(x)$ 也在 $[0,1]$ 上连续,在 $(0,1)$ 内可导,且 $F(0)=F(1)=0$,由罗尔定理知,在 $(0,1)$ 内至少存在一点 ξ,使 $F'(\xi)=0$,即 $\xi f'(\xi)+f(\xi)=0$,故 $f'(\xi)=-\dfrac{f(\xi)}{\xi}$.

二、拉格朗日中值定理

罗尔定理中,$f(a)=f(b)$ 这个条件是相当特殊的,它使罗尔定理的应用受到了限制.拉格朗日在罗尔定理的基础上做了进一步研究,取消了罗尔定理中这个条件的限制,但仍保留了其余两个条件,得到了在微分学中具有重要地位的拉格朗日中值定理.

定理 8(拉格朗日中值定理)　若函数 $y=f(x)$ 满足:

(1) 在闭区间 $[a,b]$ 上连续,

(2) 在开区间 (a,b) 内可导,

则在 (a,b) 内至少存在一点 $\xi(a<\xi<b)$,使得

$$f(b)-f(a)=f'(\xi)(b-a).$$

先看一下定理的几何意义,上式可改写为 $\dfrac{f(b)-f(a)}{b-a}=f'(\xi)$,由图 2-6 可见,$\dfrac{f(b)-f(a)}{b-a}$ 为弦 AB 的斜率,而 $f'(\xi)$ 为曲线在点 C 处切线的斜率.拉格朗日中值定理表明,在满足定理条件的情况下,曲线 $y=f(x)$ 上至少有一点 C,使曲线在点 C 处的切线平行于弦 AB.

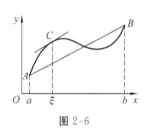

图 2-6

设 $x,x+\Delta x\in(a,b)$,在以 $x,x+\Delta x$ 为端点的区间上应用拉格朗日中值定理,则有

$$f(x+\Delta x)-f(x)=f'(x+\theta\Delta x)\Delta x\,(0<\theta<1),$$

即 $\Delta y=f'(x+\theta\Delta x)\Delta x\,(0<\theta<1)$.

上式精确地表达了函数在一个区间上的增量与函数在该区间内某点处的导数之间的关系,这个公式又称为有限增量公式.

拉格朗日中值定理在微分学中占有重要地位,有时也称这个定理为微分中值定理.在某些问题中,当自变量 x 取得有限增量 Δx 而需要函数增量的准确表达式时,拉格朗日中值定理就凸显出其重要价值.利用拉格朗日中值定理,可得下列推论.

推论　如果函数 $f(x)$ 在区间 I 上的导数恒为零,那么 $f(x)$ 在区间 I 上是一个常数.

证　在区间 I 上任取两点 $x_1,x_2(x_1<x_2)$,在区间 $[x_1,x_2]$ 上应用拉格朗日中值定理,得

$$f(x_2)-f(x_1)=f'(\xi)(x_2-x_1)(x_1<\xi<x_2).$$

由条件知 $f'(\xi)=0$,所以

$$f(x_2)-f(x_1)=0,f(x_2)=f(x_1).$$

再由 x_1,x_2 的任意性知,$f(x)$ 在区间 I 上任意点处的函数值都相等,即 $f(x)$ 在区间 I 上是一个常数. 推论表明,导数为零的函数就是常数函数.

【例 45】 证明:$\arcsin x + \arccos x = \dfrac{\pi}{2}(-1 \leqslant x \leqslant 1)$.

证 设 $f(x) = \arcsin x + \arccos x, x \in [-1,1]$,因为

$$f'(x) = \frac{1}{\sqrt{1-x^2}} + \left(-\frac{1}{\sqrt{1-x^2}}\right), x \in (-1,1),$$

所以 $f(x) \equiv C, x \in (-1,1)$. 又

$$f(0) = \arcsin 0 + \arccos 0 = 0 + \frac{\pi}{2} = \frac{\pi}{2},$$

故 $C = \dfrac{\pi}{2}$,所以 $f(x) = \dfrac{\pi}{2}, x \in (-1,1)$. 又因为

$$f(-1) = \arcsin(-1) + \arccos(-1) = -\frac{\pi}{2} + \pi = \frac{\pi}{2},$$

$$f(1) = \arcsin 1 + \arccos 1 = \frac{\pi}{2} + 0 = \frac{\pi}{2},$$

从而

$$\arcsin x + \arccos x = \frac{\pi}{2}(-1 \leqslant x \leqslant 1).$$

【例 46】 证明:当 $x > 0$ 时,$\dfrac{x}{1+x} < \ln(1+x) < x$.

证 设 $f(x) = \ln(1+x)$,显然,$f(x)$ 在 $[0,x]$ 上满足拉格朗日中值定理的条件,有

$$f(x) - f(0) = f'(\xi)(x-0) \quad (0 < \xi < x).$$

因为 $f(0) = 0, f'(x) = \dfrac{1}{1+x}$,故上式即为

$$\ln(1+x) = \frac{x}{1+\xi} \quad (0 < \xi < x).$$

由于 $0 < \xi < x$,所以

$$\frac{x}{1+x} < \frac{x}{1+\xi} < x, \text{即} \frac{x}{1+x} < \ln(1+x) < x.$$

习题 2-6 ✏

1. 已知 $f(x) = (x-3)(x-4)(x-5)$,则 $f'(x) = 0$ 有(　　).

A. 一个实根 　　B. 两个实根 　　C. 三个实根 　　D. 无实根

2. 下列函数在所给区间满足罗尔定理条件的是(　　).

A. $f(x) = x^2, x \in [0,3]$ 　　　　　　B. $f(x) = \dfrac{1}{x^2}, x \in [-1,1]$

C. $f(x) = |x|, x \in [-1,1]$ 　　　　　　D. $f(x) = x\sqrt{3-x}, x \in [0,3]$

3. 函数 $f(x)=x\ln x$ 在 $[1,2]$ 上满足拉格朗日中值定理条件的 $\xi=$ _____.

4. 已知 $f(x)=px^2+qx+r$ 在区间 $[a,b]$ 满足拉格朗日中值定理条件，求 ξ.

5. 设 $f(x)$ 在 $[a,b]$ 上连续，在 (a,b) 内可导，证明：$n\xi^{n-1}[f(b)-f(a)]=(b^n-a^n)f'(\xi)$，$\xi\in(a,b)$.

第七节　洛必达法则

当 $x\to a$（或 $x\to\infty$）时，两个函数 $f(x)$ 与 $g(x)$ 都趋于零或都趋于无穷大，则极限 $\lim\limits_{x\to a}\dfrac{f(x)}{g(x)}$（或 $\lim\limits_{x\to\infty}\dfrac{f(x)}{g(x)}$）可能存在，也可能不存在.例如，$\lim\limits_{x\to 0}\dfrac{\sin x}{x}=1$，而 $\lim\limits_{x\to 0}\dfrac{\sin x}{x^2}$ 不存在.通常称这种类型的极限为 $\dfrac{0}{0}$ 型未定式或 $\dfrac{\infty}{\infty}$ 型未定式.对这种未定式极限的计算，不能用函数商的极限运算法则计算，而要用一个既重要又简便的计算方法——洛必达（L-Hospital）法则.

一、$\dfrac{0}{0}$ 型未定式

定理 9（洛必达法则 I）　设函数 $f(x)$，$g(x)$ 满足下列条件：

(1) $\lim\limits_{x\to a}f(x)=\lim\limits_{x\to a}g(x)=0$，

(2) 在点 a 的某去心邻域内可导，且 $g'(x)\neq 0$，

(3) $\lim\limits_{x\to a}\dfrac{f'(x)}{g'(x)}=A$（$A$ 有限）或 ∞，

则

$$\lim_{x\to a}\frac{f(x)}{g(x)}=\lim_{x\to a}\frac{f'(x)}{g'(x)}=A\ \text{或}\ \infty.$$

几点说明：

(1) 应用洛必达法则之前，必须判定所求极限为 $\dfrac{0}{0}$ 型未定式.

(2) 定理 9 中极限过程 $x\to a$ 改为 $x\to a^-$，$x\to a^+$，$x\to\infty$，$x\to-\infty$，$x\to+\infty$ 时，定理 9 仍适用.

(3) 若 $\lim\limits_{x\to a}\dfrac{f'(x)}{g'(x)}$ 仍为 $\dfrac{0}{0}$ 型未定式，可再次运用洛必达法则，直到极限值求出为止.

(4) 在应用洛必达法则之前或求解过程中，应尽可能用其他方法简化所求极限，如用等价无穷小替换等.

【例 47】　求 $\lim\limits_{x\to 0}\dfrac{3x-\sin 3x}{(1-\cos x)\ln(1+2x)}$.

解　当 $x\to 0$ 时，$1-\cos x\sim\dfrac{x^2}{2}$，$\ln(1+2x)\sim 2x$，得

$$\lim_{x \to 0} \frac{3x - \sin 3x}{(1 - \cos x)\ln(1 + 2x)} = \lim_{x \to 0} \frac{3x - \sin 3x}{x^3} = \lim_{x \to 0} \frac{3 - 3\cos 3x}{3x^2} = \lim_{x \to 0} \frac{\frac{9x^2}{2}}{x^2} = \frac{9}{2}.$$

【例 48】 求 $\lim\limits_{x \to \pi} \dfrac{\sin(x - \pi)}{x - \pi}$.

解
$$\lim_{x \to \pi} \frac{\sin(x - \pi)}{x - \pi} = \lim_{x \to \pi} \frac{\cos(x - \pi)}{1} = 1.$$

【例 49】 $\lim\limits_{x \to 0} \dfrac{x^4 - 3x^2 + 2x - \sin x}{x^4 - x}$.

解
$$\lim_{x \to 0} \frac{x^4 - 3x^2 + 2x - \sin x}{x^4 - x} = \lim_{x \to 0} \frac{4x^3 - 6x + 2 - \cos x}{4x^3 - 1} = -1.$$

【例 50】 求 $\lim\limits_{x \to 1} \dfrac{x^3 - 3x + 2}{x^3 - x^2 - x + 1}$.

解 这是 $\dfrac{0}{0}$ 型未定式,连续应用洛必达法则两次,可得

$$\lim_{x \to 1} \frac{x^3 - 3x + 2}{x^3 - x^2 - x + 1} = \lim_{x \to 1} \frac{3x^2 - 3}{3x^2 - 2x - 1} = \lim_{x \to 1} \frac{6x}{6x - 2} = \frac{3}{2}.$$

上式中的 $\lim\limits_{x \to 1} \dfrac{6x}{6x - 2}$ 已经不是未定式,不能再对它应用洛必达法则,否则会导致错误.

二、$\dfrac{\infty}{\infty}$ 型未定式

定理 10(洛必达法则Ⅱ) 设函数 $f(x), g(x)$ 满足下列条件:

(1) $\lim\limits_{x \to a} f(x) = \lim\limits_{x \to a} g(x) = \infty$,

(2) $f(x), g(x)$ 在 a 的某去心邻域内可导,且 $g'(x) \neq 0$,

(3) $\lim\limits_{x \to a} \dfrac{f'(x)}{g'(x)} = A$(或 ∞),

则
$$\lim_{x \to a} \frac{f(x)}{g(x)} = \lim_{x \to a} \frac{f'(x)}{g'(x)} = A(\text{或} \infty).$$

$x \to a$ 改为 $x \to a^-$, $x \to a^+$, $x \to \infty$ 等,定理 10 仍有效.

【例 51】 求 $\lim\limits_{x \to 0^+} \dfrac{\ln\cot x}{\ln x}$.

解 这是 $\dfrac{\infty}{\infty}$ 型未定式,应用洛必达法则,得

$$\lim_{x \to 0^+} \frac{\ln\cot x}{\ln x} = \lim_{x \to 0^+} \frac{\dfrac{-\csc^2 x}{\cot x}}{\dfrac{1}{x}} = \lim_{x \to 0^+} \frac{-x}{\sin x \cos x} = -\lim_{x \to 0^+} \frac{x}{x \cos x} (x \to 0, \sin x \sim x)$$

$$= -\lim_{x \to 0^+} \frac{1}{\cos x} = -1.$$

【例 52】 求 $\lim\limits_{x\to\infty}\dfrac{x+\sin x}{x-\sin x}$.

解 这是 $\dfrac{\infty}{\infty}$ 型未定式,由于

$$\lim_{x\to\infty}\frac{(x+\sin x)'}{(x-\sin x)'}=\lim_{x\to\infty}\frac{1+\cos x}{1-\cos x},$$

右边极限不存在,也非 ∞,故不能用洛必达法则.

注意到,$x\to\infty$ 时,$\dfrac{1}{x}$ 为无穷小,$\sin x$ 为有界函数,于是 $\lim\limits_{x\to\infty}\dfrac{1}{x}\sin x=0$,从而

$$\lim_{x\to\infty}\frac{x+\sin x}{x-\sin x}=\lim_{x\to\infty}\frac{1+\dfrac{1}{x}\sin x}{1-\dfrac{1}{x}\sin x}=1.$$

三、其他类型的未定式

除了 $\dfrac{0}{0}$ 和 $\dfrac{\infty}{\infty}$ 型外,未定式还有 $0\cdot\infty$,$\infty-\infty$,0^0,1^∞,∞^0 等类型,经过简单的变换,它们一般都可化为 $\dfrac{0}{0}$ 或 $\dfrac{\infty}{\infty}$ 型未定式,然后再利用洛必达法则求极限.

【例 53】 求 $\lim\limits_{x\to0^-}x^x$.

解 $\lim\limits_{x\to0^+}x^x=\lim\limits_{x\to0^+}e^{\ln x^x}=e^{\lim\limits_{x\to0^+}\frac{\ln x}{\frac{1}{x}}}=e^{\lim\limits_{x\to0^+}-x}=1.$

【例 54】 求 $\lim\limits_{x\to0}(1+x)^{\frac{1}{x}}$.

解 $\lim\limits_{x\to0}(1+x)^{\frac{1}{x}}=\lim\limits_{x\to0}e^{\ln(1+x)^{\frac{1}{x}}}=e^{\lim\limits_{x\to0}\frac{\ln(1+x)}{x}}=e^{\lim\limits_{x\to0}\frac{1}{x+1}}=e.$

习 题 2-7

1. 用洛必达法则求下列极限:

(1) $\lim\limits_{x\to1}\dfrac{x^2-1}{x-1}$;

(2) $\lim\limits_{x\to0}\dfrac{\sin x}{x}$;

(3) $\lim\limits_{x\to\pi}\dfrac{\sin(x-\pi)}{x-\pi}$;

(4) $\lim\limits_{x\to0}\dfrac{x^4-3x^2+2x-\sin x}{x^4-x}$.

2. 求 $\lim\limits_{x\to0}\dfrac{e^x-e^{-x}-2x}{x-\sin x}$.

3. 求 $\lim\limits_{x\to\infty}\left[x-x^2\ln\left(1+\dfrac{1}{x}\right)\right]$.

4. 已知 $\lim\limits_{x\to2}\dfrac{x^2-mx+8}{x^2-(2+n)x+2n}=\dfrac{1}{5}$,求常数 m,n 的值.

5. 设 $f(x)=\begin{cases}\dfrac{\ln(1+ax)}{x}, & x\neq0,\\ -1, & x=0\end{cases}$ 在 $x=0$ 处可导,求 a 与 $f'(0)$.

6. 已知 $f(x)=\begin{cases} x^2+x, & x\leqslant 0, \\ ax^3+bx^2+cx+d, & 0<x<1, \\ x^2-x, & x\geqslant 1 \end{cases}$ 在 $(-\infty,+\infty)$ 可导,求 a,b,

c,d 之值.

第八节　函数的单调性与曲线的凹凸性

　　函数的单调性、极值是函数的重要性质,在实际生活中,有很多问题都需要用函数的单调性和极值来解决,因此,求函数的单调性和极值就很重要.在初等函数中求函数极值较难,而在高等数学中利用导数来判断函数的单调性和极值就容易得多了.

一、函数的单调性

　　在第一章中已给出函数单调性的定义.一般地,直接按定义判别函数的单调性是不容易的.下面介绍一种利用导数符号判别函数单调性的既方便又有效的方法.

　　如图 2-7 所示,如果函数 $y=f(x)$ 在区间 $[a,b]$ 上单调增加,其曲线上各点切线的倾斜角都是锐角,因此它们的斜率 $f'(x)$ 都是正的.同样地,如果函数 $y=f(x)$ 在区间 $[a,b]$ 上单调减少,曲线上各点切线的倾斜角都是钝角,它们的斜率 $f'(x)$ 都是负的.

　　由此可见,函数的单调性与导数的符号有关.因此,我们可以利用它的导数 $f'(x)$ 的符号来判定函数的单调性.

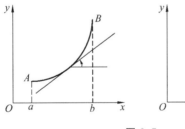

图 2-7

　　定理 11　设函数 $f(x)$ 在 $[a,b]$ 上连续,在 (a,b) 内可导.

　　(1) 如果在 (a,b) 内 $f'(x)>0$,则 $f(x)$ 在 (a,b) 内是单调增加的;

　　(2) 如果在 (a,b) 内 $f'(x)<0$,则 $f(x)$ 在 (a,b) 内是单调减少的;

　　(3) 如果在 (a,b) 内恒有 $f'(x)=0$,则 $f(x)$ 在 (a,b) 内是常数.

　　注　将定理 11 中的闭区间 $[a,b]$ 换成其他各种区间(包括无穷区间),定理的结论仍成立.通常称使 $f'(x_0)=0$ 的点 x_0 为函数 $f(x)$ 的驻点.

　　判定一个函数 $f(x)$ 的单调区间的步骤如下:

　　① 求导数 $f'(x)$,并求出 $f'(x)$ 等于 0 和导数不存在的点;

② 以①中求出的点作为 $f(x)$ 的定义域的分界点,将 $f(x)$ 的定义域划分成若干个子区间;

③ 讨论 $f'(x)$ 在各子区间上的符号,从而由定理 11 确定 $f(x)$ 在各子区间上的单调性.

【例 55】 判定函数 $f(x)=2x^3-9x^2+12x-3$ 的单调区间.

解 函数 $f(x)$ 的定义域为 $(-\infty,+\infty)$.求导数,得
$$f'(x)=6x^2-18x+12=6(x-1)(x-2).$$

令 $f'(x)=0$,得 $x_1=1,x_2=2$.

这两个根把 $(-\infty,+\infty)$ 分为三个区间:$(-\infty,1),(1,2),(2,+\infty)$.判断 $f'(x)$ 在上述区间内的符号时,可分别在各个区间内任取 x 的一个值代入 $f'(x)$ 进行考察,例如,在区间 $(-\infty,1)$ 内,$f'(0)>0$;在区间 $(1,2)$ 内,$f'(1.5)<0$;在区间 $(2,+\infty)$ 内,$f'(3)>0$.

根据上述讨论,得到如表 2-1 所示结果.

表 2-1 例 55 表

x	$(-\infty,1)$	1	$(1,2)$	2	$(2,+\infty)$
$f'(x)$	$+$	0	$-$	0	$+$
$f(x)$	单调增加		单调减少		单调增加

由表 2-1 可知,函数的单调增加区间为 $(-\infty,1)$ 和 $(2,+\infty)$,单调减少区间为 $(1,2)$.

还需要指出的是,使导数不存在的点也可能是函数增减区间的分界点.例如,函数 $y=|x|$ 在点 $x=0$ 连续不可导,但在 $(-\infty,0)$ 内 $y'<0$,在 $(0,+\infty)$ 内 $y'>0$,即函数在区间 $(-\infty,0)$ 内单调减少,在区间 $(0,+\infty)$ 内单调增加,显然点 $x=0$ 是函数增减区间的分界点.

由此可知,使导数为零的点和使导数不存在的点都可能是函数增减区间的分界点.

【例 56】 讨论函数 $y=\mathrm{e}^{-x^2}$ 的单调性.

解 函数 $y=\mathrm{e}^{-x^2}$ 的定义域为 $(-\infty,+\infty)$,$y'=-2x\mathrm{e}^{-x^2}$.

令 $y'=0$,得 $x=0$.

用 $x=0$ 把 $(-\infty,+\infty)$ 分成两部分 $(-\infty,0),(0+\infty)$,当 $x\in(-\infty,0)$ 时 $f'(x)>0$,当 $x\in(0,+\infty)$ 时 $f'(x)<0$,因此 $y=\mathrm{e}^{-x^2}$ 在 $(-\infty,0)$ 上单调递增,在 $(0,+\infty)$ 上单调递减.

【例 57】 证明:当 $x>0$ 时,$x-\dfrac{x^2}{2}<\ln(1+x)<x$.

证 令
$$f(x)=\ln(1+x)-x+\frac{1}{2}x^2,$$

因为 $f(x)$ 在 $[0,+\infty]$ 上连续,在 $(0,+\infty)$ 内可导,且

$$f'(x) = \frac{1}{1+x} - 1 + x = \frac{x^2}{1+x}.$$

当 $x > 0$ 时,$f'(x) > 0$. 又 $f(0) = 0$,故当 $x > 0$ 时,$f(x) > f(0) = 0$,所以

$$\ln(1+x) > x - \frac{1}{2}x^2.$$

再令

$$g(x) = x - \ln(1+x),$$

又

$$g'(x) = 1 - \frac{1}{1+x} = \frac{x}{1+x} > 0 \ (x > 0).$$

所以,当 $x > 0$ 时,$g(x)$ 单调增加. 又因 $g(x)$ 在 $[0, +\infty]$ 上连续,且 $g(0) = 0$,所以,$x > 0$ 时,$g(x) > 0$,即

$$x > \ln(1+x).$$

综上,当 $x > 0$ 时,$x - \frac{x^2}{2} < \ln(1+x) < x$.

二、曲线的凹凸性与拐点

关于曲线凹凸性的定义,我们先从几何直观来分析. 在图 2-8 中,如果任取两点 x_1, x_2,那么连接这两点的弦总位于这两点间的弧段的上方;而在图 2-9 中,则正好相反. 因此,曲线的凹凸性可以用连接曲线弧上任意两点的弦的中点与曲线上相应点的位置关系来描述.

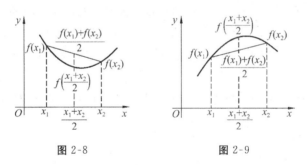

图 2-8   图 2-9

定义 6 设 $f(x)$ 在区间 I 内连续,若对 I 上任意两点 x_1, x_2,恒有

$$f\left(\frac{x_1 + x_2}{2}\right) < \frac{f(x_1) + f(x_2)}{2},$$

则称 $f(x)$ 在 I 上的图形是(向上)凹的(或凹弧);若恒有

$$f\left(\frac{x_1 + x_2}{2}\right) > \frac{f(x_1) + f(x_2)}{2},$$

则称 $f(x)$ 在 I 上的图形是(向上)凸的(或凸弧).

定理 12 设 $f(x)$ 在 $[a, b]$ 上连续,在 (a, b) 内具有一阶和二阶导数.

(1) 若在 (a, b) 内,$f''(x) > 0$,则 $f(x)$ 在 $[a, b]$ 上的图形是凹的;

(2) 若在 (a, b) 内,$f''(x) < 0$,则 $f(x)$ 在 $[a, b]$ 上的图形是凸的.

【例58】 判定曲线 $y=x^3$ 的凹凸性.

解 $y'=3x^2, y''=6x$.

当 $x<0$ 时, $y''<0$, 所以曲线 $y=x^3$ 在 $(-\infty,0]$ 内是凸的; 当 $x>0$ 时, $y''>0$, 所以曲线 $y=x^3$ 在 $[0,+\infty]$ 内是凹的.

由例58, 注意到点 $(0,0)$ 是使曲线凹凸性发生改变的分界点, 此类分界点称为曲线的拐点.

定义7 对于连续曲线 $y=f(x)$ 上的点 $(x_0,f(x_0))$, 若在此点两侧曲线的凹凸性发生改变, 则称此点为该曲线的拐点.

定理13 设 $f(x)$ 在 x_0 的某去心邻域内二阶可导, $f''(x_0)=0$ 或 $f''(x_0)$ 不存在, 若在 x_0 的两侧, $f''(x)$ 的符号相反, 则 $(x_0,f(x_0))$ 为曲线 $f(x)$ 的拐点.

综上所述, 判定曲线的凹凸性与求曲线拐点的一般步骤如下:

(1) 确定函数的定义域, 并求其二阶导数 $f''(x)$;

(2) 令 $f''(x)=0$, 解出全部实根, 并求出所有使二阶导数 $f''(x)$ 不存在的点;

(3) 对步骤(2)中求出的每一个点, 检查其邻近左、右两侧 $f''(x)$ 的符号;

(4) 根据 $f''(x)$ 的符号确定曲线的凹凸区间和拐点.

【例59】 求曲线 $y=\dfrac{5}{9}x^2+(x-1)^{\frac{5}{3}}$ 的凹凸区间与拐点.

解 (1) 定义域为 $(-\infty,+\infty)$,
$$y'=\frac{10}{9}x+\frac{5}{3}(x-1)^{\frac{2}{3}} \text{ 和 } y''=\frac{10}{9}+\frac{10}{9}(x-1)^{-\frac{1}{3}}.$$

(2) 令 $y''=0$, $y''=\dfrac{10}{9(x-1)^{\frac{1}{3}}}(\sqrt[3]{x-1}+1)=0$ 得 $x=0$; y'' 不存在的点为 $x=1$.

(3) 列表(表2-2).

表2-2 例59表

x	$(-\infty,0)$	0	$(0,-1)$	1	$(1,+\infty)$
y''	$+$		$-$		$+$
y	凹	拐点$(0,-1)$	凸	拐点$\left(1,\dfrac{5}{9}\right)$	凹

(4) 拐点 $(0,-1)$ 及 $\left(1,\dfrac{5}{9}\right)$; $(-\infty,0),(1,+\infty)$ 为凹区间, $(0,1)$ 为凸区间.

习 题2-8

1. 设曲线 $y=3x-x^3$, 则其拐点坐标为( ).

A. 0   B. $(0,1)$ C. $(0,0)$ D. 1

2. 若 $f(x)=f(-x)$, 且在 $(0,+\infty)$ 内, $f'(x)>0$, $f''(x)>0$, 则在 $(-\infty,0)$, 必有( ).

A. $f'(x)<0, f''(x)<0$ B. $f'(x)>0, f''(x)>0$

C. $f'(x)<0, f''(x)>0$ D. $f'(x)>0, f''(x)<0$

3. $f(x)=\dfrac{\ln x}{x}$ 的单调增加区间为 _____.

4. 求函数 $f(x)=2x+3x^{\frac{2}{3}}$ 的单调区间.

5. 求曲线 $y=3x^4-4x^3+1$ 的凹凸区间及拐点.

6. 判别函数 $f(x)=\dfrac{\sin x}{x}$ 在 $\left(0,\dfrac{\pi}{2}\right)$ 内的单调性.

7. 设 $f(x)=\begin{cases}-x^2, & x<0,\\ x\arctan x, & x\geqslant0,\end{cases}$ 确定 $f(x)$ 的单调区间.

8. 已知函数的图形上有一拐点 $(2,4)$,在拐点处曲线的切线斜率为 -3,而且该函数满足 $y'=6x+a$,求此函数.

第九节　函数的极值与最值

极值问题是自然科学、工程技术、国民经济和生活实践中经常遇到的问题,也是数学家长期、深入研究过的问题,并形成了一些与实践密切相关的数学分支,如最优化理论、变分法与最优控制理论等现代极值理论,然而,现代极值理论的基本思想实际上源于微分学的应用,本节将介绍这方面的基本内容.

一、函数的极值与求法

在学习函数的极值之前,我们先来看一例子.

设有函数 $f(x)=2x^3-9x^2+12x-3$,容易知道点 $x=1$ 及 $x=2$ 是此函数单调区间的分界点,又可知在点 $x=1$ 左侧附近,函数值是单调增加的,在点 $x=1$ 右侧附近,函数值是单调减小的.因此,存在着点 $x=1$ 的一个邻域,对于这个邻域内,任何点 $x(x=1$ 除外$)$,$f(x)<f(1)$ 均成立,点 $x=2$ 也有类似的情况,为什么这些点有这些性质呢?

事实上,这就是我们将要学习的内容——函数的极值.

定义 8　设函数 $f(x)$ 在区间 (a,b) 内有定义,x_0 是 (a,b) 内一点.

若存在着 x_0 点的一个邻域,对于这个邻域内任意点 $x(x_0$ 除外$)$,$f(x)<f(x_0)$ 均成立,则说 $f(x_0)$ 是函数 $f(x)$ 的一个极大值;

若存在着 x_0 点的一个邻域,对于这个邻域内任意点 $x(x_0$ 除外$)$,$f(x)>f(x_0)$ 均成立,则说 $f(x_0)$ 是函数 $f(x)$ 的一个极小值.

定理 14(极值点的必要条件)　设函数 $f(x)$ 在点 x_0 的某邻域内有定义,点 x_0 是 $f(x)$ 的极值点的必要条件是

$$f'(x_0)=0 \text{ 或 } f'(x_0) \text{不存在}.$$

定理 14 说明,函数的极值点应在函数的驻点或导数不存在的点中寻找,至于一个函数的驻点或导数不存在的点是否为极值点,是一个需要进一步解决的问题,即需要建立判定极值的充分条件.由函数 $f(x)$ 的单调性易证下面的定理.

定理 15(极值的第一充分条件) 设函数 $f(x)$ 在点 x_0 的某个邻域内连续且可导，$f'(x_0)=0$ 或 $f'(x_0)$ 不存在.

(1) 若在点 x_0 的左邻域内，$f'(x)>0$，在点 x_0 的右邻域内，$f'(x)<0$，则 $f(x)$ 在点 x_0 处取得极大值 $f(x_0)$；

(2) 若在点 x_0 的左邻域内，$f'(x)<0$，在点 x_0 的右邻域内，$f'(x)>0$，则 $f(x)$ 在点 x_0 处取得极小值 $f(x_0)$；

(3) 若在点 x_0 的邻域内，$f'(x)$ 不变号，则 $f(x)$ 在点 x_0 处没有极值.

求极值的一般步骤如下：

① 求 $f'(x)$；

② 求 $f'(x)=0$ 的全部的解——驻点；

③ 判断 $f'(x)$ 在驻点两侧的变化规律，即可判断出函数的极值.

【例 60】 求 $f(x)=x-\dfrac{3}{2}x^{\frac{2}{3}}$ 的极小值.

解 (1) $f'(x)=1-x^{-\frac{1}{3}}=\dfrac{x^{\frac{1}{3}}-1}{x^{\frac{1}{3}}}$.

(2) 令 $f'(x)=0$，驻点 $x=1$.这里 $x=0$ 是 $f(x)$ 不可导点.

(3) 列表（表 2-3）.

表 2-3 例 60 表

x	$(-\infty,0)$	0	$(0,1)$	1	$(1,+\infty)$
$f'(x)$	+		−		+
$f(x)$	单调增加	极大值	单调减少	极小值	单调增加

极小值 $f(1)=1-\dfrac{3}{2}=\dfrac{1}{2}$.

定理 16(极值的第二充分条件) 设 $f(x)$ 在 x_0 处具有二阶导数，且
$$f'(x_0)=0,\quad f''(x_0)\neq 0,$$
则

(1) 当 $f''(x_0)<0$ 时，函数 $f(x)$ 在 x_0 处取得极大值；

(2) 当 $f''(x_0)>0$ 时，函数 $f(x)$ 在 x_0 处取得极小值.

我们以例 60 为例，比较这两种方法的区别.

解 上面我们已求出了此函数的驻点 $x=1$，下面我们再来求它的二阶导数.
$$f''(x)=\dfrac{1}{3}x^{-\frac{4}{3}},$$
$$f''(1)=\dfrac{1}{3}>0.$$

由定理 15 可知，$(1,f(1))$ 为极小值点.由于 $x=0$ 时，$f'(0)$ 不存在.利用定理 15 不能判别 $(0,f(0))$ 点的极值问题.

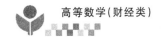

二、函数的最值与求法

在工农业生产、工程技术及科学实验中,常会遇到这样一类问题:在一定条件下,怎样使"产品最多""用料最省""成本最低"等.这类问题在数学上可归结为求某一函数的最大值、最小值的问题.

怎样求函数的最大值、最小值呢? 前面我们已经知道了,函数的极值是局部的.要求 $f(x)$ 在 $[a,b]$ 上的最大值、最小值时,可求出开区间 (a,b) 内全部的极值点,加上端点 $f(a)$,$f(b)$ 的值,从中可求得最大值、最小值.

【例 61】 求函数 $f(x)=x^3-3x+3$,在区间 $\left[-3,\dfrac{3}{2}\right]$ 上的最大值、最小值.

解 $f(x)$ 在此区间处处可导,先来求函数的极值 $f'(x)=3x^2-3=0$,故 $x=\pm1$,再来比较端点与极值点的函数值,取出最大值与最小值即为所求.因为 $f(1)=1$,$f\left(\dfrac{3}{2}\right)=\dfrac{15}{8}$,$f(-3)=-15$,$f(-1)=5$,故函数的最大值为 $f(-1)=5$,函数的最小值为 $f(-3)=-15$.

【例 62】 圆柱形罐头,高度 H 与半径 R 应怎样匹配,使同样容积下材料最省?

解 由题意可知:$V=\pi R^2 \cdot H$ 为一常数,面积 $S=2\pi R^2+2\pi R \cdot H=2\pi R(R+H)=2\pi R\left(R+\dfrac{V}{\pi R^2}\right)$,故在 V 不变的条件下改变 R,使 S 取最小值.

$$\frac{\mathrm{d}S}{\mathrm{d}R}=4\pi R-\frac{2V}{R^2}=0,$$

$$R^3=\frac{V}{2\pi}=\frac{1}{2\pi} \cdot \pi R^2 \cdot H=\frac{R^2}{2}H,$$

故当 $R=\dfrac{H}{2}$ 时,用料最省.

习题 2-9

1. 设 $f(x)=a\ln x+bx^3-3x$,在 $x=1$,$x=2$ 取得极值.则 a,b 为(   ).

A. $a=\dfrac{1}{2}$,$b=2$ B. $a=2$,$b=\dfrac{1}{2}$

C. $a=-\dfrac{1}{2}$,$b=2$ D. $a=-2$,$b=-\dfrac{1}{2}$

2. 下列命题正确的是   (   )

A. 若 x_0 为极值点,则必有 $f'(x_0)=0$

B. 若 $f(x)$ 在点 x_0 处可导,且点 x_0 为 $f(x)$ 的极值点,则必有 $f'(x_0)=0$

C. 若 $f(x)$ 在点 (a,b) 处有极大值,也有极小值,则极大值必大于极小值

D. 若 $f'(x_0)=0$,则点 x_0 必为 $f(x)$ 的极值点

3. 求 $f(x)=(x+2)^2(x-1)^3$ 的极值点.

4. 求 $f(x)=1-(x-2)^{\frac{2}{3}}$ 在 $[0,3]$ 的最大值.

5. 求由方程 $x^2y^2+y=1(y>0)$ 所确定 $y=y(x)$ 的极值.

6. 求 $f(x)=\sqrt[3]{2x^2(x-6)}$ 在区间 $[-2,4]$ 上的最大值、最小值.

7. 求 $f(x)=x^3+3x^2$ 在闭区间 $[-5,5]$ 上的极大值与极小值、最大值与最小值.

8. 求函数 $y=x+\sqrt{1-x}$ 在 $[-5,1]$ 上的最大值.

阅读材料② 莱布尼茨

戈特弗里德·威廉·莱布尼茨(Gottfried Wilhelm Leibniz,1646—1716),德国哲学家、数学家,是历史上少见的通才,被誉为"十七世纪的亚里士多德".他本人是一名律师,经常往返于各大城镇,他推导出的许多公式都是在颠簸的马车上完成的,他也自称具有男爵的贵族身份.莱布尼茨在数学史和哲学史上都占有重要地位.

1. 早年生活,砥砺人生

1646 年 7 月 1 日,莱布尼茨出生于莱比锡,祖父三代人均曾在萨克森政府供职,莱布尼茨的父亲是莱比锡大学的伦理学教授,在莱布尼茨 6 岁时去世,留下了一个私人的图书馆.莱布尼茨 12 岁时自学拉丁文,并着手学习希腊文;14 岁时进入莱比锡大学念书;20 岁时完成学业,专攻法律和一般大学课程.1666 年,他出版第一部关于哲学方面的书籍,书名为《论组合术》.

2. 任职法庭,鏖战法坛

1666 年,莱布尼茨拿到博士学位后,拒绝了教职,任职于美茵茨选帝侯大主教的高等法庭.1671 年,发表两篇论文《抽象运动的理论》《新物理学假说》,分别题献给巴黎的科学院和伦敦的皇家学会,在当时欧洲学术界增加了知名度.

1672 年,莱布尼茨被派至巴黎,结识了马勒伯朗士和数学家惠更斯等人.这一时期的莱布尼茨发明了微积分.1676 年离开巴黎,之后莱布尼茨就到汉诺威管理图书馆,并担任法律顾问.1679 年,莱布尼茨发明了二进制,并对其系统性深入研究,完善了二进制.1680 至 1685 年间,他担任哈茨山银矿矿采工程师.在这期间,莱布尼茨致力于风车设计,以抽取矿坑中的地下水.然而受限于技术问题和矿工传统观念的阻力,计划没有成功.

3. 担任院长

1700 年,莱布尼茨说服德意志国王腓特烈三世于柏林成立科学院,并担任首任院长.1704 年,完成《人类理智新论》.本文针对洛克的《人类理智论》,用对话的体裁,逐章逐节提出批评.然因洛克的突然过世,莱布尼茨不愿被落入欺负死者的口实,所以本书在莱布尼茨生前一直都没有出版.

1710 年,出于对 1705 年过世的普鲁士王后的感念,出版《神义论》.1714 年,于维也纳著写《单子论》《建立于理性上之自然与恩惠的原理》.

4. 人物成就

现今在微积分领域使用的符号仍是莱布尼茨提出的.在高等数学和数学分析领

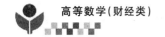

域,莱布尼茨判别法用来判别交错级数的收敛性.莱布尼茨与牛顿谁先发明微积分的争论是数学界至今最大的公案,后来人们公认牛顿和莱布尼茨是各自独立地创建微积分的.

牛顿从物理学出发,运用几何方法研究微积分,其应用上更多地结合了运动学,造诣高于莱布尼茨.莱布尼茨则从几何问题出发,运用分析学方法引进微积分概念,得出运算法则,其数学的严密性与系统性是牛顿所不及的.莱布尼茨认识到好的数学符号能节省思维劳动,运用符号的技巧是数学成功的关键之一.因此,他所创设的微积分符号远远优于牛顿的符号,这对微积分的发展有极大的影响.1714 至 1716年间,莱布尼茨在去世前,起草了《微积分的历史和起源》一文(本文直到 1846 年才被发表),总结了自己创立微积分学的思路,说明了自己成就的独立性.

总习题 二

一、选择题

1. 已知函数 $f(x)=\mathrm{e}^{\tan^k x}$,且 $f'\left(\dfrac{\pi}{4}\right)=\mathrm{e}$,则 $k=(\quad)$.

A. 1   B. -1 C. $\dfrac{1}{2}$ D. 2

2. 已知 $f(x)$ 为可导的偶函数,且 $\lim\limits_{x\to 0}\dfrac{f(1+x)-f(1)}{2x}=-2$,则曲线 $y=f(x)$ 在 $(-1,2)$ 处切线的方程是( ).

A. $y=4x+6$ B. $y=-4x-2$

C. $y=x+3$ D. $y=-x+1$

3. 若 $f(x)=x^2$,则 $\lim\limits_{\Delta x\to 0}\dfrac{f(x_0+2\Delta x)-f(x_0)}{\Delta x}=(\quad)$.

A. $2x_0$ B. x_0 C. $4x_0$ D. $4x$

4. 设 $f(x)=x(x-1)(x-2)\cdots(x-99)$,则 $f'(0)=(\quad)$.

A. 99   B. -99 C. $99!$ D. $-99!$

5. 设 $f(x)=\begin{cases} x^2\sin\dfrac{1}{x}, & x>0, \\ ax+b, & x\leqslant 0 \end{cases}$ 在 $x=0$ 处可导,则( ).

A. $a=1,b=0$ B. $a=0,b$ 为任意常数

C. $a=0,b=0$ D. $a=1,b$ 为任意常数

6. 函数 $f(x)$ 有连续二阶导数且 $f(0)=0$,$f'(0)=1$,$f''(0)=-2$,则 $\lim\limits_{x\to 0}\dfrac{f(x)-x}{x^2}=(\quad)$.

A. 不存在   B. 0   C. -1 D. -2

7. 设 $f'(x)=(x-1)(2x+1)$，$x\in(-\infty,+\infty)$，则在 $\left(\dfrac{1}{2},1\right)$ 内曲线 $f(x)$（　　）.

A. 单调增加、凹的

B. 单调减少、凹的

C. 单调增加、凸的

D. 单调减少、凸的

8. $f(x)$ 在 (a,b) 内连续，$x_0\in(a,b)$，$f'(x_0)=f''(x_0)=0$，则 $f(x)$ 在 $x=x_0$ 处（　　）.

A. 取得极大值

B. 取得极小值

C. 一定有拐点 $(x_0,f(x_0))$

D. 可能取得极值，也可能有拐点

二、填空题

1. 已知 $f'(3)=2$，则 $\lim\limits_{h\to0}\dfrac{f(3-h)-f(3)}{2h}=$ _____.

2. 已知 $f'(0)$ 存在，有 $f(0)=0$，则 $\lim\limits_{x\to0}\dfrac{f(x)}{x}=$ _____.

3. 已知 $y=\pi^x+x^\pi+\arctan\dfrac{1}{\pi}$，则 $y'|_{x=1}=$ _____.

4. 已知 $f(x)$ 二阶可导，$y=f(1+\sin x)$，则 $y'=$ _____，$y''=$ _____.

5. 曲线 $y=e^x$ 在点 _____ 处切线与连接曲线上两点 $(0,1)$，$(1,e)$ 的弦平行.

6. 设 $y=x e^x$，则 $y''(0)=$ _____.

7. 设函数 $y=y(x)$ 由方程 $e^{x+y}+\cos(xy)=0$ 确定，则 $\dfrac{dy}{dx}=$ _____.

8. 设 $\begin{cases}x=1+t^2,\\y-\cos t,\end{cases}$ 则 $\dfrac{d^2y}{dx^2}=$ _____.

9. $\lim\limits_{x\to0}x\ln x=$ _____.

10. 函数 $f(x)=2x-\cos x$ 在区间 _____ 单调增加.

11. 函数 $f(x)=4+8x^3-3x^4$ 的极大值是 _____.

12. 曲线 $y=x^4-6x^2+3x$ 在区间 _____ 是凸的.

三、计算题

1. 计算下列各题：

(1) $\begin{cases}x=\ln t,\\y=t^3,\end{cases}$ 求 $\dfrac{d^2y}{dx^2}\bigg|_{t=1}$；　　　　(2) $x+\arctan y=y$，求 $\dfrac{d^2y}{dx^2}$.

2. 试确定常数 a,b 之值，使函数 $f(x)=\begin{cases}b(1+\sin x)+a+2,&x\geqslant0,\\e^{ax}-1,&x<0\end{cases}$ 处处可导.

3. 求曲线 $y=x^3+3x^2-5$ 上过点 $(-1,-3)$ 处的切线方程和法线方程.

4. 计算下列极限：

(1) $\lim\limits_{x\to-1^+}\dfrac{\sqrt{\pi}-\sqrt{\arccos x}}{\sqrt{x+1}}$；　　　　(2) $\lim\limits_{x\to0^+}\dfrac{\ln\cot x}{\ln x}$；

(3) $\lim\limits_{x\to0}\dfrac{e^x-e^{\sin x}}{x^2\ln(1+x)}$；　　　　(4) $\lim\limits_{x\to0}\left[\dfrac{1}{x}+\dfrac{1}{x^2}\ln(1-x)\right]$；

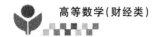

(5) $\lim\limits_{x \to 0} \dfrac{x - \arctan x}{x^3}$;

(6) $\lim\limits_{x \to 0^+} \dfrac{\ln\tan(ax)}{\ln\tan(bx)}$.

5. 证明以下不等式：

（1）设 $b > a > e$，证明 $a^b > b^a$；

（2）当 $0 < x < \dfrac{\pi}{2}$ 时，有不等式 $\tan x + 2\sin x > 3x$.

不定积分

一元函数微分学解决了求函数的变化率的问题,但在科学技术和生产实践中,常常还需要解决相反的问题,即已知函数的变化率,求原来的函数. 本章将讨论函数的反向求导问题,即要寻求一个可导函数,使它的导函数等于已知函数. 这是积分学的基本问题之一.

第一节　不定积分的概念与性质

一、原函数与不定积分的概念

定义 1　如果在区间 I 上,可导函数 $F(x)$ 的导函数为 $f(x)$,即对任一 $x \in I$,都有

$$F'(x) = f(x) \text{ 或 } \mathrm{d}F(x) = f(x)\mathrm{d}x,$$

那么函数 $F(x)$ 称为 $f(x)$ 在区间 I 上的一个**原函数**.

例如,因为 $(\sin x)' = \cos x$,则我们称 $\sin x$ 是 $\cos x$ 的一个原函数;又如 $(\sin x + 2)' = \cos x$,则我们称 $\sin x + 2$ 是 $\cos x$ 的一个原函数.

关于原函数,我们需要解决两个问题:第一,一个函数具备什么条件,能保证它的原函数一定存在? 第二,一个函数的原函数是否唯一,如不唯一,那么它们之间又有何关系呢?

首先,关于原函数的存在性,我们有如下定理:

定理 1　如果函数 $f(x)$ 在区间 I 上连续,那么在区间 I 上存在可导函数 $F(x)$,使对任一 $x \in I$,都有 $F'(x) = f(x)$.

简单而言:连续函数一定存在原函数.

定理 2　如果函数 $F(x)$ 是函数 $f(x)$ 的一个原函数,则 $F(x) + C$(C 为任意常数)也是函数 $f(x)$ 的原函数.

定理 3　如果函数 $F(x)$ 和 $G(x)$ 都是函数 $f(x)$ 的原函数,则 $G(x) - F(x) = C$(C 为任意常数).

定理 2 和定理 3 表明:$F(x) + C$(C 为任意常数)可包含 $f(x)$ 的全部原函数. 据此,我们引进下述不定积分的定义.

定义 2　在区间 I 上,函数 $f(x)$ 的全体原函数 $F(x) + C$ 称为函数在区间 I 上

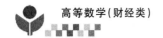

的不定积分,记为

$$\int f(x)\mathrm{d}x = F(x) + C,$$

其中记号 $\int$ 称为积分号,$f(x)$ 称为被积函数,$f(x)\mathrm{d}x$ 称为被积表达式,x 称为积分变量,任意常数 C 称为积分常数.

注意 (1)积分常数 C 是不可疏漏的;

(2)一个函数的不定积分既不是一个数,也不是一个函数,而是一个函数族.

【例 1】 求 $\int x^2 \mathrm{d}x$.

解 因为 $\left(\dfrac{x^3}{3}\right)' = x^2$,所以函数 $\dfrac{x^3}{3}$ 是 x^2 的一个原函数,因此

$$\int x^2 \mathrm{d}x = \dfrac{x^3}{3} + C.$$

【例 2】 求 $\int \sin x \, \mathrm{d}x$.

解 因为 $(-\cos x)' = \sin x$,所以函数 $-\cos x$ 是 $\sin x$ 的一个原函数,因此

$$\int \sin x \, \mathrm{d}x = -\cos x + C.$$

【例 3】 $\int \dfrac{1}{x} \mathrm{d}x$.

解 当 $x > 0$ 时,因为 $(\ln x)' = \dfrac{1}{x}$,所以 $\ln x$ 是 $\dfrac{1}{x}$ 在 $(0, +\infty)$ 内的一个原函数,因此,在 $(0, +\infty)$ 内,

$$\int \dfrac{1}{x} \mathrm{d}x = \ln x + C.$$

当 $x < 0$ 时,因为 $[\ln(-x)]' = \dfrac{1}{-x}(-1) = \dfrac{1}{x}$,所以 $\ln(-x)$ 是 $\dfrac{1}{x}$ 在 $(-\infty, 0)$ 内的一个原函数,因此,在 $(-\infty, 0)$ 内,

$$\int \dfrac{1}{x} \mathrm{d}x = \ln(-x) + C.$$

把在 $x > 0$ 和 $x < 0$ 内的结果结合起来,可写为

$$\int \dfrac{1}{x} \mathrm{d}x = \ln|x| + C.$$

二、不定积分的几何意义

(1)函数 $f(x)$ 的一个原函数的图形称为 $f(x)$ 的一条积分曲线,如图 3-1 所示;

(2)因为 $F'(x) = f(x)$,故积分曲线上点 x 处切线的斜率恰等于 $f(x)$ 在点 x 处的函数值;

(3)平移曲线 $y = F(x)$,得另一条积分曲线 $y = F(x) +$

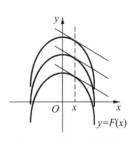

图 3-1 不定积分的
几何意义

C_1,依据此,可得到 $y = F(x) + C$ 的整个曲线族;

(4) 因为 $[F(x) + C]' = f(x)$,故在 x 点处各个积分曲线在该点的切线都相互平行.

由原函数和不定积分的定义可知,求不定积分的运算与求导数(或微分)的运算正好是逆运算的关系,即

(1) $\left[\int f(x)\mathrm{d}x\right]' = f(x)$ 或 $\mathrm{d}\int f(x)\mathrm{d}x = f(x)\mathrm{d}x$;

(2) $\int f'(x)\mathrm{d}x = f(x) + C$ 或 $\int \mathrm{d}f(x) = f(x) + C$.

求导数的过程:原函数 $\xrightarrow{\text{求导}}$ 导函数.

求不定积分的过程:导函数 $\xrightarrow{\text{积分}}$ 原函数.

三、不定积分的基本公式与性质

既然积分运算是微分运算的逆运算,那么自然地可以从导数公式得到相应的积分公式.下面我们把一些基本的积分公式列成一个表,这个表通常叫作基本积分表.

(1) 常函数: $\int k\,\mathrm{d}x = kx + C$($k$ 是常数).

(2) 幂函数: $\int x^{\mu}\,\mathrm{d}x = \dfrac{1}{\mu+1}x^{\mu+1} + C\ (\mu \neq -1)$,$\int x^{-1}\,\mathrm{d}x = \int \dfrac{1}{x}\,\mathrm{d}x = \ln|x| + C$.

(3) 指数函数: $\int a^{x}\,\mathrm{d}x = \dfrac{1}{\ln a}a^{x} + C$,特别地,$\int \mathrm{e}^{x}\,\mathrm{d}x = \mathrm{e}^{x} + C$.

(4) 三角函数: $\int \cos x\,\mathrm{d}x = \sin x + C$,$\int \sin x\,\mathrm{d}x = -\cos x + C$.

(5) 与三角函数相关的函数:

$$\int \frac{1}{\cos^2 x}\,\mathrm{d}x = \int \sec^2 x\,\mathrm{d}x = \tan x + C,$$

$$\int \frac{1}{\sin^2 x}\,\mathrm{d}x = \int \csc^2 x\,\mathrm{d}x = -\cot x + C,$$

$$\int \sec x \tan x\,\mathrm{d}x = \sec x + C,$$

$$\int \csc x \cot x\,\mathrm{d}x = -\csc x + C.$$

(6) 其他函数: $\displaystyle\int \frac{1}{\sqrt{1-x^2}}\,\mathrm{d}x = \arcsin x + C = -\arccos x + C$,

$$\int \frac{1}{1+x^2}\,\mathrm{d}x = \arctan x + C = -\operatorname{arccot} x + C.$$

以上基本积分公式是求不定积分的基础,必须牢记.

根据不定积分的定义,可以推得如下两个性质:

性质 1 设函数 $f(x)$ 及 $g(x)$ 的原函数存在,则

$$\int [f(x) \pm g(x)] \mathrm{d}x = \int f(x) \mathrm{d}x \pm \int g(x) \mathrm{d}x.$$

性质 1 对于有限个函数都是成立的.

性质 2 设函数 $f(x)$ 的原函数存在，k 为非零常数，则

$$\int k f(x) \mathrm{d}x = k \int f(x) \mathrm{d}x.$$

利用基本积分表及不定积分的两个性质，现在我们可以求出一些简单函数的不定积分.

【例 4】 求 $\int (3x + \sin x) \mathrm{d}x$.

解 利用函数和的积分性质，得

$$\begin{aligned}
\int (3x + \sin x) \mathrm{d}x &= \int 3x \mathrm{d}x + \int \sin x \mathrm{d}x \\
&= 3 \int x \mathrm{d}x + \int \sin x \mathrm{d}x \\
&= \frac{3}{2} x^2 - \cos x + C.
\end{aligned}$$

注意 检验积分结果是否正确，只需要对结果进行求导，看它的导数是否等于被积函数，相等时结果正确，否则结果就是错误的.例如，从例 4 的结果看，由于 $\left(\frac{3}{2} x^2 - \cos x + C \right)' = 3x + \sin x$，所以结果是正确的.

【例 5】 求 $\int \left(\mathrm{e}^x + \frac{1}{x} \right) \mathrm{d}x$.

解 利用函数和的积分性质，得

$$\begin{aligned}
\int \left(\mathrm{e}^x + \frac{1}{x} \right) \mathrm{d}x &= \int \mathrm{e}^x \mathrm{d}x + \int \frac{1}{x} \mathrm{d}x \\
&= \mathrm{e}^x + \ln|x| + C.
\end{aligned}$$

【例 6】 求 $\int \tan^2 x \mathrm{d}x$.

解 基本积分公式中没有这种类型的积分，先利用三角恒等式化成公式中所列出类型的积分，然后逐项求积分.

$$\int \tan^2 x \mathrm{d}x = \int (\sec^2 x - 1) \mathrm{d}x = \int \sec^2 x \mathrm{d}x - \int \mathrm{d}x = \tan x - x + C.$$

【例 7】 求 $\int \frac{2x^4 + x^2 + 3}{x^2 + 1} \mathrm{d}x$.

解 被积函数的分子和分母都是多项式，通过多项式的除法，可以把它化成基本积分公式中所列类型的积分，然后逐项求积分.

$$\begin{aligned}
\int \frac{2x^4 + x^2 + 3}{x^2 + 1} \mathrm{d}x &= \int \left(2x^2 - 1 + \frac{4}{x^2 + 1} \right) \mathrm{d}x \\
&= 2 \int x^2 \mathrm{d}x - \int \mathrm{d}x + 4 \int \frac{1}{x^2 + 1} \mathrm{d}x
\end{aligned}$$

$$=\frac{2}{3}x^3-x+4\arctan x+C.$$

【例8】 求 $\displaystyle\int\frac{(x-1)^3}{x^2}\mathrm{d}x$.

解

$$\int\frac{(x-1)^3}{x^2}\mathrm{d}x=\int\frac{x^3-3x^2+3x-1}{x^2}\mathrm{d}x$$

$$=\int\left(x-3+\frac{3}{x}-\frac{1}{x^2}\right)\mathrm{d}x$$

$$=\int x\,\mathrm{d}x-3\int\mathrm{d}x+3\int\frac{1}{x}\mathrm{d}x-\int\frac{1}{x^2}\mathrm{d}x$$

$$=\frac{x^2}{2}-3x+3\ln|x|+\frac{1}{x}+C.$$

习 题 3-1

1. 利用求导运算验证下列等式:

(1) $\displaystyle\int\frac{1}{\sqrt{x^2+1}}\mathrm{d}x=\ln(x+\sqrt{x^2+1})+C$;

(2) $\displaystyle\int x\cos\,\mathrm{d}x=x\sin x+\cos x+C$;

(3) $\displaystyle\int\mathrm{e}^x\sin x\,\mathrm{d}x=\frac{1}{2}\mathrm{e}^x(\sin x-\cos x)+C$.

2. 求下列不定积分:

(1) $\displaystyle\int\frac{1}{x^3}\mathrm{d}x$; $\qquad\qquad$ (2) $\displaystyle\int x^2\sqrt{x}\,\mathrm{d}x$;

(3) $\displaystyle\int(x^2+2x-5)\mathrm{d}x$; $\qquad$ (4) $\displaystyle\int 2^x\mathrm{e}^x\,\mathrm{d}x$;

(5) $\displaystyle\int\cos^2\frac{x}{2}\mathrm{d}x$; $\qquad\qquad$ (6) $\displaystyle\int\frac{x^2+2}{x^2+1}\mathrm{d}x$.

3. 已知曲线在任一点处的切线斜率为 $3x^2$,且曲线过点 $(1,3)$,求此曲线方程.

第二节　　换元积分法

前面我们已经讨论了不定积分的定义、基本积分表和简单的计算,但当被积函数 $f(x)$ 比较复杂时,将不能直接利用第一节的基本积分公式和积分运算性质求得不定积分. 下面我们将有必要进一步讨论不定积分的计算,我们首先讨论利用中间变量的代换计算不定积分,这就是与复合函数求导公式相对应的换元积分法:第一类换元积分法(凑微分法)、第二类换元积分法.

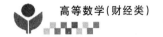

一、第一类换元积分法

设函数 $f(u)$ 具有原函数 $F(u)$,即

$$F'(u) = f(u), \quad \int f(u) \mathrm{d}u = F(u) + C.$$

若 u 是中间变量,是 x 的函数 $u = u(x)$,且设 $u(x)$ 可微,则根据复合函数微分法则,有

$$\mathrm{d}F[u(x)] = f[u(x)]u'(x)\mathrm{d}x.$$

根据不定积分的定义,可得

$$\int f[u(x)]u'(x)\mathrm{d}x = F[u(x)] + C = \int f(u)\mathrm{d}u.$$

于是有下述第一类换元积分法的定理.

定理 4 设 $f(u)$ 具有原函数,$u = u(x)$ 可导,则有第一类换元公式:

$$\int f[u(x)]u'(x)\mathrm{d}x = \left[\int f(u)\mathrm{d}u \right]_{u = u(x)}.$$

由定理可见,虽然 $\int f[u(x)]u'(x)\mathrm{d}x$ 是一个整体记号,但从形式上看,被积表达式中的 $\mathrm{d}x$ 却可以当作变量 x 的微分对待,从而微分等式 $u'(x)\mathrm{d}x = \mathrm{d}u$ 可以方便地应用到被积表达式中.

如何应用定理中的公式来求不定积分呢?假设要求不定积分 $\int g(x)\mathrm{d}x$,如果函数 $g(x)$ 可以化成 $g(x) = f[u(x)]u'(x)$ 的形式,则

$$\int g(x)\mathrm{d}x = \int f[u(x)]u'(x)\mathrm{d}x = \left[\int f(u)\mathrm{d}u \right]_{u = u(x)},$$

这样,函数 $g(x)$ 的积分即化为函数 $f(u)$ 的积分.如果能求得 $f(u)$ 的原函数,那么也可得到 $g(x)$ 的原函数.

【例 9】 求 $\int 2\cos 2x \, \mathrm{d}x$.

解 被积函数中,$\cos 2x$ 是一个由 $\cos 2x = \cos u$,$u = 2x$ 复合而成的复合函数,常数因子恰好是中间变量 u 的导数,因此,作变换 $u = 2x$,即有

$$\int 2\cos 2x \, \mathrm{d}x = \int \cos 2x \cdot 2 \mathrm{d}x = \int \cos 2x \cdot (2x)' \mathrm{d}x = \int \cos u \, \mathrm{d}u = \sin u + C,$$

再以 $u = 2x$ 代入,即得

$$\int 2\cos 2x \, \mathrm{d}x = \sin 2x + C.$$

【例 10】 求 $\int \dfrac{1}{3 + 2x} \mathrm{d}x$.

解 被积函数 $\dfrac{1}{3 + 2x} = \dfrac{1}{u}$,$u = 3 + 2x$,这里缺少 $\dfrac{\mathrm{d}u}{\mathrm{d}x} = 2$ 这样一个因子,但由于 $\dfrac{\mathrm{d}u}{\mathrm{d}x}$ 是个常数,故可改变系数凑出这个因子:

$$\frac{1}{3+2x}=\frac{1}{2}\cdot\frac{1}{3+2x}\cdot 2=\frac{1}{2}\cdot\frac{1}{3+2x}(3+2x)',$$

从而令 $u=3+2x$，便有

$$\int\frac{1}{3+2x}dx=\int\frac{1}{2}\cdot\frac{1}{3+2x}(3+2x)'dx=\int\frac{1}{2}\cdot\frac{1}{u}du$$
$$=\frac{1}{2}\ln|u|+C=\frac{1}{2}\ln|3+2x|+C.$$

【例 11】 求 $\int(x+2)^2dx$.

解 解法一 $\int(x+2)^2dx=\int(x^2+4x+4)dx=\frac{1}{3}x^3+2x^2+4x+C.$

解法二 $\int(x+2)^2dx=\int(x^2+2)^2(x+2)'dx.$

设 $u=x+2$，有 $du=(x+2)'dx$，则

$$\int(x+2)^2dx=\int u^2du=\frac{1}{3}u^3+C$$
$$=\frac{1}{3}(x+2)^3+C.$$

【例 12】 求 $\int\tan x\,dx$.

解 由于 $\int\tan x\,dx=\int\frac{\sin x}{\cos x}dx=-\int\frac{(\cos x)'}{\cos x}dx.$

设 $u=\cos x$，有 $du=(\cos x)'dx$，则

$$\int\tan x\,dx=-\int\frac{1}{u}du=-\ln|u|+C=-\ln|\cos x|+C.$$

在对变量代换比较熟练之后，就不一定写出中间变量 u.

$$\int\tan x\,dx=\int\frac{\sin x}{\cos x}dx=-\int\frac{1}{\cos x}d(\cos x)=-\ln|\cos x|+C.$$

类似地，可得

$$\int\cot x\,dx=\ln|\sin x|+C.$$

【例 13】 求 $\int\frac{\ln x}{x}dx$.

解

$$\int\frac{\ln x}{x}dx=\int\ln x\cdot(\ln x)'dx=\int\ln x\,d(\ln x)=\frac{1}{2}(\ln x)^2+C.$$

【例 14】 求 $\int\csc x\,dx$.

解

$$\int\csc x\,dx=\int\frac{1}{\sin x}dx=\int\frac{1}{2\sin\frac{x}{2}\cos\frac{x}{2}}dx$$

高等数学(财经类)

$$= \int \frac{1}{\tan \frac{x}{2} \cos^2 \frac{x}{2}} d\left(\frac{x}{2}\right) = \int \frac{1}{\tan \frac{x}{2}} d\left(\tan \frac{x}{2}\right)$$

$$- \ln \left| \tan \frac{x}{2} \right| + C.$$

因为

$$\tan \frac{x}{2} = \frac{\sin \frac{x}{2}}{\cos \frac{x}{2}} = \frac{2\sin^2 \frac{x}{2}}{2\sin \frac{x}{2} \cos \frac{x}{2}} = \frac{2\sin^2 \frac{x}{2}}{\sin x} = \frac{1-\cos x}{\sin x} = \csc x - \cot x.$$

所以上述不定积分又可表示为

$$\int \csc x \, dx = \ln | \csc x - \cot x | + C.$$

从上面的例子可以看出,第一类换元法的关键是将被积表达式通过引入中间变量凑成某个函数的微分形式,然后利用已知的积分公式求出积分. 因此,这种方法也称为"凑微分法".如何适当地选择变量代换 $u = u(x)$,没有一般规律可循,因此要掌握好此类换元法,除了熟悉一些典型的例子外,还需要勤加练习.

以上例子用的都是第一类换元法,即被积函数 $f(x)$ 不能直接用基本积分公式计算,但可以进行形如 $u = u(x)$ 的变量代换. 如果既不能直接用基本积分公式计算,又不能将被积函数 $f(x)$ 分解成某个中间变量 u 的函数 $f(u)$ 与 u 的导数 $u'(x)$ 之积时,如何计算不定积分?下面我们介绍另一种形式的变量代换 $x = \varphi(u)$,即所谓第二类换元积分法.

二、第二类换元积分法

上面介绍的第一类换元法是通过变量代换 $u = u(x)$,将 $\int f[u(x)]u'(x)dx$ 化为积分 $\int f(u)du$,然后可以利用基本积分公式得到结果. 接下来介绍的第二类换元积分法的基本思路是:适当地选择变量代换 $x = \varphi(u)$,这时 $dx = \varphi'(u)du$,于是

$$\int f(x)dx = \int f[\varphi(u)]\varphi'(u)du.$$

若 $\int f[\varphi(u)]\varphi'(u)du$ 可以很容易利用基本积分公式得到结果,即

$$\int f[\varphi(u)]\varphi'(u)du = F(u) + C,$$

则

$$\int f(x)dx = F[\varphi^{-1}(x)] + C,$$

其中 $\varphi^{-1}(x)$ 是 $x = \varphi(u)$ 的反函数.

接下来,我们给出第二类换元法的基本定理.

定理 5 设 $x=\varphi(u)$ 是单调可导函数，并且 $\varphi'(u)\neq 0$. 又设 $\displaystyle\int f[\varphi(u)]\varphi'(u)\mathrm{d}u$ 易得其原函数，则有换元公式

$$\int f(x)\mathrm{d}x = \left[\int f[\varphi(u)]\varphi'(u)\mathrm{d}u\right]_{u=\varphi^{-1}(x)},$$

其中 $\varphi^{-1}(x)$ 是 $x=\varphi(u)$ 的反函数.

下面举例说明第二类换元积分公式的应用.

1. 根式代换

根式代换是指将被积函数中的根式设为新变量 u 的代换，一般适用于从代换中便于化去根式.

【例 15】 求 $\displaystyle\int \frac{x}{\sqrt{x-3}}\mathrm{d}x$.

解 由于被积函数中含有 $\sqrt{x-3}$，为了将被积函数变为有理分式，令 $u=\sqrt{x-3}$，得 $x=u^2+3$.则 $\mathrm{d}x=2u\mathrm{d}u$，于是有

$$\int \frac{x}{\sqrt{x-3}}\mathrm{d}x = \int \frac{u^2+3}{u}\cdot 2u\mathrm{d}u = 2\int (u^2+3)\mathrm{d}u = \frac{2}{3}u^3 + 6u + C$$

$$= \left(\frac{2}{3}x+4\right)\sqrt{x-3}+C.$$

【例 16】 求 $\displaystyle\int \frac{1}{x}\sqrt{\frac{1-x}{x}}\mathrm{d}x$.

解 令 $\sqrt{\dfrac{1-x}{x}}=u, x=\dfrac{1}{1+u^2}$，则 $\mathrm{d}x=\dfrac{2u}{(1+u^2)^2}\mathrm{d}u$，于是

$$\int \frac{1}{x}\sqrt{\frac{1-x}{x}}\mathrm{d}x = \int (1+u^2)u\,\frac{-2u}{(1+u^2)^2}\mathrm{d}u = -2\int \frac{u^2}{1+u^2}\mathrm{d}u$$

$$= -2\int\left(1-\frac{1}{1+u^2}\right)\mathrm{d}u = -2u + 2\arctan u + C$$

$$= -2\sqrt{\frac{1-x}{x}} + 2\arctan\sqrt{\frac{1-x}{x}}+C.$$

【例 17】 求 $\displaystyle\int \frac{1}{\sqrt{\mathrm{e}^x+1}}\mathrm{d}x$.

解 令 $\sqrt{\mathrm{e}^x+1}=u, x=\ln(u^2-1)$，则 $\mathrm{d}x=\dfrac{2u}{u^2-1}\mathrm{d}u$，于是

$$\int \frac{1}{\sqrt{\mathrm{e}^x+1}}\mathrm{d}x = \int \frac{1}{u}\cdot\frac{2u}{u^2-1}\mathrm{d}u = \int \frac{2}{u^2-1}\mathrm{d}u = \int\left(\frac{1}{u-1}-\frac{1}{u+1}\right)\mathrm{d}u$$

$$= \ln|t-1|-\ln|t+1|+C = \ln\left|\frac{\sqrt{\mathrm{e}^x+1}-1}{\sqrt{\mathrm{e}^x+1}+1}\right|+C.$$

2. 三角代换

三角代换是以三角函数作换元的代换，一般规律如下：

（1）被积函数中含有 $\sqrt{a^2-x^2}$，可作代换 $x=a\sin u$ 或 $x=a\cos u$，利用 $a^2-a^2\sin^2 u=a^2\cos^2 u$ 或 $a^2-a^2\cos^2 u=a^2\sin^2 u$ 去根号；

（2）被积函数中含有 $\sqrt{a^2+x^2}$，可作代换 $x=a\tan u$ 或 $x=a\cot u$，利用 $a^2+a^2\tan^2 u=a^2\sec^2 u$ 或 $a^2+a^2\cot^2 u=a^2\csc^2 u$ 去根号；

（3）被积函数中含有 $\sqrt{x^2-a^2}$，可作代换 $x=a\sec u$ 或 $x=a\csc u$，利用 $a^2\sec^2 u-a^2=a^2\tan^2 u$ 或 $a^2\csc^2 u-a^2=a^2\cot^2 u$ 去根号.

【例 18】 求 $\int \sqrt{a^2-x^2}\,\mathrm{d}x\ (a>0)$.

解 令 $x=a\sin t$，$-\dfrac{\pi}{2}<t<\dfrac{\pi}{2}$，则 $\mathrm{d}x=a\cos t\,\mathrm{d}t$，$t=\arcsin\dfrac{x}{a}$，$\sqrt{a^2-x^2}=\sqrt{a^2-a^2\sin^2 t}=a\cos t$. 于是

$$\int \sqrt{a^2-x^2}\,\mathrm{d}x=\int a\cos t\cdot a\cos t\,\mathrm{d}t=a^2\int \frac{1+\cos 2t}{2}\,\mathrm{d}t$$

$$=a^2\left(\frac{1}{2}t+\frac{1}{4}\sin 2t\right)+C.$$

为了把 $\sin 2t$ 变回 x 的函数，我们可以根据变换 $x=a\sin t$ 作辅助三角形（图 3-2），从而有

$$\sin 2t=2\sin t\cos t=2\cdot\frac{x}{a}\cdot\frac{\sqrt{a^2-x^2}}{a}.$$

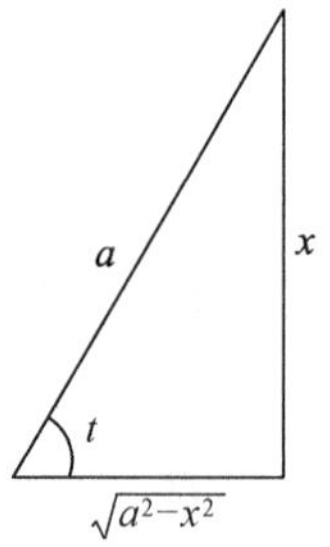

因此

$$\int \sqrt{a^2-x^2}\,\mathrm{d}x=\frac{x}{2}\sqrt{a^2-x^2}+\frac{a^2}{2}\arcsin\frac{x}{a}+C.$$

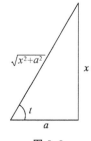

图 3-2

【例 19】 求 $\int \dfrac{1}{\sqrt{x^2+a^2}}\,\mathrm{d}x\ (a>0)$.

解 令 $x=a\tan t$，$-\dfrac{\pi}{2}<t<\dfrac{\pi}{2}$，则

$$\mathrm{d}x=a\sec^2 t\,\mathrm{d}t,\ \sqrt{x^2+a^2}=\sqrt{a^2\tan^2 t+a^2}=a\sec t,$$

于是

$$\int \frac{1}{\sqrt{x^2+a^2}}\,\mathrm{d}x=\int \frac{a\sec^2 t}{a\sec t}\,\mathrm{d}t=\int \sec t\,\mathrm{d}t=\ln|\sec t+\tan t|+C_1.$$

作辅助三角形（图 3-3），有

$$\sec t=\frac{\sqrt{x^2+a^2}}{a},\ \tan t=\frac{x}{a},$$

代入上式，得

$$\int \frac{1}{\sqrt{x^2+a^2}}\,\mathrm{d}x=\ln\left|\frac{\sqrt{x^2+a^2}}{a}+\frac{x}{a}\right|+C_1$$

$$=\ln|x+\sqrt{x^2+a^2}|+C,$$

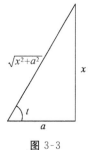

图 3-3

其中 $C=C_1-\ln a$.

3. 倒代换

当被积函数分母的次数比分子高时,可考虑倒代换.

【例 20】 求 $\int \dfrac{1}{x^2\sqrt{x^2+a^2}}\mathrm{d}x$.

解 解法一 令 $x=a\tan t,-\dfrac{\pi}{2}<t<\dfrac{\pi}{2}$.(以下步骤请读者完成)

解法二 令 $x=\dfrac{1}{t}$,则

$$\int \frac{1}{x^2\sqrt{x^2+a^2}}\mathrm{d}x=-\int \frac{t}{\sqrt{a^2t^2+1}}\mathrm{d}t=-\frac{1}{2a^2}\int \frac{1}{\sqrt{a^2t^2+1}}\mathrm{d}(a^2t^2+1)$$

$$=-\frac{1}{a^2}\sqrt{a^2t^2+1}+C$$

$$=-\frac{\sqrt{x^2+a^2}}{a^2x}+C.$$

【例 21】 求 $\int \dfrac{1}{x(x^7+2)}\mathrm{d}x$.

解 解法一 令 $x=\dfrac{1}{t}$,则

$$\int \frac{1}{x(x^7+2)}\mathrm{d}x=\int \frac{t}{\frac{1}{t^7}+2}\cdot\left(-\frac{1}{t^2}\right)\mathrm{d}t=-\int \frac{t^6}{1+2t^7}\mathrm{d}t$$

$$=-\frac{1}{14}\ln|1+2t^7|+C$$

$$=-\frac{1}{14}\ln|2+x^7|+\frac{1}{2}\ln|x|+C.$$

解法二

$$\int \frac{1}{x(x^7+2)}\mathrm{d}x=\int \frac{x^6}{x^7(x^7+2)}\mathrm{d}x=\frac{1}{7}\int \frac{1}{x^7(x^7+2)}\mathrm{d}x^7$$

$$=\frac{1}{14}\int \frac{1}{x^7}\mathrm{d}x^7-\frac{1}{14}\int \frac{1}{x^7+2}\mathrm{d}x^7$$

$$=\frac{1}{2}\ln|x|-\frac{1}{14}\ln|2+x^7|+C.$$

以上讲述了三种常见的第二类换元积分的代换,当然我们的代换并不限于这三种.对于同一道题,所用的方法也并不唯一(如例 20、例 21),在具体解题时要分析被积函数的具体情况,选择尽可能简捷的积分方法,不要拘泥于一种方法,也不要拘泥于上述介绍的变量代换.

在本节的例题中,有几个积分是以后经常会遇到的,它们通常也被当作公式应用. 这样,常用的积分公式,除了在上一节提到的基本积分公式之外,将再添加下列几个积分公式(其中常数 $a>0$):

(1) $\displaystyle\int \tan x \, dx = -\ln|\cos x| + C$;

(2) $\displaystyle\int \cot x \, dx = \ln|\sin x| + C$;

(3) $\displaystyle\int \sec x \, dx = \ln|\sec x + \tan x| + C$;

(4) $\displaystyle\int \csc x \, dx = \ln|\csc x - \cot t| + C$;

(5) $\displaystyle\int \frac{1}{a^2 + x^2} \, dx = \frac{1}{a} \arctan \frac{x}{a} + C$;

(6) $\displaystyle\int \frac{1}{x^2 - a^2} \, dx = \frac{1}{2a} \ln\left|\frac{x-a}{x+a}\right| + C$;

(7) $\displaystyle\int \frac{1}{\sqrt{a^2 - x^2}} \, dx = \arcsin \frac{x}{a} + C$;

(8) $\displaystyle\int \frac{1}{\sqrt{x^2 + a^2}} \, dx = \ln(x + \sqrt{x^2 + a^2}) + C$;

(9) $\displaystyle\int \frac{1}{\sqrt{x^2 - a^2}} \, dx = \ln|x + \sqrt{x^2 - a^2}| + C$.

【例 22】 求 $\displaystyle\int \frac{1}{\sqrt{1 + x - x^2}} \, dx$.

解

$$\int \frac{1}{\sqrt{1 + x - x^2}} \, dx = \int \frac{1}{\sqrt{\left(\frac{\sqrt{5}}{2}\right)^2 - \left(x - \frac{1}{2}\right)^2}} \, d\left(x - \frac{1}{2}\right),$$

利用公式(7)，得

$$\int \frac{1}{\sqrt{1 + x - x^2}} \, dx = \arcsin \frac{2x-1}{\sqrt{5}} + C.$$

观察第一类换元法和第二类换元法，即 $\displaystyle\int f[u(x)]u'(x)\,dx = \int f(u)\,du$ 和 $\displaystyle\int f(x)\,dx = \int f[\varphi(u)]\varphi'(u)\,du$，不难发现，这两种方法的本质是同一个公式的不同方向的使用：第一类换元积分法是 $\displaystyle\int f[u(x)]u'(x)\,dx = \int f[u(x)]\,du(x) = \int f(u)\,du$（先分解，再换元——换函数 $u(x)$ 为变量 u，然后积分），得到第一类换元积分公式，此时 $\displaystyle\int f(u)\,du$ 较 $\displaystyle\int f[u(x)]u'(x)\,dx$ 容易计算；第二类换元积分法是 $\displaystyle\int f(x)\,dx = \int f[\varphi(u)]\varphi'(u)\,du$（先换元——换变量 x 为函数 $\varphi(u)$，然后积分），得到第二类换元积分公式，此时 $\displaystyle\int f[\varphi(u)]\varphi'(u)\,du$ 比 $\displaystyle\int f(x)\,dx$ 容易计算.

习 题 3-2

1. 在下列各式等号右端的横线处填入适当的系数，使等式成立

$\left(如：\mathrm{d}x=\dfrac{1}{2}\mathrm{d}(2x+1)\right)$：

(1) $\mathrm{d}x=\underline{\qquad}\mathrm{d}(5x+1)$；

(2) $x\,\mathrm{d}x=\underline{\qquad}\mathrm{d}(2x^2+1)$；

(3) $\mathrm{e}^{2x}\mathrm{d}x=\underline{\qquad}\mathrm{d}(\mathrm{e}^{2x})$；

(4) $\dfrac{x}{\sqrt{1-x^2}}\mathrm{d}x=\underline{\qquad}\mathrm{d}(\sqrt{1-x^2})$。

2. 求下列不定积分：

(1) $\displaystyle\int \mathrm{e}^{5x}\,\mathrm{d}x$；

(2) $\displaystyle\int \dfrac{1}{2x+1}\mathrm{d}x$；

(3) $\displaystyle\int x\cos x^2\,\mathrm{d}x$；

(4) $\displaystyle\int \cos 3x\,\mathrm{d}x$；

(5) $\displaystyle\int x\,\mathrm{e}^{-x^2}\,\mathrm{d}x$；

(6) $\displaystyle\int \dfrac{3x^3}{1-x^4}\mathrm{d}x$；

(7) $\displaystyle\int \dfrac{1}{\sqrt{x}}\mathrm{e}^{\sqrt{x}}\,\mathrm{d}x$；

(8) $\displaystyle\int \dfrac{x^2+\ln^2 x}{x}\mathrm{d}x$；

(9) $\displaystyle\int \dfrac{1}{\sqrt{x}-1}\mathrm{d}x$；

(10) $\displaystyle\int \dfrac{\sqrt{x+1}}{1+\sqrt{x+1}}\mathrm{d}x$；

(11) $\displaystyle\int \dfrac{x^2}{\sqrt{1-x^2}}\mathrm{d}x$；

(12) $\displaystyle\int \dfrac{1}{(1+x^2)^{\frac{3}{2}}}\mathrm{d}x$；

(13) $\displaystyle\int \dfrac{\mathrm{e}^x}{\sqrt{1+\mathrm{e}^{2x}}}\mathrm{d}x$。

第三节　分部积分法

前面我们在复合函数求导法则的基础上，得到了两类换元积分法。有了基本积分公式和两类换元积分法，我们可以解决很大一类函数的不定积分问题，但针对某些如两个函数乘积时的积分，如 $\displaystyle\int x\ln x\,\mathrm{d}x$，基本积分公式和换元积分法将无能为力。本节我们将利用两个函数乘积的求导法则，推导得到另外一种求积分的基本方法——**分部积分法**。

设函数 $u=u(x)$ 和 $v=v(x)$ 都具有连续导数，则
$$(uv)'=u'v+uv',$$
移项，得
$$uv'=(uv)'-u'v,$$
上式两边求不定积分，得

$$\int uv' \, \mathrm{d}x = uv - \int vu' \, \mathrm{d}x. \tag{3-1}$$

由于 $u' \mathrm{d}x = \mathrm{d}u, v' \mathrm{d}x = \mathrm{d}v$,所以(3-1)式又可写为

$$\int u \, \mathrm{d}v = uv - \int v \, \mathrm{d}u. \tag{3-2}$$

公式(3-1)(3-2)均称为分部积分公式. 该公式的精髓在于:当求积分 $\int uv' \mathrm{d}x \left(\int u \, \mathrm{d}v \right)$ 困难,然而求 $\int vu' \mathrm{d}x \left(\int v \, \mathrm{d}u \right)$ 容易时,可以通过分部积分公式实现转化,进而求得积分结果.

现在通过例子说明公式的运用.

【例 23】 求 $\int x \cos x \, \mathrm{d}x$.

解 被积函数是幂函数与三角函数的乘积,如果我们将幂函数取作 u,三角函数取作 v',这里取 $u = x, \mathrm{d}v = \mathrm{d}(\sin x)$,则 $\mathrm{d}u = \mathrm{d}x, v = \sin x$.

$$\int x \cos x \, \mathrm{d}x = \int x \, \mathrm{d}(\sin x)$$
$$= x \sin x - \int \sin x \, \mathrm{d}x$$
$$= x \sin x + \cos x + C.$$

如果将三角函数取作 u,幂函数取作 v',则

$$\int x \cos x \, \mathrm{d}x = \int \cos x \, \mathrm{d}\left(\frac{x^2}{2}\right) = \frac{1}{2} x^2 \cos x + \frac{1}{2} \int x^2 \sin x \, \mathrm{d}x.$$

由于幂函数幂次升高,将导致等式右端的积分比等式左端的积分更加困难.

由此可见,若选取 u 和 $v'(\mathrm{d}v)$ 不当,不仅不能计算出结果,而且会使积分更加复杂,正确选取 u 和 $v'(\mathrm{d}v)$ 是能够成功运用分部积分公式的关键. 选取 u 和 $v'(\mathrm{d}v)$ 的一般原则如下:

(1) 选作 $v'(\mathrm{d}v)$ 的部分应容易得到 v;

(2) $\int vu' \mathrm{d}x \left(\int v \, \mathrm{d}u \right)$ 要比 $\int uv' \mathrm{d}x \left(\int u \, \mathrm{d}v \right)$ 容易得到.

在选取 u 和 v' 时,我们可以按"反、对、幂、三、指"的顺序,前者为 u,后者为 v'. 其中,"反"指反三角函数;"对"指对数函数;"幂"指幂函数;"三"指三角函数;"指"指指数函数.

【例 24】 求 $\int x \ln x \, \mathrm{d}x$.

解 x 属于幂函数,$\ln x$ 属于对数函数,根据顺序取 $u = \ln x, v' = x$,则 $v = \frac{x^2}{2}$.

$$\int x \ln x \, \mathrm{d}x = \int \ln x \cdot \left(\frac{x^2}{2}\right)' \mathrm{d}x = \frac{x^2}{2} \cdot \ln x - \int \frac{x^2}{2} \cdot (\ln x)' \mathrm{d}x$$
$$= \frac{x^2}{2} \cdot \ln x - \frac{1}{2} \int x \, \mathrm{d}x = \frac{x^2}{2} \cdot \ln x - \frac{1}{4} x^2 + C.$$

运用分部积分公式运算时,求解过程也可表述为:

$$\int x \ln x \, \mathrm{d}x = \int \ln x \, \mathrm{d}\left(\frac{x^2}{2}\right) = \frac{x^2}{2} \ln x - \int \frac{x^2}{2} \frac{1}{x} \mathrm{d}x$$

$$= \frac{x^2}{2} \ln x - \int \frac{x}{2} \mathrm{d}x = \frac{x^2}{2} \ln x - \frac{x^2}{4} + C.$$

【例 25】 求 $\int x \mathrm{e}^x \, \mathrm{d}x$.

解 x 属于幂函数, e^x 属于指数函数, 则设 $u = x$, $\mathrm{d}v = \mathrm{e}^x \mathrm{d}x$, 得 $\mathrm{d}u = \mathrm{d}x$, $v = \mathrm{e}^x$, 于是

$$\int x \mathrm{e}^x \, \mathrm{d}x = x \mathrm{e}^x - \int \mathrm{e}^x \, \mathrm{d}x = x \mathrm{e}^x - \mathrm{e}^x + C = \mathrm{e}^x (x - 1) + C.$$

同样地, 运用分部积分公式运算时, 求解过程也可表述为:

$$\int x \mathrm{e}^x \, \mathrm{d}x = \int x \, \mathrm{d}(\mathrm{e}^x) = x \mathrm{e}^x - \int \mathrm{e}^x \cdot 1 \mathrm{d}x = x \mathrm{e}^x - \mathrm{e}^x + C = \mathrm{e}^x (x - 1) + C.$$

【例 26】 求 $\int \arccos x \, \mathrm{d}x$.

解 设 $u = \arccos x$, $\mathrm{d}v = \mathrm{d}x$, 则

$$\int \arccos x \, \mathrm{d}x = x \arccos x - \int x \, \mathrm{d}(\arccos x)$$

$$= x \arccos x + \int \frac{x}{\sqrt{1 - x^2}} \mathrm{d}x$$

$$= x \arccos x - \frac{1}{2} \int \frac{1}{\sqrt{1 - x^2}} \mathrm{d}(1 - x^2)$$

$$= x \arccos x - \sqrt{1 - x^2} + C.$$

在分部积分法运用熟练后, 将不必要写出哪一部分选作 u, 哪一部分选作 $v'(\mathrm{d}v)$, 只需把被积表达式凑成 $u(x)\mathrm{d}v(x)$ 的形式, 然后使用分部积分公式.

【例 27】 求 $\int x \arctan x \, \mathrm{d}x$.

解

$$\int x \arctan x \, \mathrm{d}x = \frac{1}{2} \int \arctan x \, \mathrm{d}(x^2) = \frac{1}{2} \int \arctan x \, \mathrm{d}(1 + x^2)$$

$$= \frac{1}{2}(1 + x^2) \arctan x - \frac{1}{2} \int (1 + x^2) \frac{1}{1 + x^2} \mathrm{d}x$$

$$= \frac{1}{2}(1 + x^2) \arctan x - \frac{1}{2} x + C.$$

在积分过程中, 有时在用分部积分法时, 需要多次运用才能解决问题, 并且有时需要兼用多种不同的方法.

【例 28】 求 $\int \mathrm{e}^x \sin x \, \mathrm{d}x$.

解 $\quad \int \mathrm{e}^x \sin x \, \mathrm{d}x = \int \sin x \, \mathrm{d}\mathrm{e}^x = \mathrm{e}^x \sin x - \int \mathrm{e}^x \cos x \, \mathrm{d}x$,

等式右端的积分和等式左端的积分是同一类型, 对右端的积分再用一次分部积分

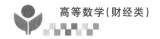

法，得

$$\int e^x \sin x \, dx = e^x \sin x - \int \cos x \, de^x$$

$$= e^x \sin x - e^x \cos x + \int e^x \sin x \, dx.$$

由于上式右端的第三项就是所求的积分 $\int e^x \sin x \, dx$，把它移到等号的左端，等式两端再除以 2，即得

$$\int e^x \sin x \, dx = \frac{1}{2} e^x (\sin x - \cos x) + C.$$

因上式右端并不含积分项 C，所以最后需要把任意常数 C 加上.

【例 29】 求 $\int e^{\sqrt{x}} \, dx$.

解 令 $\sqrt{x} = t$，则 $x = t^2$，$dx = 2t \, dt$，于是

$$\int e^{\sqrt{x}} \, dx = \int e^t \cdot 2t \, dt = 2 \int t e^t \, dt = 2 \int t \, de^t$$

$$= 2 \left(t e^t - \int e^t \, dt \right) = 2(t-1)e^t + C$$

$$= 2(\sqrt{x} - 1)e^{\sqrt{x}} + C.$$

习题 3-3

求下列不定积分：

(1) $\int x \sin x \, dx$;

(2) $\int \ln x \, dx$;

(3) $\int \arcsin x \, dx$;

(4) $\int x e^{-x} \, dx$;

(5) $\int x^2 \arctan x \, dx$;

(6) $\int \dfrac{x}{\sin^2 x} \, dx$;

(7) $\int \sin(\ln x) \, dx$;

(8) $\int (2x - 1) \cos 2x \, dx$;

(9) $\int \dfrac{\ln \cos x}{\cos^2 x} \, dx$;

(10) $\int e^{\sqrt[3]{x}} \, dx$.

*第四节　有理函数的积分

前面我们已经介绍了求不定积分的两种基本方法——换元积分法和分部积分法，本节我们将简要介绍有理函数的积分.

所谓有理函数，是指由两个多项式函数相除而得的函数，其一般形式为 $\dfrac{P_n(x)}{Q_m(x)} =$

$\dfrac{a_0 x^n + a_1 x^{n-1} + \cdots + a_{n-1} x + a_n}{b_0 x^m + b_1 x^{m-1} + \cdots + b_{m-1} x + b_m}$，其中 m, n 为正整数，$a_i (i = 1, 2, \cdots, n)$ 和 $b_j (j = 1, 2, \cdots, m)$ 为常数，且 $a_0 \neq 0, b_0 \neq 0$. 我们总假设 $P_n(x)$ 与 $Q_m(x)$ 之间没有公因式，当 $n < m$ 时，称 $\dfrac{P_n(x)}{Q_m(x)}$ 为真分式，否则称 $\dfrac{P_n(x)}{Q_m(x)}$ 为假分式.

我们常把下面四种真分式称为部分分式：

(1) $\dfrac{A}{x - a}$；

(2) $\dfrac{A}{(x - a)^k}$；

(3) $\dfrac{Mx + N}{x^2 + px + q}$；

(4) $\dfrac{Mx + N}{(x^2 + px + q)^k}$.

其中，k 是大于 1 的整数，a, A, M, N, p, q 是实数，$x^2 + px + q$ 是二次质因子，即 $p^2 - 4q < 0$.

利用多项式的除法，我们总可以将一个假分式化成一个多项式与一个真分式之间的和的形式；每一个真分式都可以分解成有限个部分分式之和.

对于多项式的积分，我们已然会求，而假分式又可分为多项式和真分式的和，故对于有理函数的积分问题就归结为真分式的积分问题. 对于真分式的积分，主要需要解决下面两个问题：

(1) 如何将一个真分式分解为有限个部分分式之和；

(2) 部分式的积分求解.

对于如何将一个真分式分解成有限个部分分式之和，常用的方法是待定系数法.

【例 30】 求 $\displaystyle\int \dfrac{x + 1}{x^2 - 5x + 6} \mathrm{d}x$.

解 被积函数的分母分解成 $(x - 3)(x - 2)$，故可设
$$\frac{x+1}{x^2 - 5x + 6} = \frac{A}{x - 3} + \frac{B}{x - 2},$$
其中 A, B 为待定系数，上式两端去分母后，得
$$x + 1 = A(x - 2) + B(x - 3),$$
即
$$x + 1 = (A + B)x + (-2A - 3B).$$
比较上式两端同次幂的系数，即有
$$\begin{cases} A + B = 1, \\ -2A - 3B = 1. \end{cases}$$
从而解得 $A = 4, B = -3$，于是
$$\begin{aligned} \int \frac{x+1}{x^2 - 5x + 6} \mathrm{d}x &= \int \left(\frac{4}{x - 3} - \frac{3}{x - 2} \right) \mathrm{d}x \\ &= 4\ln|x - 3| - 3\ln|x - 2| + C. \end{aligned}$$

【例 31】 求 $\displaystyle\int \dfrac{2x - 1}{x^2 - 3x + 2} \mathrm{d}x$.

解 因分母 $x^2 - 3x + 2 = (x - 1)(x - 2)$，故设

$$\frac{2x-1}{x^2-3x+2}=\frac{2x-1}{(x-1)(x-2)}=\frac{A}{x-1}+\frac{B}{x-2},$$

其中 A,B 为待定系数,上式两端去分母后,得

$$2x-1=A(x-2)+B(x-1),$$

即

$$2x-1=(A+B)x+(-2A-B).$$

令 $x=1$ 并代入,得 $A=-1$;令 $x=2$ 并代入,得 $B=3$.于是

$$\int \frac{2x-1}{x^2-3x+2}dx=\int \left(\frac{3}{x-2}-\frac{1}{x-1}\right)dx$$
$$=3\ln|x-2|-\ln|x-1|+C.$$

【例 32】 求 $\displaystyle\int \frac{x-3}{(x-1)(x^2-1)}dx$.

解 被积函数分母的两个因式 $x-1$ 与 x^2-1 有公因式,故需再分解成 $(x-1)^2(x+1)$,设

$$\frac{x-3}{(x-1)^2(x+1)}=\frac{Ax+B}{(x-1)^2}+\frac{D}{x+1},$$

则

$$x-3=(Ax+B)(x+1)+D(x-1)^2,$$

即

$$x-3=(A+D)x^2+(A+B-2D)x+B+D.$$

比较上式两端同次幂的系数,即有

$$\begin{cases} A+D=0, \\ A+B-2D=1, \\ B+D=-3. \end{cases}$$

从而解得 $\begin{cases} A=1, \\ B=-2, \\ D=-1. \end{cases}$ 于是

$$\int \frac{x-3}{(x-1)(x^2-1)}dx=\int \frac{x-3}{(x-1)^2(x+1)}dx$$
$$=\int \left[\frac{x-2}{(x-1)^2}-\frac{1}{x+1}\right]dx$$
$$=\int \frac{x-1-1}{(x-1)^2}dx-\ln|x+1|$$
$$=\int \frac{1}{x-1}dx+\int \frac{-1}{(x-1)^2}dx-\ln|x+1|$$
$$=\ln|x-1|+\frac{1}{x-1}-\ln|x+1|+C.$$

【例33】 求 $\displaystyle\int \frac{x^3+x^2+2}{(x^2+2)^2}\mathrm{d}x$.

解

$$\int \frac{x^3+x^2+2}{(x^2+2)^2}\mathrm{d}x = \int \frac{x+1}{x^2+2}\mathrm{d}x - \int \frac{2x}{(x^2+2)^2}\mathrm{d}x$$

$$= \frac{1}{2}\int \frac{2x}{x^2+2}\mathrm{d}x + \int \frac{1}{x^2+2}\mathrm{d}x - \int \frac{1}{(x^2+2)^2}\mathrm{d}(x^2+2)$$

$$= \frac{1}{2}\ln(x^2+2) + \frac{1}{\sqrt{2}}\arctan \frac{x}{\sqrt{2}} + \frac{1}{x^2+2} + C.$$

习题 3-4

求下列不定积分：

(1) $\displaystyle\int \frac{x^3}{x+1}\mathrm{d}x$;

(2) $\displaystyle\int \frac{4x-3}{x^2+3x+4}\mathrm{d}x$;

(3) $\displaystyle\int \frac{3x^3+1}{x^2-1}\mathrm{d}x$;

(4) $\displaystyle\int \frac{1}{x(x^2+1)}\mathrm{d}x$;

(5) $\displaystyle\int \frac{x}{(x+1)(x+2)(x+3)}\mathrm{d}x$;

(6) $\displaystyle\int \frac{x^5+x^4-8}{x^3-x}\mathrm{d}x$.

阅读材料③ 不定积分与定积分的发展史

积分是微积分学与数学分析中的一个核心概念,通常分为定积分和不定积分两种.

积分学主要研究积分的性质、计算及其在自然科学与技术科学中的应用,积分学最基本的概念是关于一元函数的定积分与不定积分.蕴含在定积分概念中的基本思想是通过有限逼近无限,因此极限方法就成为建立积分学严格理论的基本方法.

微积分的产生是数学上的伟大创造,它从生产技术和理论科学的需要中产生,又反过来广泛影响着生产技术和理论科学的发展.如今,微积分已是广大科学工作者及技术人员不可缺少的工具.

微积分学是微分学和积分学的总称,它是一种数学思想,"无限细分"就是微分,"无限求和"就是积分.与微分学相比,积分学的起源要早很多,其概念是由求某些物体的面积、体积和弧长引起的.

从微积分成为一门学科来说,形成于17世纪,但是,微分和积分的思想在古代就已经产生了.公元前三世纪,古希腊的阿基米德在研究解决抛物弓形的面积、球和球冠面积、螺线下面积和旋转双曲体的体积的问题中,就隐含着近代积分学的思想.作为微分学基础的极限理论来说,早在古代已有比较清楚的论述.比如中国的庄周所著《庄子》一书的"天下篇"中,记有"一尺之棰,日取其半,万世不竭".三国时期刘徽在他的割圆术中提到:"割之弥细,所失弥小,割之又割,以至于不可割,则与

圆周和体而无所失矣."这些都是朴素的、也是很典型的极限概念.

到了 17 世纪,有许多科学问题需要解决,这些问题也就成了促使微积分产生的因素.归结起来,大约有四种主要类型的问题:第一类是研究运动的时候直接出现的,也就是求即时速度的问题;第二类问题是求曲线的切线的问题;第三类问题是求函数的最大值和最小值问题;第四类问题是求曲线长、曲线围成的面积、曲面围成的体积、物体的重心、一个体积相当大的物体作用于另一物体上的引力.

17 世纪,许多著名的数学家、天文学家、物理学家都为解决上述几类问题做了大量的研究工作,如法国的费马、笛卡儿、罗伯瓦、笛沙格,英国的巴罗、瓦里士,德国的开普勒,意大利的卡瓦列利等人,都提出许多很有建树的理论,为微积分的创立做出了贡献.

17 世纪下半叶,在前人工作的基础上,英国大科学家牛顿和德国数学家莱布尼茨分别独自研究和完成了微积分的创立工作,虽然这只是十分初步的工作.他们的最大功绩是把两个貌似毫不相关的问题联系在一起,一个是切线问题(微分学的中心问题),一个是求积问题(积分学的中心问题).牛顿和莱布尼茨创立微积分的出发点是直观的无穷小量,因此这门学科早期也被称为无穷小分析,这正是现在数学中分析学这一大分支名称的来源.牛顿研究微积分着重从运动学来考虑,莱布尼茨则侧重于从几何学来考虑.

牛顿在 1671 年写了《流数法和无穷级数》,这本书直到 1736 年才出版,它在这本书里指出,变量是由点、线、面的连续运动产生的,否定了以前自己认为的变量是无穷小元素的静止集合.他把连续变量叫作流动量,把这些流动量的导数叫作流数.牛顿在流数术中所提出的中心问题是:已知连续运动的路径,求给定时刻的速度(微分法);已知运动的速度,求给定时间内经过的路程(积分法).

德国的莱布尼茨是一个博才多学的学者,1684 年,他发表了现在世界上认为是最早的微积分文献,这篇文章有一个很长而且很古怪的名字《一种求极大极小和切线的新方法,它也适用于分式和无理量,以及这种新方法的奇妙类型的计算》.就是这样一篇说理也颇含糊的文章,却有着划时代的意义.它已含有现代的微分符号和基本微分法则.1686 年,莱布尼茨发表了第一篇积分学的文献.他是历史上最伟大的符号学者之一,他所创设的微积分符号,远远优于牛顿的符号,这对微积分的发展有极大的影响.现在我们使用的微积分通用符号就是当时莱布尼茨精心选用的.

微积分学的创立,极大地推动了数学的发展,过去很多初等数学束手无策的问题,运用微积分,往往迎刃而解,显示出微积分学的非凡威力.

前面已经提到,一门科学的创立绝不是某一个人的业绩,它必定是经过多少人的努力后,在积累了大量成果的基础上,最后由某个人或几个人总结完成的.微积分学也是这样.

不幸的是,由于人们在欣赏微积分的宏伟功效之余,在提出谁是这门学科的创立者的时候,竟然引起了一场轩然大波,造成了欧洲大陆的数学家和英国数学家的长期对立.英国数学在一个时期里闭关锁国,囿于民族偏见,过于拘泥在牛顿的"流数术"中停步不前,因而数学发展整整落后了一百年.

其实,牛顿和莱布尼茨分别是自己独立研究,在大体上相近的时间里先后完成的.比较特殊的是牛顿创立微积分要比莱布尼茨早10年左右,但是正式公开发表微积分这一理论,莱布尼茨却要比牛顿发表早三年.他们的研究各有长处,也都各有短处,那时候,由于民族偏见,关于发明优先权的争论竟从1699年始延续了一百多年.

应该指出的是,这和历史上任何一项重大理论的完成都要经历一段时间一样,牛顿和莱布尼茨的工作也都是很不完善的,他们在无穷小量这个问题上,其说法不一,十分含糊,牛顿的无穷小量,有时候是零,有时候不是零而是有限的小量;莱布尼茨的理论也不能自圆其说.这些基础方面的缺陷,最终导致了第二次数学危机的产生.

直到19世纪初,以柯西为首的法国科学学院的科学家,对微积分学的理论进行了认真研究,建立了极限理论,后来又经过德国数学家维尔斯特拉斯进一步的严格化,使极限理论成了微积分学的坚定基础,才使微积分学进一步地发展开来.

微积分学的基本概念和内容包括微分学和积分学,微分学的主要内容包括极限理论、导数、微分等,积分学的主要内容包括定积分、不定积分等.定积分和不定积分的定义迥然不同,定积分是求图形的面积,即是求微元元素的累加和,而不定积分则是求其原函数,它们又为何通称为积分呢?这要靠牛顿和莱布尼茨的贡献了,把本来毫不相关的两个事物紧密地联系起来了,即牛顿-莱布尼茨公式.

总习题 三

1. 求下列不定积分:

(1) $\displaystyle\int \sqrt{x\sqrt{x\sqrt{x}}}\,\mathrm{d}x$;

(2) $\displaystyle\int (\sqrt{x}+1)(\sqrt{x^3}+1)\,\mathrm{d}x$;

(3) $\displaystyle\int \frac{1+x}{\sqrt{x}}\,\mathrm{d}x$;

(4) $\displaystyle\int \frac{3x^4+3x^2+2}{x^2+1}\,\mathrm{d}x$;

(5) $\displaystyle\int 6^x e^x\,\mathrm{d}x$;

(6) $\displaystyle\int e^x\left(1+\frac{e^{-x}}{\sqrt{x}}\right)\mathrm{d}x$;

(7) $\displaystyle\int \frac{\cos 2x}{\sin x+\cos x}\,\mathrm{d}x$;

(8) $\displaystyle\int \frac{1}{1+\cos 2x}\,\mathrm{d}x$.

2. 求下列不定积分:

(1) $\displaystyle\int \frac{1}{3+2x}\,\mathrm{d}x$;

(2) $\displaystyle\int \frac{\sin\sqrt{t}}{\sqrt{t}}\,\mathrm{d}t$;

(3) $\displaystyle\int a^{3x}\,\mathrm{d}x$;

(4) $\displaystyle\int \frac{x^3}{1+x^2}\,\mathrm{d}x$;

(5) $\displaystyle\int x\cdot\sqrt[3]{x^2-5}\,\mathrm{d}x$;

(6) $\displaystyle\int \frac{e^{\frac{1}{x}}}{x^2}\,\mathrm{d}x$;

(7) $\displaystyle\int \tan^8 x\cdot\sec^2 x\,\mathrm{d}x$;

(8) $\displaystyle\int \cos^3 x\,\mathrm{d}x$;

(9) $\int \dfrac{1+x}{\sqrt{9-4x^2}}\mathrm{d}x$;

(10) $\int \dfrac{1+\cos x}{x+\sin x}\mathrm{d}x$;

(11) $\int \sqrt[3]{x+2}\,\mathrm{d}x$;

(12) $\int x\sqrt{x+1}\,\mathrm{d}x$;

(13) $\int \dfrac{1}{\sqrt{x}+\sqrt[3]{x^2}}\mathrm{d}x$;

(14) $\int (1-x)^{-\frac{3}{2}}\mathrm{d}x$;

(15) $\int \dfrac{1}{\sqrt{2x-3}-1}\mathrm{d}x$;

(16) $\int \dfrac{1}{x+\sqrt{1-x^2}}\mathrm{d}x$;

(17) $\int \dfrac{\sqrt{1+x}-1}{\sqrt{1+x}+1}\mathrm{d}x$;

(18) $\int \dfrac{x^2}{\sqrt{4-x^2}}\mathrm{d}x$;

(19) $\int \dfrac{1}{x}\sqrt{\dfrac{1-x}{1+x}}\,\mathrm{d}x$;

(20) $\int \tan^3 x\sec x\,\mathrm{d}x$.

3. 求下列不定积分：

(1) $\int x\sin x\,\mathrm{d}x$;

(2) $\int x^2 \mathrm{e}^{-x}\mathrm{d}x$;

(3) $\int \ln x\,\mathrm{d}x$;

(4) $\int x\mathrm{e}^x\,\mathrm{d}x$;

(5) $\int \arccos x\,\mathrm{d}x$;

(6) $\int x\cos^2 \dfrac{x}{2}\mathrm{d}x$;

(7) $\int \dfrac{\ln x}{x^2}\mathrm{d}x$;

(8) $\int \arctan\sqrt{x}\,\mathrm{d}x$;

(9) $\int \mathrm{e}^x\cos 2x\,\mathrm{d}x$;

(10) $\int (\ln x)^2\,\mathrm{d}x$;

(11) $\int \mathrm{e}^{\sqrt[3]{x}}\mathrm{d}x$;

(12) $\int (x^2+1)\sin 2x\,\mathrm{d}x$.

*4. 求下列不定积分：

(1) $\int \dfrac{x^5+x^4-8}{x^3-x}\mathrm{d}x$;

(2) $\int \dfrac{6x}{x^3+1}\mathrm{d}x$;

(3) $\int \dfrac{1-x}{(x+1)(x^2+1)}\mathrm{d}x$;

(4) $\int \dfrac{2}{(x+1)(x+2)(x+3)}\mathrm{d}x$;

(5) $\int \dfrac{1}{x^4+1}\mathrm{d}x$.

定积分

本章将讨论积分学里的另一个基本问题——定积分问题,我们将从几何问题出发引进定积分的定义,然后讨论其性质和计算方法.

第一节　定积分的概念与性质

一、定积分的定义

在中学时代,我们已经学习过矩形等直边形与圆等简单曲边的面积计算公式,但如何计算一个一般平面区域的面积则未学习过.测量和计算平面区域面积是一个重要且有用的数学课题.如何计算平面上不规则图形的面积呢?古希腊数学家曾用"穷竭法"计算了抛物线弓形和其他一些曲边图形的面积.

"穷竭法"的基本思想是:在需要测量面积的一给定区域内作一内接多边形,使多边形区域近似于给定的区域,并计算出多边形的面积,然后再作一个边数更多、更近似于给定区域的多边形,继续该过程,使多边形的边数越来越多……得到的多面形面积越来越接近区域的真实面积.

定积分就是在"穷竭法"的思想上建立起来的数学概念.为了更好地了解这个过程,我们先来看一下曲边梯形的面积计算问题.

【引例】　曲边梯形的面积计算.

设 $y=f(x)$ 在区间 $[a,b]$ 上非负、连续.由直线 $x=a$,$x=b$,$y=0$ 及曲线 $y=f(x)$ 所围成的图形(图 4-1)称为曲边梯形,其中曲线弧称为曲边.求曲边梯形的面积.

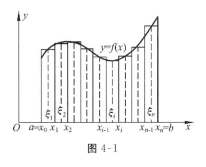

图 4-1

首先,我们知道,矩形的高不变时,他的面积可按公式高×底计算.而曲边梯形在底边上各点处的高 $f(x)$ 在区间 $[a,b]$ 上是变动的,故它的面积不能直接按公式来计算,那怎样才能准确地计算出曲边梯形的面积呢?我们将用下列四个步骤计算出曲面梯形的面积 S.

(1)分割——大化小.

在区间 $[a,b]$ 中任意插入若干个分点,

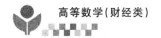

$$a = x_0 < x_1 < x_2 < \cdots < x_{i-1} < x_i < \cdots < x_{n-1} < x_n = b,$$

把区间$[a,b]$分成 n 个小区间:

$$[x_0,x_1],[x_1,x_2],\cdots,[x_{i-1},x_i],\cdots,[x_{n-1},x_n],$$

这些小区间的长度分别为

$$\Delta x_1 = x_1 - x_0, \Delta x_2 = x_2 - x_1, \cdots, \Delta x_i = x_i - x_{i-1}, \cdots, \Delta x_n = x_n - x_{n-1},$$

过每一个分点作垂直于 x 轴的直线,则把曲边梯形分割成了 n 个小曲边梯形.

(2) 替代——常代变.

在每个小区间$[x_{i-1},x_i]$上取一点 $\xi_i (x_{i-1} \leqslant \xi_i \leqslant x_i)$,以 $f(\xi_i)$ 为高,Δx_i 为底作小矩形,用小矩形面积 $f(\xi_i)\Delta x_i$ 近似地代替相应的小曲边梯形面积 ΔS_i,即

$$\Delta S_i \approx f(\xi_i)\Delta x_i (i=1,2,3,\cdots,n).$$

(3) 作和——近似和.

把 n 个小矩形面积相加,得到曲边梯形面积 S 的近似值,即

$$S \approx f(\xi_1)\Delta x_1 + f(\xi_2)\Delta x_2 + \cdots + f(\xi_n)\Delta x_n = \sum_{i=1}^{n} f(\xi_i)\Delta x_i.$$

(4) 取极限——精确值.

我们发现,分割得越细,小矩形的面积将越来越接近于对应的小曲边梯形的面积,那么作和后的矩形面积也将越来越接近大曲边梯形的面积. 要得到曲边梯形面积 S 的精确值,则进行无限细密的分割,在这个无止境的分割过程中,若作和后的矩形面积无限接近于一个常数,可以想象,这个常数就应该是所求面积 S 的精确值(图 4-2).

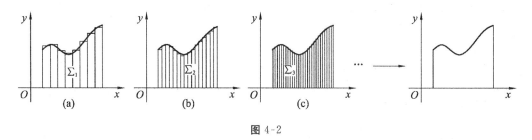

图 4-2

为了保证每一小区间分得都足够细,我们要求小区间长度中的最大者趋于零,即能保证每个小区间都足够小(同时,保证了分割为无穷多个小区间).如设 $\lambda = \max\{\Delta x_1, \Delta x_2, \cdots, \Delta x_n\}$,则当 λ 趋于 0 时,和式 $\sum_{i=1}^{n} f(\xi_i)\Delta x_i$ 若有极限,该极限即为曲边梯形面积的精确值,即

$$S = \lim_{\lambda \to 0} \sum_{i=1}^{n} f(\xi_i)\Delta x_i.$$

基于引例,我们抽象概括出定积分的定义.

定义 1 设函数 $f(x)$ 在区间$[a,b]$上有定义,任意取分点

$$a = x_0 < x_1 < x_2 < \cdots < x_{i-1} < x_i < \cdots < x_{n-1} < x_n = b,$$

把区间$[a,b]$分成 n 个小区间$[x_{i-1},x_i](i=1,2,\cdots,n)$,其长度记为 $\Delta x_i = x_i -$

$x_{i-1}(i=1,2,\cdots,n)$，在每个小区间$[x_{i-1},x_i]$上任取一点$\xi_i(x_{i-1}\leqslant\xi_i\leqslant x_i)$，作函数值$f(\xi_i)$与小区间长度$\Delta x_i$的乘积$f(\xi_i)\Delta x_i(i=1,2,\cdots,n)$，并作和$\sum\limits_{i=1}^{n}f(\xi_i)\Delta x_i$，令$\lambda=\max\{\Delta x_1,\Delta x_2,\cdots,\Delta x_n\}$，当$\lambda\to 0$时，和式极限都存在，且与闭区间$[a,b]$的分法及点$\xi_i$的取法无关，那么称极限为函数$f(x)$在区间$[a,b]$上的定积分（简称积分），记作$\int_a^b f(x)\mathrm{d}x$，即

$$\int_a^b f(x)\mathrm{d}x=\lim_{\lambda\to 0}\sum_{i=1}^{n}f(\xi_i)\Delta x_i,$$

其中$f(x)$叫作被积函数，$f(x)\mathrm{d}x$叫作被积表达式，x叫作积分变量，a叫作积分下限，b叫作积分上限，$[a,b]$叫作积分区间.

根据定积分的定义，不难得到：曲边梯形的面积$S=\int_a^b f(x)\mathrm{d}x$.

注　(1) 和式$\sum\limits_{i=1}^{n}f(\xi_i)\Delta x_i$通常称为$f(x)$的积分和，如果$f(x)$在$[a,b]$上定积分存在，那么就说$f(x)$在$[a,b]$上可积.

(2) 定积分是一个数，它只与被积函数表达式和积分上下限有关，与$[a,b]$分法及点ξ_i的取法无关，因此，在不改变被积函数f和积分区间$[a,b]$的情况下，积分变量使用何字母将不会影响到定积分，即$\int_a^b f(x)\mathrm{d}x=\int_a^b f(t)\mathrm{d}t=\int_a^b f(u)\mathrm{d}u$.

(3) 在定积分定义中积分下限a小于积分上限b，我们补充如下规定：当$a>b$时，$\int_a^b f(x)\mathrm{d}x=-\int_b^a f(x)\mathrm{d}x$；当$a=b$时，$\int_a^a f(x)\mathrm{d}x=0$.

由上式可知，交换定积分上下限，定积分的绝对值不变，符号相反.

对于定积分，有这样一个重要问题：函数$f(x)$在$[a,b]$上满足怎样的条件，$f(x)$在$[a,b]$上将一定可积？下面我们给出不做深入讨论的充分条件.

定理1　设$f(x)$在$[a,b]$上连续，则$f(x)$在$[a,b]$上可积.

定理2　设$f(x)$在$[a,b]$上有有限个第一类间断点，则$f(x)$在$[a,b]$上可积.

二、定积分的几何意义

结合定积分的定义和引例，我们可以得到定积分的几何意义.

(1) 在$[a,b]$上，当$f(x)\geqslant 0$时，曲边梯形在x轴上方，如图4-3所示，则定积分$\int_a^b f(x)\mathrm{d}x$等于由曲线$y=f(x)$，直线$x=a$，$x=b$及x轴所围成的曲边梯形的面积S，即$\int_a^b f(x)\mathrm{d}x=S$.

(2) 在$[a,b]$上，当$f(x)<0$时，曲边梯形在x轴下方，如图4-4所示，则定积分$\int_a^b f(x)\mathrm{d}x$等于由曲线$y=f(x)$，直线$x=a$，$x=b$及x轴所围成的曲边梯形的面积S相反数，即$\int_a^b f(x)\mathrm{d}x=-S$.

（3）$f(x)$ 在 $[a,b]$ 上有正有负，如图 4-5 所示，则定积分 $\int_a^b f(x)\mathrm{d}x$ 等于由曲

线 $y=f(x)$ 在 x 轴上方部分与下方部分面积的代数和，即 $\int_a^b f(x)\mathrm{d}x = S_1 - S_2 + S_3.$

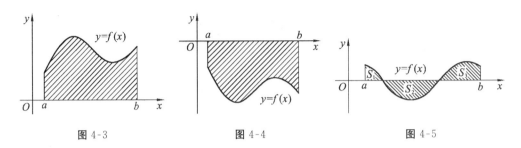

图 4-3   图 4-4   图 4-5

概念小思考：赵州桥是古代劳动人民智慧的结晶，开创了中国桥梁建造的崭新局面．古老的赵州桥的拱形横截面积（图 4-6）是怎样计算的？

图 4-6

三、定积分的性质

下面我们介绍定积分的基本性质．在各性质中积分上、下限的大小，如无特别说明，均不加限制，并假定各性质中所列出的定积分都是存在的．

性质 1 函数的和（差）的定积分等于它们的定积分的和（差），即

$$\int_a^b [f(x) \pm g(x)]\mathrm{d}x = \int_a^b f(x)\mathrm{d}x \pm \int_a^b g(x)\mathrm{d}x.$$

性质 1 对于任意有限个函数都是成立的．

性质 2 $\int_a^b kf(x)\mathrm{d}x = k\int_a^b f(x)\mathrm{d}x$（$k$ 为常数）．

性质 3（积分可加性） 若 $a < c < b$，则

$$\int_a^b f(x)\mathrm{d}x = \int_a^c f(x)\mathrm{d}x + \int_c^b f(x)\mathrm{d}x.$$

注 当 c 不在 a 与 b 之间，即 $c < a < b$ 或 $a < b < c$ 时，性质 3 仍然成立．

性质 4 $\int_a^b 1\mathrm{d}x = \int_a^b \mathrm{d}x = b - a.$

性质 5 如果在区间 $[a,b]$ 上，$f(x) \geqslant 0$，那么 $\int_a^b f(x)\mathrm{d}x \geqslant 0 (a < b).$

性质 6 如果在区间 $[a,b]$ 上，$f(x) \leqslant g(x)$，那么 $\int_a^b f(x)\mathrm{d}x \leqslant \int_a^b g(x)\mathrm{d}x.$

性质 7 $\left| \int_a^b f(x)\mathrm{d}x \right| \leqslant \int_a^b |f(x)|\mathrm{d}x (a < b).$

性质 8 设 m 和 M 分别为 $f(x)$ 在 $[a,b]$ 上的最小值和最大值，则

$$m(b-a) \leqslant \int_a^b f(x)\mathrm{d}x \leqslant M(b-a).$$

性质9（积分中值定理）　设 $f(x)$ 在 $[a,b]$ 上连续，则至少存在一点 $\xi\in[a,b]$，使得 $\int_a^b f(x)\mathrm{d}x = f(\xi)(b-a)$.

【例1】　试比较 $\int_0^1 x^2\mathrm{d}x$ 与 $\int_0^1 x^3\mathrm{d}x$ 的大小.

解　因为在区间 $[0,1]$ 上，$x^3\leqslant x^2$，所以，$\int_0^1 x^3\mathrm{d}x \leqslant \int_0^1 x^2\mathrm{d}x$. 事实上，后一不等式应该是严格小于，因为在 $[0,1]$ 上除 $x=0,1$ 外，恒有 $x^3<x^2$.

【例2】　估计积分 $\int_0^1 \dfrac{1}{1+x^2}\mathrm{d}x$ 的范围.

解　因为在区间 $[0,1]$ 上，$\dfrac{1}{2}\leqslant\dfrac{1}{1+x^2}\leqslant1$，所以

$$\frac{1}{2}=\frac{1}{2}\times(1-0)\leqslant\int_0^1\frac{1}{1+x^2}\mathrm{d}x\leqslant(1-0)\times1=1.$$

习题 4-1

1. 利用定积分的集合意义，证明下列等式：

(1) $\int_0^1 2x\mathrm{d}x=1$；　　　　　　　(2) $\int_0^1 \sqrt{1-x^2}\mathrm{d}x=\dfrac{\pi}{4}$；

(3) $\int_{-\frac{\pi}{2}}^{\frac{\pi}{2}}\cos x\mathrm{d}x=2\int_0^{\frac{\pi}{2}}\cos x\mathrm{d}x$；　　(4) $\int_{-\pi}^{\pi}\sin x\mathrm{d}x=0$.

2. 设 $\int_{-1}^1 2f(x)\mathrm{d}x=20,\int_{-1}^3 f(x)\mathrm{d}x=5,\int_1^3 g(x)\mathrm{d}x=6$. 求：

(1) $\int_{-1}^1 f(x)\mathrm{d}x$；　　　　　　(2) $\int_1^3 \dfrac{1}{4}[4f(x)+3g(x)]\mathrm{d}x$.

3. 不计算积分，比较下列各组积分值的大小：

(1) $\int_1^e \ln x\mathrm{d}x$ 与 $\int_1^e \ln^2 x\mathrm{d}x$；　　(2) $\int_0^1 x^2\mathrm{d}x$ 与 $\int_0^2 x^2\mathrm{d}x$；

(3) $\int_0^{\frac{\pi}{2}}\sin^2 x\mathrm{d}x$ 与 $\int_0^{\frac{\pi}{2}}x^2\mathrm{d}x$；　　(4) $\int_{-\frac{\pi}{2}}^{\frac{\pi}{2}}\sin x\mathrm{d}x$ 与 $\int_{-\frac{\pi}{2}}^{\frac{\pi}{2}}|\sin x|\mathrm{d}x$.

第二节　微积分基本公式

一、变上限积分函数及其导数

设 $f(x)$ 在区间 $[a,b]$ 上可积，$\forall x\in[a,b]$，定义函数 $\Phi(x)=\int_a^x f(t)\mathrm{d}t$. 如果上限 x 在区间 $[a,b]$ 上任意变动，则对于每个取定的 x 值，定积分有一个对应值，所以

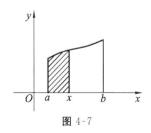

图 4-7

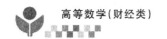

它在$[a,b]$上定义了一个函数.另外,从图4-7我们可以直观看出,阴影部分的面积由x唯一确定.

变上限积分函数$\Phi(x)$具有如下性质.

定理3 设函数$f(x)$在区间$[a,b]$上连续,则变上限积分函数$\Phi(x)=\int_a^x f(t)\mathrm{d}t$在$[a,b]$上可导,且其导数

$$\Phi'(x)=\frac{\mathrm{d}}{\mathrm{d}x}\int_a^x f(t)\mathrm{d}t=f(x)(a\leqslant x\leqslant b).$$

证 若$x\in(a,b)$,设x获得增量Δx,且$x+\Delta x\in(a,b)$,则$\Phi(x)$在$x+\Delta x$处的函数值为$\Phi(x+\Delta x)=\int_a^{x+\Delta x}f(t)\mathrm{d}t$,函数的增量

$$\begin{aligned}\Delta\Phi&=\Phi(x+\Delta x)-\Phi(x)\\&=\int_a^{x+\Delta x}f(t)\mathrm{d}t-\int_a^x f(t)\mathrm{d}t\\&=\int_a^x f(t)\mathrm{d}t+\int_x^{x+\Delta x}f(t)\mathrm{d}t-\int_a^x f(t)\mathrm{d}t\\&=\int_x^{x+\Delta x}f(t)\mathrm{d}t.\end{aligned}$$

再利用积分中值定理,即有等式$\Delta\Phi=f(\xi)\Delta x,\xi\in(x,x+\Delta x)$,于是,$\dfrac{\Delta\Phi}{\Delta x}=f(\xi)$.

由于$f(x)$在$[a,b]$上连续,又当$\Delta x\to 0$时,$\xi\to x$,所以

$$\lim_{\Delta x\to 0}\frac{\Delta\Phi}{\Delta x}=\lim_{\Delta x\to 0}f(\xi)=f(x),$$

即

$$\Phi'(x)=\frac{\mathrm{d}}{\mathrm{d}x}\int_a^x f(t)\mathrm{d}t=f(x)(a\leqslant x\leqslant b).$$

定理3表明,如果函数$f(x)$在$[a,b]$上连续,则$f(x)$存在原函数$\Phi(x)=\int_a^x f(t)\mathrm{d}t$,且定理中的导数可推广为

$$\frac{\mathrm{d}}{\mathrm{d}x}\int_x^b f(t)\mathrm{d}t=-f(x),$$

及

$$\frac{\mathrm{d}}{\mathrm{d}x}\int_a^{\varphi(x)}f(t)\mathrm{d}t=f[\varphi(x)]\varphi'(x).$$

【例3】 求下列函数的导数.

(1) $F(x)=\displaystyle\int_0^x \mathrm{e}^{t^2}\mathrm{d}t$;

(2) $F(x)=\displaystyle\int_1^{2x}\sqrt{1+t^2}\,\mathrm{d}t$;

(3) $F(x)=\displaystyle\int_{\sin x}^{x^2}\ln(t+2)\mathrm{d}t$.

解　(1) $F'(x) = e^{x^2}$;

(2) $F'(x) = \sqrt{1+(2x)^2}(2x)' = 2\sqrt{1+4x^2}$;

(3) 因为 $F(x) = \int_{\sin x}^{x^2} \ln(t+2)\mathrm{d}t = \int_{\sin x}^{0} \ln(t+2)\mathrm{d}t + \int_{0}^{x^2} \ln(t+2)\mathrm{d}t$,则

$$F'(x) = -\ln(\sin x+2)\cos x + 2\ln(x^2+2)x.$$

【例 4】　求极限 $\lim\limits_{x\to 0} \dfrac{\displaystyle\int_{0}^{x} \cos t^2 \mathrm{d}t}{x}$.

解

$$\lim_{x\to 0} \frac{\displaystyle\int_{0}^{x} \cos t^2 \mathrm{d}t}{x} = \lim_{x\to 0} \frac{\cos x^2}{1} = 1. \ \left(\frac{0}{0} \text{型,利用洛必达法则}\right)$$

注　$F(x) = \displaystyle\int_{0}^{x} \cos t^2 \mathrm{d}t$ 可导,则 $F(x)$ 连续,所以 $\lim\limits_{x\to 0} F(x) = \lim\limits_{x\to 0} \displaystyle\int_{0}^{x} \cos t^2 \mathrm{d}t = 0.$

二、牛顿-莱布尼茨公式

定理 4(微积分基本定理)　如果函数 $F(x)$ 是连续函数 $f(x)$ 在区间 $[a,b]$ 上的一个原函数,则

$$\int_{a}^{b} f(x)\mathrm{d}x = F(x) \Big|_{a}^{b} = F(b) - F(a).$$

证　已知函数 $F(x)$ 是连续函数 $f(x)$ 的一个原函数,又根据定理 3 知,积分上限函数 $\Phi(x) = \displaystyle\int_{a}^{x} f(t)\mathrm{d}t$ 也是 $f(x)$ 的一个原函数,于是 $\Phi(x)$ 与 $F(x)$ 仅相差一个常数,即

$$\int_{a}^{x} f(t)\mathrm{d}t - F(x) = C.$$

当 $x=a$ 时, $\displaystyle\int_{a}^{a} f(t)\mathrm{d}t = 0$,故 $C = -F(a)$,上式变为

$$\int_{a}^{x} f(t)\mathrm{d}t = F(x) - F(a).$$

令 $x=b$,则有

$$\int_{a}^{b} f(t)\mathrm{d}t = F(b) - F(a),$$

即

$$\int_{a}^{b} f(x)\mathrm{d}x = F(b) - F(a).$$

我们用符号 $F(x)\big|_{a}^{b}$ 表示 $F(b) - F(a)$,于是

$$\int_{a}^{b} f(x)\mathrm{d}x = F(x) \Big|_{a}^{b} = F(b) - F(a).$$

微积分学定理揭示了定积分和不定积分之间的内在联系,指出了一个连续函数 $f(x)$ 在区间 $[a,b]$ 上的定积分等于它的任一原函数 $F(x)$ 在 $[a,b]$ 上的增量.

【例5】 计算 $\int_0^1 x^2 \mathrm{d}x$.

解 由于 $\dfrac{x^3}{3}$ 是 x^2 的一个原函数,根据牛顿-莱布尼茨公式,有

$$\int_0^1 x^2 \mathrm{d}x = \frac{x^3}{3}\Big|_0^1 = \frac{1^3}{3} - \frac{0^3}{3} = \frac{1}{3} - 0 - \frac{1}{3}.$$

【例6】 计算 $\int_{-1}^{\sqrt{3}} \dfrac{1}{1+x^2} \mathrm{d}x$.

解 由于 $\arctan x$ 是 $\dfrac{1}{1+x^2}$ 的一个原函数,所以

$$\int_{-1}^{\sqrt{3}} \frac{1}{1+x^2} \mathrm{d}x = \arctan x \Big|_{-1}^{\sqrt{3}} = \arctan\sqrt{3} - \arctan(-1) = \frac{\pi}{3} - \left(-\frac{\pi}{4}\right) = \frac{7}{12}\pi.$$

【例7】 计算 $\int_{-2}^{-1} \dfrac{1}{x} \mathrm{d}x$.

解 当 $x<0$ 时,$\dfrac{1}{x}$ 的一个原函数是 $\ln|x|$,现在积分区间是 $[-2,-1]$,则根据牛顿-莱布尼茨公式,有

$$\int_{-2}^{-1} \frac{1}{x} \mathrm{d}x = \ln|x| \big|_{-2}^{-1} = \ln 1 - \ln 2 = -\ln 2.$$

通过例7,我们需注意:牛顿-莱布尼茨公式中的函数 $F(x)$ 必须是 $f(x)$ 在积分区间 $[a,b]$ 上的原函数.

习 题 4-2

1. 求下列导数.

(1) $\dfrac{\mathrm{d}}{\mathrm{d}x} \displaystyle\int_1^x \dfrac{\ln t}{t} \mathrm{d}t$;

(2) $\dfrac{\mathrm{d}}{\mathrm{d}x} \displaystyle\int_0^{\sqrt{x}} (1+t^2) \mathrm{d}t$;

(3) $\dfrac{\mathrm{d}}{\mathrm{d}x} \displaystyle\int_{x^2}^{x^3} \dfrac{1}{\sqrt{1+t^2}} \mathrm{d}t$.

2. 求下列极限:

(1) $\displaystyle\lim_{x\to+\infty} \dfrac{\displaystyle\int_1^x \ln t \,\mathrm{d}t}{x^2}$;

(2) $\displaystyle\lim_{x\to0} \dfrac{\displaystyle\int_0^x \sin t \,\mathrm{d}t}{\displaystyle\int_0^x t \,\mathrm{d}t}$;

(3) $\displaystyle\lim_{x\to0} \dfrac{\left(\displaystyle\int_0^x \mathrm{e}^{t^2} \mathrm{d}t\right)^2}{\displaystyle\int_0^x t\,\mathrm{e}^{2t^2} \mathrm{d}t}$.

3. 求下列定积分:

(1) $\displaystyle\int_1^4 (x^2 + \sqrt{x}) \mathrm{d}x$;

(2) $\displaystyle\int_0^1 \dfrac{x^2}{x^2+1} \mathrm{d}x$;

$(3)\int_1^a (3x^2 - x + 1)\mathrm{d}x$;

$(4)\int_{\frac{1}{\sqrt{3}}}^{\sqrt{3}} \dfrac{1}{x^2+1}\mathrm{d}x$;

$(5)\int_{-\frac{1}{2}}^{\frac{1}{2}} \dfrac{1}{\sqrt{1-x^2}}\mathrm{d}x$;

$(6)\int_0^{2\pi} |\sin x|\mathrm{d}x$;

$(7)\int_0^2 f(x)\mathrm{d}x$，其中 $f(x)=\begin{cases} x+1, & x\leqslant 1, \\ \dfrac{1}{2}x^2, & x>1. \end{cases}$

第三节　定积分的换元积分法与分部积分法

一、换元积分法

为了说明如何用换元积分法来计算定积分，我们首先给出下列定理.

定理 5　设函数 $f(x)$ 在区间 $[a,b]$ 上连续，若变换函数 $x=\varphi(t)$ 满足

(1) $a=\varphi(\alpha),b=\varphi(\beta)$；

(2) $x=\varphi(t)$ 在 $[\alpha,\beta]$（或 $[\beta,\alpha]$）上具有连续导数 $\varphi'(t)$，且其值域为 $[a,b]$，则有换元积分公式

$$\int_a^b f(x)\mathrm{d}x = \int_\alpha^\beta f[\varphi(t)]\varphi'(t)\mathrm{d}t.$$

定积分的换元积分公式与不定积分的类似，其不同点是定积分在进行改变积分变量的同时要改变积分上下限.

【例 8】 计算 $\int_0^a \sqrt{a^2-x^2}\,\mathrm{d}x\,(a>0)$.

解　设 $x=a\sin t$，则 $\mathrm{d}x=a\cos t\mathrm{d}t$.当 $x=0$ 时，取 $t=0$；当 $x=a$ 时，取 $t=\dfrac{\pi}{2}$. 于是

$$\int_0^a \sqrt{a^2-x^2}\,\mathrm{d}x = a^2\int_0^{\frac{\pi}{2}} \cos^2 t\,\mathrm{d}t = \frac{a^2}{2}\int_0^{\frac{\pi}{2}} (1+\cos 2t)\mathrm{d}t$$

$$= \frac{a^2}{2}\left(t+\frac{1}{2}\sin 2t\right)\bigg|_0^{\frac{\pi}{2}} = \frac{\pi a^2}{4}.$$

换元公式也可以反过来使用，为使用方便起见，把换元公式中左右两边对调位置，同时把 t 改记为 x，而 x 改记为 t，得

$$\int_a^b f[\varphi(x)]\varphi'(x)\mathrm{d}x = \int_\alpha^\beta f(t)\mathrm{d}t.$$

这样，我们可以用 $t=\varphi(x)$ 来引入新变量 t，而 $\alpha=\varphi(a),\beta=\varphi(b)$.

【例 9】 计算 $\int_0^4 \dfrac{1}{\sqrt{x}+1}\mathrm{d}x$.

解　令 $\sqrt{x}=t$，则 $x=t^2$，$\mathrm{d}x=2t\mathrm{d}t$. 当 $x=0$ 时，取 $t=0$；当 $x=4$ 时，取 $t=2$. 于是

$$\int_0^4 \frac{1}{\sqrt{x}+1}dx = \int_0^2 \frac{2t}{t+1}dt = 2\int_0^2\left(1-\frac{1}{t+1}\right)dt = 2(t-\ln(t+1))\Big|_0^2 = 2(2-\ln 3).$$

【例 10】 计算 $\int_0^1 x e^{x^2}dx$.

解 令 $u=x^2$，则 $du=2xdx$. 当 $x=0$ 时，取 $u=0$；当 $x=1$ 时，取 $u=1$. 于是

$$\int_0^1 x e^{x^2}dx = \frac{1}{2}\int_0^1 e^u du = \frac{1}{2}e^u\Big|_0^1 = \frac{1}{2}(e-1).$$

【例 11】 计算 $\int_0^{\frac{\pi}{2}} \cos^5 x \sin x dx$.

解 令 $t=\cos x$，则 $dt=-\sin x dx$.

当 $x=0$ 时，取 $t=1$；当 $x=\frac{\pi}{2}$ 时，取 $t=0$.

于是

$$\int_0^{\frac{\pi}{2}} \cos^5 x \sin x dx = -\int_1^0 t^5 dt = \int_0^1 t^5 dt = \frac{t^6}{6}\Big|_0^1 = \frac{1}{6}.$$

在例 11 中，如果我们不明显地写出新变量 t，那么定积分的上下限将不需要变更，也就是说，我们在熟练换元积分法后，可以把计算过程写成下列形式：

$$\int_0^{\frac{\pi}{2}} \cos^5 x \sin x dx = -\int_0^{\frac{\pi}{2}} \cos^5 x d(\cos x) = -\frac{\cos^6 x}{6}\Big|_0^{\frac{\pi}{2}} = -\left(0-\frac{1}{6}\right) = \frac{1}{6}.$$

【例 12】 设函数 $f(x)$ 在区间 $[-a,a]$ 上连续，则

(1) 若 $f(x)$ 为偶函数，有 $\int_{-a}^a f(x)dx = 2\int_0^a f(x)dx$；

(2) 若 $f(x)$ 为奇函数，有 $\int_{-a}^a f(x)dx = 0$.

证 因为 $\int_{-a}^a f(x)dx = \int_{-a}^0 f(x)dx + \int_0^a f(x)dx$，对积分作代换 $x=-t$，则得

$$\int_{-a}^0 f(x)dx = -\int_a^0 f(-t)dt = \int_0^a f(-t)dt = \int_0^a f(-x)dx,$$

于是

$$\int_{-a}^a f(x)dx = \int_0^a f(x)dx + \int_0^a f(-x)dx = \int_0^a [f(x)+f(-x)]dx.$$

(1) 若 $f(x)$ 为偶函数，则

$$f(x)+f(-x)=2f(x),$$

从而

$$\int_{-a}^a f(x)dx = 2\int_0^a f(x)dx.$$

(2) 若 $f(x)$ 为奇函数，则

$$f(x)+f(-x)=0,$$

从而

$$\int_{-a}^a f(x)dx = 0.$$

【例 13】 计算 $\displaystyle\int_{-1}^{1}\frac{x^2\sin x}{\sqrt{1+x^4}}\mathrm{d}x=0$.

解 因为 $\dfrac{x^2\sin x}{\sqrt{1+x^4}}$ 在 $[-1,1]$ 上是连续的奇函数,则根据例 12 的结论,得

$$\int_{-1}^{1}\frac{x^2\sin x}{\sqrt{1+x^4}}\mathrm{d}x=0.$$

二、分部积分法

依据不定积分的分部积分法,可得

$$
\begin{aligned}
\int_{a}^{b}u(x)v'(x)\mathrm{d}x &= \left[\int u(x)v'(x)\mathrm{d}x\right]\Big|_{a}^{b}\\
&= \left[u(x)v(x)-\int v(x)u'(x)\mathrm{d}x\right]\Big|_{a}^{b}\\
&= u(x)v(x)\Big|_{a}^{b}-\int_{a}^{b}v(x)u'(x)\mathrm{d}x,
\end{aligned}
$$

简记作

$$\int_{a}^{b}uv'\mathrm{d}x=uv\Big|_{a}^{b}-\int_{a}^{b}vu'\mathrm{d}x,$$

或

$$\int_{a}^{b}u\,\mathrm{d}v=uv\Big|_{a}^{b}-\int_{a}^{b}v\,\mathrm{d}u.$$

以上公式就是定积分的分部积分公式. 公式表明原函数已经积出的部分可以先用上下限代入.

【例 14】 计算 $\displaystyle\int_{0}^{1}\arctan x\,\mathrm{d}x$.

解

$$
\begin{aligned}
\int_{0}^{1}\arctan x\,\mathrm{d}x &= x\arctan x\Big|_{0}^{1}-\int_{0}^{1}\frac{x}{1+x^2}\mathrm{d}x\\
&= \frac{\pi}{4}-\frac{1}{2}\ln(1+x^2)\Big|_{0}^{1}\\
&= \frac{\pi}{4}-\frac{1}{2}\ln 2.
\end{aligned}
$$

【例 15】 计算 $\displaystyle\int_{1}^{\mathrm{e}}\ln x\,\mathrm{d}x$.

解

$$\int_{1}^{\mathrm{e}}\ln x\,\mathrm{d}x=x\ln x\Big|_{1}^{\mathrm{e}}-\int_{1}^{\mathrm{e}}\mathrm{d}x=\mathrm{e}-(\mathrm{e}-1)=1.$$

【例 16】 计算 $\displaystyle\int_{0}^{1}\mathrm{e}^{\sqrt{x}}\,\mathrm{d}x$.

解 先用换元法,令 $\sqrt{x}=t$,则 $x=t^2$,$\mathrm{d}x=2t\,\mathrm{d}t$.当 $x=0$ 时,取 $t=0$;当 $x=1$ 时,取 $t=1$.于是

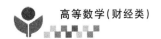

$$\int_0^1 e^{\sqrt{x}}\,dx = 2\int_0^1 t\,e^t\,dt = 2\int_0^1 t\,d(e^t) = 2\left(te^t\,\Big|_0^1 - \int_0^1 e^t\,dt\right)$$

$$= 2(e - e^t\,\big|_0^1) = 2[e - (e-1)] = 2.$$

习 题 4-3

1. 求下列定积分:

(1) $\displaystyle\int_0^1 e^{3x}\,dx$;

(2) $\displaystyle\int_1^e \frac{\ln^2 x}{x}\,dx$;

(3) $\displaystyle\int_0^{\frac{\pi}{2}} \sin^2 x\,dx$;

(4) $\displaystyle\int_0^{\frac{\pi}{2}} e^{\sin x}\cos x\,dx$;

(5) $\displaystyle\int_{-\frac{1}{2}}^{\frac{1}{2}} \sqrt{1-4x^2}\,dx$;

(6) $\displaystyle\int_1^4 \frac{1}{1+\sqrt{x}}\,dx$;

(7) $\displaystyle\int_{-2}^0 \frac{x+2}{x^2+2x+2}\,dx$;

(8) $\displaystyle\int_0^2 \frac{1}{\sqrt{x+1}+\sqrt{(x+1)^3}}\,dx$;

(9) $\displaystyle\int_0^1 \frac{1}{1+e^x}\,dx$;

(10) $\displaystyle\int_1^{e^2} \frac{1}{x\sqrt{1+\ln x}}\,dx$;

(11) $\displaystyle\int_0^1 \frac{1}{e^{-x}+e^x}\,dx$;

(12) $\displaystyle\int_1^e \frac{\ln x}{\sqrt{x}}\,dx$.

2. 求下列定积分:

(1) $\displaystyle\int_0^1 x\,e^{-x}\,dx$;

(2) $\displaystyle\int_1^e x\ln x\,dx$;

(3) $\displaystyle\int_{\frac{\pi}{4}}^{\frac{\pi}{3}} x\csc^2 x\,dx$;

(4) $\displaystyle\int_0^1 x\,\text{arccot}\,x\,dx$;

(5) $\displaystyle\int_0^{\frac{2\pi}{\omega}} x\sin\omega x\,dx$ (ω 为常数);

(6) $\displaystyle\int_1^2 x\log_2 x\,dx$;

(7) $\displaystyle\int_0^{\frac{\pi}{2}} e^{2x}\cos x\,dx$;

(8) $\displaystyle\int_1^e \sin(\ln x)\,dx$;

(9) $\displaystyle\int_0^\pi (x\cos x)^2\,dx$;

(10) $\displaystyle\int_0^1 \frac{x}{\sqrt{1+x^2}}\ln(x+\sqrt{1+x^2})\,dx$.

第四节　定积分的应用

前面我们主要讨论了定积分的概念、性质与计算,本节我们将应用前面学过的定积分理论来分析和解决一些几何、经济中的问题.

一、定积分在几何上的应用

1. 平面图形的面积

根据函数平面图形的特点,我们总结出相应的面积公式:

(1) 如图 4-8 所示，$S = \int_a^b |f(x)|\,\mathrm{d}x$；

(2) 如图 4-9 所示，$S = \int_a^b [f_2(x) - f_1(x)]\,\mathrm{d}x$；

(3) 如图 4-10 所示，$S = \int_a^b |f(x) - g(x)|\,\mathrm{d}x$；

(4) 如图 4-11 所示，$S = \int_c^b [\psi_2(y) - \psi_1(y)]\,\mathrm{d}y$；

(5) 如图 4-12 所示，$S = S_1 + S_2 + S_3$.

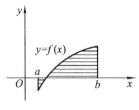

图 4-8

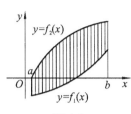

图 4-9

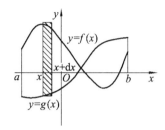

图 4-10

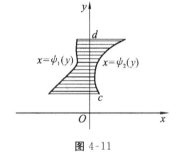

图 4-11

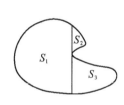

图 4-12

【例 17】　求由曲线 $y = x^2$ 及直线 $y = x$ 所围成的图形的面积.

解　如图 4-13 所示，该图形是形如以上结论中的(2)情形，联立 $\begin{cases} y = x^2, \\ y = x, \end{cases}$ 得交点为 $(0,0)$，$(1,1)$，即 $a = 0, b = 1, y = f_2(x) = x, y = f_1(x) = x^2$，则

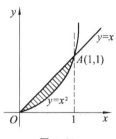

图 4-13

$$S = \int_0^1 [f_2(x) - f_1(x)]\,\mathrm{d}x = \int_0^1 (x - x^2)\,\mathrm{d}x$$

$$= \left(\frac{1}{2}x^2 - \frac{1}{3}x^3 \right) \Big|_0^1 = \frac{1}{2} - \frac{1}{3} = \frac{1}{6}.$$

【例 18】　求由曲线 $y^2 = 2x$ 及直线 $y + x = 4$ 所围成的图形的面积.

解　如图 4-14 所示，该图形是形如以上结论中的(4)情形，联立 $\begin{cases} y^2 = 2x, \\ y + x = 4, \end{cases}$ 得交点为 $(2,2)$，$(8,-4)$，即 $c = -4, d = 2, x = \psi_2(y) = 4 - y, x = \psi_1(y) = \dfrac{y^2}{2}$，则

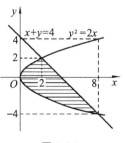

图 4-14

$$S = \int_{-4}^{2} [\psi_2(y) - \psi_1(y)] \mathrm{d}y = \int_{-4}^{2} \left(4 - y - \frac{y^2}{2}\right) \mathrm{d}y$$

$$= \left(4y - \frac{y^2}{2} - \frac{y^3}{6}\right)\Big|_{-4}^{2} = 18.$$

当然,对于例18,我们也可以利用情形(5)的结论进行解题:

$$S = S_1 + S_2 = \int_0^2 [\sqrt{2x} - (-\sqrt{2x})] \mathrm{d}x + \int_2^8 [4 - x - (-\sqrt{2x})] \mathrm{d}x$$

$$= 2\sqrt{2} \int_0^2 x^{\frac{1}{2}} \mathrm{d}x + \int_2^8 (4 - x + \sqrt{2} x^{\frac{1}{2}}) \mathrm{d}x$$

$$= \frac{4\sqrt{2}}{3} x^{\frac{3}{2}}\Big|_0^2 + \left(4x - \frac{x^2}{2} + \frac{2\sqrt{2}}{3} x^{\frac{3}{2}}\right)\Big|_2^8 = 18.$$

明显,我们发现第二种解法要比第一种解法复杂许多,故我们在解题时要选择合适的解法,这样可以简化解题过程。

【例19】 求由曲线 $y = x^2$ 及直线 $x = y^2$ 所围成的图形的面积.

解 如图 4-15 所示,该图形是形如以上结论中的(2)
或(4)情形,联立 $\begin{cases} y = x^2, \\ x = y^2, \end{cases}$ 得交点为 $(0,0)$,$(1,1)$,即 $a = 0$,

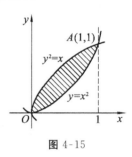

图 4-15

$b = 1$,$y = f_2(x) = \sqrt{x}$,$y = f_1(x) = x^2$ 或 $c = 0$,$d = 1$,$x = \psi_2(y) = \sqrt{y}$,$x = \psi_1(y) = y^2$,则

$$S = \int_0^1 [f_2(x) - f_1(x)] \mathrm{d}x = \int_0^1 (\sqrt{x} - x^2) \mathrm{d}x$$

$$= \left(\frac{2}{3} x^{\frac{3}{2}} - \frac{x^3}{3}\right)\Big|_0^1 = \frac{1}{3}.$$

或

$$S = \int_0^1 [\psi_2(y) - \psi_1(y)] \mathrm{d}x = \int_0^1 (\sqrt{y} - y^2) \mathrm{d}y$$

$$= \left(\frac{2}{3} y^{\frac{3}{2}} - \frac{y^3}{3}\right)\Big|_0^1 = \frac{1}{3}.$$

【例20】 求椭圆 $\frac{x^2}{a^2} + \frac{y^2}{b^2} = 1 (a > 0, b > 0)$ 所围成的图形的面积.

解 该椭圆关于两坐标轴都对称,如图 4-16 所示,所以椭圆所围成的图形面积为

$$S = 4S_1.$$

其中 S_1 为该椭圆在第一象限部分与两坐标轴所围成图形的面积,因此

$$S = 4S_1 = 4\int_0^a y \mathrm{d}x.$$

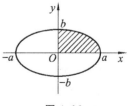

图 4-16

利用椭圆的参数方程

$$\begin{cases} x = a\cos t, \\ y = b\sin t \end{cases} \left(0 \leqslant t \leqslant \frac{\pi}{2}\right),$$

应用定积分换元法,令 $x=a\cos t$,则

$$y=b\sin t,dx=-a\sin t\,dt.$$

当 x 由 0 变到 a 时,t 由 $\dfrac{\pi}{2}$ 变到 0,所以

$$S=4\int_{\frac{\pi}{2}}^{0}b\sin t(-a\sin t)dt=-4ab\int_{\frac{\pi}{2}}^{0}\sin^2 t\,dt$$

$$=4ab\int_{0}^{\frac{\pi}{2}}\sin^2 t\,dt=4ab\cdot\frac{1}{2}\cdot\frac{\pi}{2}=\pi ab.$$

当 $a=b$ 时,就得到大家所熟悉的圆面积公式 $S=\pi a^2$.

2. 旋转体的体积

旋转体是指一平面图形绕着该平面内一固定直线 L 旋转一周而成的空间立体,直线 L 称为旋转轴.

设由连续曲线 $y=f(x)$ 及直线 $y=0$,$x=a$,$x=b(a<b)$ 所围成的曲边梯形绕 x 轴旋转一周,得到一旋转体(图 4-17),求此旋转体的体积 V.

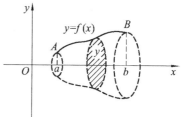

图 4-17

在区间 (a,b) 内任取一点 x,对应曲线上点 $[x,f(x)]$ 绕 x 轴旋转一周得到圆的面积为 $S(x)=\pi y^2=\pi f^2(x)$,则旋转体的体积为

$$V_x=\int_{a}^{b}\pi y^2\,dx=\pi\int_{a}^{b}f^2(x)\,dx.$$

由连续曲线 $y=f(x)$ 及 $y=g(x)$,且 $f(x)>g(x)$ 及直线 $x=a$,$x=b(a<b)$ 所围成的图形(图 4-18)绕 x 轴旋转一周而成的旋转体的体积为

$$V_x=\pi\int_{a}^{b}[f^2(x)-g^2(x)]\,dx.$$

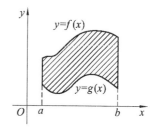

图 4-18

【例 21】 求高为 h、底面半径为 r 的圆锥体的体积.

解 该圆锥体可以看成由直线 $y=\dfrac{r}{h}x$,$x=h$ 及 x 轴所围成直角三角形绕 x 轴旋转一周所围成的旋转体(图 4-19),由旋转体的体积公式,知其体积为

$$V_x=\pi\int_{0}^{h}\left(\frac{rx}{h}\right)^2dx=\frac{\pi r^2}{h^2}\int_{0}^{h}x^2\,dx=\frac{\pi r^2}{3h^2}x^3\Big|_{0}^{h}=\frac{1}{3}\pi r^2 h.$$

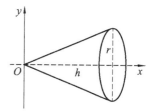

图 4-19

因此,圆锥体的体积 $V=\dfrac{1}{3}\pi r^2 h$.

【例 22】 求由曲线 $y=x^2$ 及 $x=y^2$ 所围成的图形(图 4-20)绕 x 轴旋转一周而成的旋转体的体积.

解

$$V_x=\pi\int_{0}^{1}[(\sqrt{x})^2-(x^2)^2]dx=\pi\int_{0}^{1}(x-x^4)dx$$

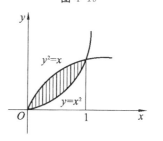

图 4-20

$$= \pi \left(\frac{x^2}{2} - \frac{x^4}{5} \right) \Big|_0^1 = \frac{3\pi}{10}.$$

二、定积分在经济上的应用

根据微观经济学理论,一种商品的需求量(或购买量)Q 由多种因素决定,如该商品的价格,购买者的收入,购买者的偏好,与之密切相关的其他商品的价格,等等. 在其他条件不变的情况下,需求函数 $Q = f(P)$ 是价格 P 的递减函数,即当价格上升时需求量下降,当价格下降时需求量上升;而供给函数 $Q = g(P)$ 则是价格 P 的递增函数,即当价格上升时供给量增加,当价格下降时供给量下降.

【例 23】 设某商品从零时刻到 t 时刻的销售量为 $y = kt$, $k > 0$, $t \in [0, T]$, 欲在 T 时刻将数量为 A 的该商品售出,求:

(1) t 时刻的商品剩余量,并确定常数 k;

(2) 在时间段 $[0, T]$ 上的平均剩余量.

解 (1) 在 t 时刻的商品剩余量为

$$z(t) = A - kt, t \in [0, T].$$

在 T 时刻将数量为 A 的商品售出,所以

$$A - kT = 0,$$

得

$$k = \frac{A}{T}.$$

(2) 在时间段 $[0, T]$ 上的平均剩余量为

$$\frac{\int_0^T z(t) \mathrm{d}t}{T} = \frac{\int_0^T \left(A - \frac{A}{T} t \right) \mathrm{d}t}{T} = \frac{\left(At - \frac{A}{2T} t^2 \right) \Big|_0^T}{T} = \frac{A}{2}.$$

【例 24】 已知生产某种产品 x 单位时的总收入变化率是 $r(x) = \left(100 - \frac{x}{10} \right)$(元/单位). 生产 1 000 个这种产品时的总收入及生产 x 单位时的平均单位收入各是多少?

解 因为总收入是其边际的原函数,所以生产 x 单位产品时的总收入为

$$R(x) = \int_0^x r(t) \mathrm{d}t = \int_0^x \left(100 - \frac{t}{10} \right) \mathrm{d}t = 100x - \frac{x^2}{20}.$$

由于总收入 $R(x)$ 等于平均单位收入 $\overline{R}$ 与产量 x 的乘积,故有 $R(x) = \overline{R}x$, 即平均单位收入为

$$\overline{R} = \frac{R(x)}{x} = 100 - \frac{x}{20}.$$

所以,当生产 1 000 个单位时,总收入为

$$R(1\,000) = \left(100 \cdot 1\,000 - \frac{1\,000^2}{20} \right) 元 = 50\,000 \ 元.$$

而 $\overline{R}(1\,000) = \frac{50\,000}{1\,000} 元 = 500 \ 元.$

【例 25】 某煤矿投资 3 500 万元建成,开工后,在时刻 t 的追加成本(总成本对时间的变化率)和增加收益(总收益对时间的变化率)分别为

$$C'(t) = 8 + 3\sqrt{t} \quad (\text{单位:百万元/年}),$$

$$R'(t) = 24 - \sqrt{t} \quad (\text{单位:百万元/年}).$$

试问该煤矿何时停止开采可获得最大利润,最大利润是多少?

解　根据函数取极值的必要条件知,当 $R'(t) = C'(t)$ 时,可获得最大利润,即

$$8 + 3\sqrt{t} = 24 - \sqrt{t},$$

解得

$$t = 16.$$

又

$$\frac{\mathrm{d}(R' - C')}{\mathrm{d}t}\bigg|_{t=16} = \left(-\frac{1}{2\sqrt{t}} - \frac{3}{2\sqrt{t}}\right)\bigg|_{t=16} = -\frac{1}{2} < 0,$$

故当 $t = 16$ 时可获得最大利润,即最佳终止时间为 16 年.

最大利润为

$$L = \int_0^{16} [R'(t) - C'(t)]\mathrm{d}t - 35 = \int_0^{16} [24 - \sqrt{t} - (8 + 3\sqrt{t})]\mathrm{d}t - 35$$

$$= \left(16t - \frac{8}{3}t^{\frac{3}{2}}\right)\bigg|_0^{16} - 35 = \frac{151}{3}(\text{百万元})$$

习题 4-4

1. 求由直线 $y = x$ 与曲线 $x = y^2$ 所围成图形的面积.

2. 求由曲线 $y = \cos x$,$y = \sin x$ 和 y 轴在区间 $\left[0, \dfrac{\pi}{4}\right]$ 上所围成图形的面积.

3. 求由曲线 $y = \ln x$,直线 $y = 0$ 和 $x = \mathrm{e}$ 所围成图形的面积.

4. 求由曲线 $y = x^2$,直线 $y = x$ 和 $y = 2x$ 所围成图形的面积.

5. 求由曲线 $y = x^2$,直线 $x = 1$ 和 $y = 0$ 所围成图形绕 x 轴旋转所成的旋转体的体积.

6. 求由曲线 $\dfrac{x^2}{a^2} + \dfrac{y^2}{b^2} = 1$ 所围成图形绕 x 轴旋转所成的旋转体的体积.

7. 某产品的边际成本 $C'(x) = 2 - 2x$,固定成本为 0,边际收益 $R'(x) = 20 - 4x$.

(1) 求最大利润;

(2) 从最大利润时的产量又生产了 10 个单位,问利润减少了多少?

阅读材料④　华罗庚

华罗庚(1910 年 11 月 12 日—1985 年 6 月 12 日),原全国政协副主席.出生于江苏常州金坛区,祖籍江苏丹阳,数学家,中国科学院院士,美国国家科学院外籍院

士,第三世界科学院院士,联邦德国巴伐利亚科学院院
士,中国科学院数学研究所研究员、原所长.

生平经历:

1924 年华罗庚从金坛县立初级中学毕业;1931 年
被调入清华大学数学系工作;1936 年赴英国剑桥大学
访问;1938 年被聘为清华大学教授;1946 年任美国普
林斯顿数学研究所研究员、普林斯顿大学和伊利诺大
学教授;1948 年当选为中央研究院院士;1950 年春从
美国经香港抵达北京,在归国途中写下了《致中国全体
留美学生的公开信》,之后回到了清华园,担任清华大
学数学系主任;1951 年当选为中国数学会理事长,同

图 4-21

年被任命为即将成立的数学研究所所长;1954 年当选中华人民共和国第一至第六
届全国人民代表大会常委会委员;1955 年被选聘为中国科学院学部委员(院士);
1982 年当选为美国国家科学院外籍院士;1983 年被选聘为第三世界科学院院士;
1985 年当选为德国巴伐利亚科学院院士.

华罗庚主要从事解析数论、矩阵几何学、典型群、自守函数论、多复变函数论、
偏微分方程、高维数值积分等领域的研究;并解决了高斯完整三角和的估计难题、
华林和塔里问题改进、一维射影几何基本定理证明、近代数论方法应用研究等;被
列为芝加哥科学技术博物馆中当今世界 88 位数学伟人之一;国际上以华氏命名的
数学科研成果有"华氏定理""华氏不等式""华—王方法"等.

总习题 四

1. 利用定积分的几何意义,说明下列等式:

(1) $\int_0^1 -2x\,\mathrm{d}x = -1$; (2) $\int_{-\frac{\pi}{4}}^{\frac{\pi}{4}} \tan x\,\mathrm{d}x = 0$.

(提示:根据被积函数和积分区间画出积分区域草图,再利用定积分几何意义
说明,无须计算.)

2. 比较下列各题中两个积分的大小:

(1) $I_1 = \int_0^1 x^2\,\mathrm{d}x$,$I_2 = \int_0^1 x^4\,\mathrm{d}x$;

(2) $I_1 = \int_4^5 \ln^3 x\,\mathrm{d}x$,$I_2 = \int_4^5 \ln^4 x\,\mathrm{d}x$;

(3) $I_1 = \int_0^1 \mathrm{e}^x\,\mathrm{d}x$,$I_2 = \int_0^1 (x+1)\,\mathrm{d}x$.

3. 计算下列各导数:

(1) $\dfrac{\mathrm{d}}{\mathrm{d}x}\int_0^{x^2} \dfrac{2t}{\sqrt{1+t^2}}\,\mathrm{d}t$; (2) $\dfrac{\mathrm{d}}{\mathrm{d}x}\int_{\sin x}^{\cos x^2} \cos(t+1)\,\mathrm{d}t$.

4. 求下列极限:

(1) $\lim\limits_{x \to +\infty} \dfrac{\displaystyle\int_{1}^{x^2} \ln t \, \mathrm{d}t}{x^3}$;

(2) $\lim\limits_{x \to 0} \dfrac{\left(\displaystyle\int_{0}^{x} \sin t^2 \, \mathrm{d}t\right)^2}{\displaystyle\int_{0}^{x} t^2 \sin t^3 \, \mathrm{d}t}$.

5. 求由方程 $\displaystyle\int_{0}^{y} \mathrm{e}^t \, \mathrm{d}t + \int_{0}^{x} \cos t \, \mathrm{d}t = 0$ 所确定的隐函数 $y = y(x)$ 的导数 $\dfrac{\mathrm{d}y}{\mathrm{d}x}$.

6. 计算下列定积分:

(1) $\displaystyle\int_{\frac{\pi}{3}}^{\pi} \left(\sin x + \dfrac{\pi}{3}\right) \mathrm{d}x$;

(2) $\displaystyle\int_{-3}^{1} \dfrac{\mathrm{d}x}{(8 + 3x)^3}$;

(3) $\displaystyle\int_{0}^{\frac{\pi}{2}} \sin^3 x \cos x \, \mathrm{d}x$;

(4) $\displaystyle\int_{0}^{\pi} (1 - \cos^2 x) \, \mathrm{d}x$;

(5) $\displaystyle\int_{0}^{\sqrt{2}} x \sqrt{2 - x^2} \, \mathrm{d}x$;

(6) $\displaystyle\int_{0}^{1} x^2 \sqrt{1 - x^2} \, \mathrm{d}x$;

(7) $\displaystyle\int_{-1}^{1} \dfrac{x}{\sqrt{4 - 3x}} \, \mathrm{d}x$;

(8) $\displaystyle\int_{1}^{3} \dfrac{1}{1 + \sqrt{x}} \, \mathrm{d}x$;

(9) $\displaystyle\int_{-1}^{1} t \mathrm{e}^{-t^2} \, \mathrm{d}t$;

(10) $\displaystyle\int_{1}^{3} \dfrac{1}{x \sqrt{2 + \ln x}} \, \mathrm{d}x$;

(11) $\displaystyle\int_{-2}^{-1} \dfrac{1}{x^2 + 4x + 5} \, \mathrm{d}x$;

(12) $\displaystyle\int_{0}^{\pi} \cos 2x \cos x \, \mathrm{d}x$;

(13) $\displaystyle\int_{0}^{\pi^2} \sin \sqrt{x} \, \mathrm{d}x$;

(14) $\displaystyle\int_{0}^{2\pi} x^2 \cos x \, \mathrm{d}x$;

(15) $\displaystyle\int_{1}^{2} x^2 \ln(x + 2) \, \mathrm{d}x$;

(16) $\displaystyle\int_{\mathrm{e}^{-1}}^{\mathrm{e}} |\ln x| \, \mathrm{d}x$;

(17) $\displaystyle\int_{0}^{n\pi} x \, |\sin x| \, \mathrm{d}x \, (n \in \mathbf{N})$.

7. 设 $f(x)$ 具有连续导数, $f(1) = 0$, $\displaystyle\int_{1}^{x^2} f'(t) \, \mathrm{d}t = \ln x$, 求 $f(\mathrm{e})$.

8. 设 $f(x)$ 和 $g(x)$ 在 $[a, b]$ 上连续, 证明: 存在 $c \in (a, b)$, 使

$$f(c) \cdot \int_{c}^{b} g(x) \, \mathrm{d}x = g(c) \cdot \int_{a}^{c} f(x) \, \mathrm{d}x.$$

9. 过坐标原点作曲线 $y = \ln x$ 的切线, 该切线与曲线 $y = \ln x$ 及 x 轴围成平面图形 D. 求:

(1) D 的面积 A;

(2) D 绕直线 $x = \mathrm{e}$ 旋转一周所得旋转体的体积 V.

10. 求下列平面图形的面积:

(1) 曲线 $y = \sin x$ 与 x 轴在区间 $\left[0, \dfrac{3}{2}\pi\right]$ 上围成的图形;

(2) 曲线 $y = x^2$ 与直线 $y = x$ 所围成的图形;

(3) 曲线 $xy = 1$ 与直线 $y = x$, $x = 3$ 所围成的图形;

(4) 曲线 $y = \cos x$ 与 $y = \sin x$, y 轴在区间 $\left[0, \dfrac{1}{4}\pi\right]$ 上所围成的图形.

11. 求下列旋转体的体积：

（1）由曲线 $y=\sin x$ 与 x 轴在区间 $[0,\pi]$ 上围成的图形绕 x 轴旋转一周而成的旋转体；

（2）由曲线 $y=x^2$ 与直线 $y=x$ 所围成的图形绕 x 轴，y 轴旋转一周而成的旋转体；

（3）由直线 $y+x=1$，$x=3$ 与 $y=0$ 所围成的图形绕 x 轴旋转一周而成的旋转体.

12. 某工厂投资 40 万元建成一条新的生产线生产某产品，在时刻 x 的追加成本（总成本对时间的变化率）和增加利润（总收益对时间的变化率）分别为

$$C'(x)=x^2-6x+6（单位：百万元/年），$$
$$R'(x)=54-4x（单位：百万元/年）.$$

试确定该产品的最大利润.

13. 已知边际成本 $C'(x)=100-2x$，当产量从 $x=20$ 增加到 $x=30$ 时，应追加多少成本？

第五章

多元函数微积分学

在前四章中我们讨论的函数是一元函数,都只有一个自变量.但在很多实际问题中往往牵涉到多方面的因素,反映到数学上就是一个变量依赖于多个变量的情形.相对应的,多元函数以及多元函数的微分和积分的问题也会牵涉到.本章将在一元函数微积分学的基础上,讨论多元函数的微积分法及其简单应用.这里我们以二元函数为主.

第一节　空间解析几何简介

在中学的平面解析几何知识中,为了确定平面上任意一点的位置,我们建立了平面直角坐标系 xOy.现在,为了确定空间任意一点的位置,我们以平面直角坐标系为基础,建立空间直角坐标系.

一、空间直角坐标系

在空间中再建立一条数轴 Oz,使它与平面直角坐标系所在的平面垂直且相交于原点 O,并按右手系规定 Oz 的方向:即将右手伸直,当右手四指从数轴 Ox 正方向以直角指向数轴 Oy 正方向时,拇指所指的方向为数轴 Oz 的正方向(图 5-1).

由此引出下述概念:

定义 1　在空间中取定一点 O,过点 O 作三条互相垂直的直线 Ox, Oy, Oz,并按右手系规定 Ox, Oy, Oz 的正方向,则点 O 连接的三条数轴 x 轴、y 轴、z 轴就构成了一个空间直角坐标系.

在如图 5-1 所示的坐标系中,点 O 称为坐标原点,x 轴、y 轴、z 轴也可分别称为横轴、纵轴、竖轴.每两条坐标轴确定一个平面,称为坐标平面.由 x 轴和 y 轴确定的平面称为 xOy 平面,由 y 轴和 z 轴确定的平面称为 yOz 平面,由 z 轴和 x 轴确定的平面称为 zOx 平面,如图 5-2 所示.通常,将 xOy 平面配置在水平面上,z 轴放在铅直

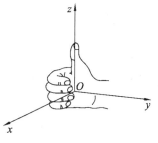

图 5-1

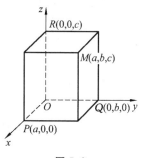

图 5-2

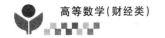

位置,而且由下向上为 z 轴正方向.三个坐标平面把空间分成 8 个部分,每个部分称为一个卦限,因此将空间分成 8 个卦限.

建立空间直角坐标系后,对于空间中任意一点 M,过点 M 作三个平面,分别平行于 xOy 平面、yOz 平面、zOx 平面,且与 x 轴、y 轴、z 轴分别交于 P,Q,R 三点,如图 5-2 所示.设 $OP=a,OQ=b,OR=c$,则点 M 唯一确定了一个三元有序数组 (a,b,c);反之,对任意一个三元有序数组 (a,b,c),在 x 轴、y 轴、z 轴上分别取点 P,Q,R,使 $OP=a,OQ=b,OR=c$,然后过 P,Q,R 三点分别作垂直于 x 轴、y 轴、z 轴的平面,这三个平面相交于空间中一点 M,则由一个三元有序数组 (a,b,c) 唯一地确定了空间中的一个点 M.

于是,空间中任意一点 M 和一个三元有序数组 (a,b,c) 建立了一一对应关系.我们称这个三元有序数组为点 M 的坐标,记为 $M(a,b,c)$,并分别称 a,b,c 为点的横坐标、纵坐标、竖坐标.

显然,坐标原点的坐标为 $(0,0,0)$;x 轴、y 轴、z 轴上点的坐标分别为 $(x,0,0)$、$(0,y,0)$、$(0,0,z)$;xOy 平面、yOz 平面、zOx 平面上点的坐标分别为 $(x,y,0)$、$(0,y,z)$、$(x,0,z)$.

二、空间任意两点间的距离

设 $M_1(x_1,y_1,z_1)$,$M_2(x_2,y_2,z_2)$ 为空间中的任意两点,则 M_1 与 M_2 之间的距离公式为

$$|M_1M_2|=\sqrt{(x_1-x_2)^2+(y_1-y_2)^2+(z_1-z_2)^2}.$$

如果点 M_2 为坐标原点,则得点 $M_1(x_1,y_1,z_1)$ 与坐标原点 O 的距离公式:

$$|OM_1|=\sqrt{x_1{}^2+y_1{}^2+z_1{}^2}.$$

如果点 M_1,M_2 均位于 xOy 平面上,则得 xOy 平面上任意两点 $M_1(x_1,y_1,0)$,$M_2(x_2,y_2,0)$ 间的距离公式:

$$|M_1M_2|=\sqrt{(x_1-x_2)^2+(y_1-y_2)^2}.$$

此公式就是平面解析几何中平面上两点 M_1,M_2 的距离公式.

三、曲面与方程

在平面解析几何中,我们曾建立了坐标平面上曲线与方程 $F(x,y)=0$ 的对应关系.同样地,在空间解析几何中也可建立空间曲面 S 与包含三个变量的三元方程 $F(x,y,z)=0$ 的对应关系.

【例 1】 请写出空间直角坐标系中球心在原点、半径为 R 的球面方程.

解 空间直角坐标系中,此球面是所有到原点 $O(0,0,0)$ 的距离等于常数 R 的点的集合.

任取球面上一点 $M(x,y,z)$,则有 $|OM|=R$,

由空间两点间的距离公式(1),有

$$\sqrt{x^2+y^2+z^2}=R.$$

两边同时平方,得

$$x^2 + y^2 + z^2 = R^2.$$

此三元方程即为球面上任一点 $M(x, y, z)$ 的轨迹方程.

反之,若点 $P(x, y, z)$ 不在球面上,则其到原点 $O(0, 0, 0)$ 的距离肯定不等于常数 R,即其坐标肯定不满足三元方程 $x^2 + y^2 + z^2 = R^2$.

所以,在空间直角坐标系中,球心在原点、半径为 R 的球面方程就是球面上任一点 $M(x, y, z)$ 的轨迹方程,即

$$x^2 + y^2 + z^2 = R^2.$$

由此引出下述概念:

定义 2 如果曲面 S 上任意一点 $M(x, y, z)$ 的坐标都满足三元方程 $F(x, y, z) = 0$,而不在曲面 S 上的点的坐标都不满足三元方程 $F(x, y, z) = 0$,那么三元方程 $F(x, y, z) = 0$ 称为曲面 S 的方程,称曲面 S 为三元方程 $F(x, y, z) = 0$ 在空间直角坐标中的图形,如图 5-3 和图 5-4 所示.

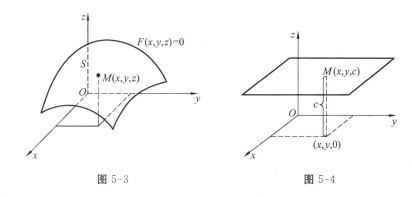

图 5-3   图 5-4

【例 2】 求三个坐标平面的方程.

解 设 xOy 平面上任一点 $M(x, y, z)$,则必有 $z = 0$,同时满足 $z = 0$ 的点也必然在 xOy 平面上,所以 xOy 平面的方程为 $z = 0$.

同理,yOz 平面的方程为 $x = 0$;zOx 平面的方程为 $y = 0$.

【例 3】 研究方程 $z = c(c \neq 0)$ 在空间直角坐标系中所表示的图形.

解 设方程 $z = c$ 在空间直角坐标系中所表示的图形为 S,设 S 上任一点 M,则其坐标为 (x, y, c),这意味着点 M 的横坐标和纵坐标可以任意取值,但竖坐标一定为 c.即 S 为具有这样的几何轨迹的点的集合:到 xOy 平面的距离均为 $|c|$ 的点.由此可得方程 $z = c(c \neq 0)$ 在空间直角坐标系中的图形表示为平行于 xOy 平面且距离为 $|c|$ 的平面.可由 xOy 平面向上 $(c > 0)$ 或向下 $(c < 0)$ 移动 c 个单位得到,如图 5-4 所示.

类似地,方程 $x = a(a \neq 0)$ 在空间直角坐标系中的图形表示为平行于 yOz 平面且距离为 $|a|$ 的平面;方程 $y = b(b \neq 0)$ 在空间直角坐标系中的图形表示为平行于 zOx 平面且距离为 $|b|$ 的平面.

例 2、例 3 两个例子中,所讨论的方程都是三元一次方程,所考察的图形都是平

面.可以证明,空间中任意一个平面的方程为三元一次方程

$$Ax + By + Cz + D = 0,$$

其中,A,B,C,D 均为常数,且 A,B,C 不全为 0.

习题 5-1

1. 求点 $M(x,y,z)$

(1) 关于各坐标平面对称点的坐标;

(2) 关于各坐标轴对称点的坐标;

(3) 关于坐标原点对称点的坐标.

2. 求点 $M(x,y,z)$

(1) 到各坐标平面的距离;

(2) 到各坐标轴的距离.

3. 在空间直角坐标系中,指出下列各点所在的卦限:

$$M_1(1,2,3), M_2(1,-2,3), M_3(1,-2,-3), M_4(-1,-2,-3)$$

4. 求球心为点 $M_0(x_0,y_0,z_0)$、半径为 R 的球面方程.

第二节　多元函数的概念

前面几章研究的函数 $y = f(x)$ 是因变量与一个自变量之间的关系,即因变量的值只依赖于一个自变量,称为一元函数.但在许多实际中的问题会比较复杂,需要计算的因变量并不是由单个因素决定的,而常常与多个因素有关.例如,某种商品的市场需求量不仅与其市场价格有关,而且与消费者的收入及这种商品的其他替代品的价格等因素有关,即决定该商品需求量的因素不是一个而是多个.

所以现在我们需要研究因变量与几个自变量之间的关系,即因变量的值依赖于几个自变量.

一、多元函数的定义

从一元函数的定义受到启发,引出多元函数的概念.

定义 3　设 D 是一个非空的二元有序数组构成的集合,若对于 D 中每一个有序数组 (x,y),按照某一对应关系 f,都有唯一确定的实数 z 与之对应,则称对应关系 f 为定义在 D 上的二元函数,记作

$$z = f(x,y), (x,y) \in D.$$

其中,变量 x,y 称为自变量,z 称为因变量.自变量 x,y 的变化范围 D 称为函数的定义域,也可以记为 $D(f)$.

类似于一元函数,当我们用具体算式表达二元函数时,凡是使算式有意义的各自变量的值所组成的点集称为该二元函数的定义域.

对于 $(x_0, y_0) \in D$，所对应的值记为
$$z_0 = f(x_0, y_0) \text{ 或 } z\big|_{\substack{y=y_0 \\ x=x_0}} = f(x_0, y_0),$$
称为当 $(x, y) = (x_0, y_0)$ 时函数 $z = f(x, y)$ 的函数值.

全体函数值的集合 $\{z \mid z = f(x, y), (x, y) \in D\}$ 称为函数的值域，记为 $R(f)$.

该定义可以推广到三元函数 $u = f(x, y, z)$ 及三元以上函数的情形.

一般地，二元及二元以上的函数统称为多元函数.在本教材中主要研究二元函数.

【例 4】　$z = \ln(x + y)$ 是以 x, y 为自变量，z 为因变量的二元函数，其定义域为 $D(f) = \{(x, y) \mid x + y > 0\}$，值域为 $R(f) = \{z \mid z \in (-\infty, +\infty)\}$.

【例 5】　$z = \sqrt{x + y}$ 是以 x, y 为自变量，z 为因变量的二元函数，其定义域为 $D(f) = \{(x, y) \mid x + y \geqslant 0\}$，值域为 $R(f) = \{z \mid z \geqslant 0\}$.

【例 6】　$z = \arcsin(x^2 + y^2)$ 是以 x, y 为自变量，z 为因变量的二元函数，其定义域为 $D(f) = \{(x, y) \mid x^2 + y^2 \leqslant 1\}$，值域为 $R(f) = \left\{z \mid z \in \left(-\dfrac{\pi}{2}, \dfrac{\pi}{2}\right)\right\}$.

【例 7】　$z = \dfrac{1}{\sqrt{R^2 - x^2 - y^2}}$ 是以 x, y 为自变量，z 为因变量的二元函数，其定义域为 $D(f) = \{(x, y) \mid x^2 + y^2 < R^2\}$，值域为 $R(f) = \{z \mid z > 0\}$.

【例 8】　设 Z 表示居民人均消费收入，Y 表示国民收入总额，P 表示总人口数，则有 $Z = S_1 S_2 \dfrac{Y}{P}$.其中，S_1 是消费率（国民收入总额中用于消费的部分所占的比例），S_2 是居民消费率（消费总额中用于居民消费的部分所占的比例）.显然，对于每一个有序数组 (Y, P)，$Y > 0$，$P > 0$（整数），总有唯一确定的实数 Z 与之对应，使得以上关系式成立.因此，$Z = f(Y, P) = S_1 S_2 \dfrac{Y}{P}$ 是以 Y, P 为自变量，Z 为因变量的二元函数.定义域 $D(f) = \{(Y, P) \mid Y > 0, P > 0 (\text{整数})\}$，值域 $R(f) = \{z \mid z > 0\}$.此函数关系反映了一个国家中居民人均消费收入依赖于国民收入总额和总人口数.

二、二元函数定义域的几何表示

一元函数 $y = f(x)$ 的定义域 D 在几何上表示数轴上的一个点集.

二元函数 $z = f(x, y)$ 的定义域 D 在几何上表示坐标平面上的一个点集，往往是由 xOy 平面上的一条或几条曲线所围成的部分，称为平面区域.围成平面区域的曲线称为该区域的边界，边界上的点称为边界点.

平面区域可以分类如下：包括边界在内的区域称为闭区域；不包括边界的区域称为开区域；包括部分边界的区域称为半开区域.如果区域延伸到无穷远，则称为无界区域；否则称为有界区域.

如本节例 4，函数 $z = \ln(x + y)$ 的定义域 $D(f) = \{(x, y) \mid x + y > 0\}$ 是 xOy 平面上由直线 $x + y = 0$ 的右上方确定的无界开区域，如图 5-5 所示.

例 5 中函数 $z = \sqrt{x + y}$ 的定义域 $D(f) = \{(x, y) \mid x + y \geqslant 0\}$ 是 xOy 平面上由

直线 $x+y=0$ 的右上方确定的无界闭区域,如图 5-6 所示.

例 6 中函数 $z=\arcsin(x^2+y^2)$ 的定义域 $D(f)=\{(x,y)\mid x^2+y^2\leqslant1\}$ 是 xOy 平面上由圆 $x^2+y^2\leqslant1$ 围成的有界闭区域,如图 5-7 所示.

例 7 中函数 $z=\dfrac{1}{\sqrt{R^2-x^2-y^2}}$ 的定义域 $D(f)=\{(x,y)\mid x^2+y^2<R^2\}$ 是 xOy 平面上由圆 $x^2+y^2<R^2$ 围成的有界开区域,如图 5-8 所示.

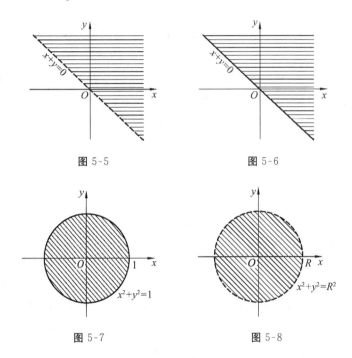

图 5-5　　　　　　　　图 5-6

图 5-7　　　　　　　　图 5-8

三、二元函数的几何意义

在平面解析几何中,一元函数 $y=f(x)$ 通常表示为 xOy 平面上的一条曲线.

受此启发,在空间解析几何中,二元函数 $z=f(x,y),(x,y)\in D$ 在空间直角坐标系中通常表示为什么图形?

角度一:从三元方程的几何意义分析.

由二元函数 $z=f(x,y),(x,y)\in D$,可得一个关于 x,y,z 的三元方程:
$$F(x,y,z)=f(x,y)-z=0,(x,y)\in D.$$

由前面的知识可得,关于 x,y,z 的一个三元方程 $F(x,y,z)=0$ 在空间直角坐标系中通常表示为一个曲面 S,且曲面上任一点 $M(x,y,z)$ 的坐标满足三元方程 $F(x,y,z)=0$.

即二元函数 $z=f(x,y),(x,y)\in D$ 在空间直角坐标系中通常表示为一个曲面 S,曲面上任一点 $M(x_0,y_0,z_0)$ 的横、纵坐标的变化范围为 xOy 平面上的平面区域 D,竖坐标 z 是其横、纵坐标在二元函数 $z=f(x,y)$ 中所对应的值.

即
$$M(x_0,y_0,z_0)=M(x_0,y_0,f(x_0,y_0)).$$

角度二:从二元函数的几何意义分析.

我们知道二元函数 $z=f(x,y)$, $(x,y)\in$ D 的定义域 D 的几何表示为 xOy 平面上的平面区域.对于 D 中任意一点 $P(x,y)$,必有唯一的数 z 与其对应.因此,三元有序数组 $(x,y,$ $f(x,y))$ 就确定了空间的一个点 $M(x,y,$ $f(x,y))$,所有这样确定的点的集合就是函数 $z=f(x,y)$ 的图形,通常是一个曲面,如图 5-9 所示.

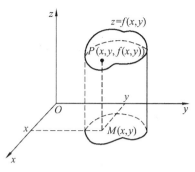

图 5-9

综上,二元函数 $z=f(x,y)$, $(x,y)\in D$ 在空间直角坐标系中通常表示为曲面 $S=\{M(x,y,z)\,|\,(x,y)\in D,z=f(x,y)\}$,曲面方程就是二元函数 $z=f(x,y)$, $(x,y)\in D$ 或者其对应的三元方程 $F(x,y,z)=f(x,y)-z=0$, $(x,y)\in D$;并且曲面 S 在 xOy 平面上的投影就是平面区域 D.

【例 9】　作二元函数 $z=\sqrt{1-x^2-(y-1)^2}$ 在空间直角坐标系中所表示的曲面.

解　二元函数 $z=\sqrt{1-x^2-(y-1)^2}$ 的定义域 $D(f)=\{(x,y)\,|\,x^2+(y-1)^2\leqslant 1\}$,是 xOy 平面上由圆 $x^2+(y-1)^2\leqslant 1$ 围成的有界闭区域;值域为 $R(f)=\{z\,|\,z\geqslant 0\}$.

二元函数对应的三元方程为
$$x^2+(y-1)^2+z^2=1,$$
其中, $(x,y)\in D(f)=\{(x,y)\,|\,x^2+(y-1)^2\leqslant 1\}$, $z\in R(f)=\{z\,|\,z\geqslant 0\}$.

显然此三元方程在空间直角坐标系中表示以点 $(0,1,0)$ 为球心,以 1 为半径的球面.

由二元函数的值域可知,此二元函数所表示的并不是整个球面,而是该球面的上半部分;由二元函数的定义域可知,此二元函数所表示的半球面在 xOy 平面上的投影区域就是闭圆域: $x^2+(y-1)^2\leqslant 1$,如图 5-10 所示.

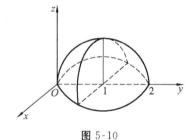

图 5-10

习题 5-2

1.求下列函数的定义域:

(1) $z=\sqrt{x}+y$;

(2) $z=\sqrt{\sin(x^2+y^2)}$;

(3) $z=\dfrac{x}{\sqrt{4-x^2-y^2}}+\ln x$;

(4) $z=\arccos(x^2-y)$.

2.设 $f(x+y,x-y)=e^{x^2+y^2}(x^2-y^2)$,求函数 $f(x,y)$ 和 $f(\sqrt{2},\sqrt{2})$ 的值.

3.判别二元函数 $z=\ln(x^2-y^2)$ 与 $z=\ln(x+y)+\ln(x-y)$ 是否为同一函数,并说明理由.

第三节　二元函数的极限与连续

与一元函数的极限、连续概念类似,可以引入二元函数的极限与连续的概念.

在一元函数中,我们用数轴上 x_0 与 x 两点之间的距离 $|x-x_0|$ 定义点 x_0 的 δ 邻域,即由集合 $\{x \mid |x-x_0|<\delta, \delta>0\}$ 所确定的开区间,从而定义了函数 $f(x)$ 当 $x \to x_0$ 时的极限.

在二元函数中,我们利用平面上 (x_0, y_0) 与 (x, y) 两点之间的距离

$$\rho = \sqrt{(x-x_0)^2+(y-y_0)^2}$$

来定义 (x_0, y_0) 的 δ 邻域.平面上点 (x_0, y_0) 的 δ 邻域是点集 $\{(x, y) \mid (x-x_0)^2+(y-y_0)^2<\delta, \delta>0\}$ 所确定的平面上的开圆区域;进而可以定义二元函数 $f(x, y)$ 当 $(x, y) \to (x_0, y_0)$ 时的极限.

由一元函数 $f(x)$ 当 $x \to x_0$ 时的极限定义受到启发,引出下述概念:

定义 4　如果对于任意给定的正数 ε,总存在一个正数 δ,使当 $0<\rho=\sqrt{(x-x_0)^2+(y-y_0)^2}<\delta$ 时,$|f(x, y)-A|<\varepsilon$ 恒成立,则称当 (x, y) 趋于 (x_0, y_0) 时,函数 $f(x, y)$ 以 A 为极限.记作

$$\lim_{(x, y) \to (x_0, y_0)} f(x, y) = A \text{ 或} \lim_{\rho \to 0} f(x, y) = A.$$

注意　虽然二元函数极限的定义与一元函数极限的定义很相似,但它们又有很大的区别.二元函数极限的定义中所说的当 $(x, y) \to (x_0, y_0)$ 时 $f(x, y)$ 以 A 为极限,是指 (x, y) 以任何方式趋于 (x_0, y_0) 时 $f(x, y)$ 都要趋于 A.

一元函数中 $x \to x_0$ 时只有两种方式:$x \to x_0^+$ 和 $x \to x_0^-$,当左右极限都存在且相等时,$x \to x_0$ 时函数的极限才存在.

但平面上 $(x, y) \to (x_0, y_0)$ 有无数条路线,所以 (x, y) 沿着其中任意一条路线趋于 (x_0, y_0) 时 $f(x, y)$ 的极限都存在且相等,才能说明二元函数 $f(x, y)$ 在 $(x, y) \to (x_0, y_0)$ 时的极限存在.因此,二元函数中 $(x, y) \to (x_0, y_0)$ 要比一元函数中 $x \to x_0$ 复杂得多.

【例 10】　求极限 $\lim\limits_{(x, y) \to (1, 2)} (3x+y)$.

解　当 $(x, y) \to (1, 2)$ 时,$3x+y \to 5$,即 $\lim\limits_{(x, y) \to (1, 2)} (3x+y) = 5$.

【例 11】　说明极限 $\lim\limits_{(x, y) \to (0, 0)} \dfrac{xy}{x^2+y^2}$ 不存在.

解　当 (x, y) 沿着 x 轴趋于 $(0, 0)$ 时,$y=0$,有

$$\lim_{(x, y) \to (0, 0)} \frac{xy}{x^2+y^2} = \lim_{(x, y) \to (0, 0)} \frac{x \cdot 0}{x^2+0^2} = 0;$$

当 (x, y) 沿着 $y=x$ 轴趋于 $(0, 0)$ 时,有

$$\lim_{(x, y) \to (0, 0)} \frac{xy}{x^2+y^2} = \lim_{(x, y) \to (0, 0)} \frac{x \cdot x}{x^2+x^2} = \frac{1}{2};$$

由于当(x,y)以两种不同的路线趋于$(0,0)$时,$f(x,y)$趋于不同的值,因此

$$\lim_{(x,y)\to(0,0)}\frac{xy}{x^2+y^2}$$不存在.

关于二元函数的极限运算,有与一元函数类似的运算法则.由于篇幅限制,此处不再举例说明.

与一元函数中连续与间断的定义类似,可以给出二元函数连续的定义.

定义5 设二元函数$f(x,y)$满足条件:

(1) 在点(x_0,y_0)的某邻域内有定义;

(2) 极限$\lim\limits_{(x,y)\to(x_0,y_0)}f(x,y)$存在;

(3) $\lim\limits_{(x,y)\to(x_0,y_0)}f(x,y)=f(x_0,y_0)$,

则称函数$f(x,y)$在点(x_0,y_0)处连续,否则称点(x_0,y_0)是函数$f(x,y)$的间断点.

如在上面的例子中,因为函数$f(x,y)=3x+y$在点$(1,2)$处的极限值等于在这点的函数值$f(1,2)=5$,所以函数在该点连续.

如果函数$f(x,y)$在平面区域D内的每一点都连续,则称函数$f(x,y)$在区域D内连续.

关于多元连续函数的运算法则,与一元连续函数的运算有着类似的法则:

(1) 多元连续函数的和、差、积、商(在分母不为零处)仍是连续函数;

(2) 多元连续函数的复合函数仍是连续函数.

关于多元初等函数,与一元初等函数有着类似的定义和结论:多元初等函数是指可用一个式子表示的多元函数,这个式子是由常数及具有不同自变量的一元基本初等函数经过有限次的四则运算和复合运算而得到的.

进一步可以得出如下结论:

一切多元初等函数在其定义区域内是连续的.所谓定义区域,是指包含在定义域内的区域或闭区域.

关于多元连续函数在有界闭区域D上的性质,与一元连续函数在闭区间上的性质有着类似的结论:

性质1(有界性与最大值最小值定理) 在有界闭区域D上多元连续函数,必定在D上有界,且能取得它的最大值和最小值.

性质2(介值定理) 在有界闭区域D上多元连续函数必取得介于最大值和最小值之间的任何值.

习 题 5-3

1.求下列函数的极限.

(1) $\lim\limits_{(x,y)\to(2,0)}(x^2+xe^y)$;

(2) $\lim\limits_{(x,y)\to(0,1)}\dfrac{1-xy}{x^2+y^2}$;

(3) $\lim\limits_{(x,y)\to(0,0)}\sqrt{4-x^2-y^2}$;

(4) $\lim\limits_{(x,y)\to(1,0)}\dfrac{xy}{x^2+y^2}$.

2. 说明极限 $\lim\limits_{(x,y)\to(0,0)}\dfrac{x+y}{x-y}$ 不存在.

3. 求下列函数的极限.

(1) $\lim\limits_{(x,y)\to(0,0)}\dfrac{1-\cos\sqrt{x^2+y^2}}{x^2+y^2}$;   (2) $\lim\limits_{(x,y)\to(0,0)}\dfrac{xy}{\sqrt{1+xy}-1}$;

(3) $\lim\limits_{(x,y)\to(2,0)}\dfrac{\sin(xy)}{y}$;   (4) $\lim\limits_{(x,y)\to(0,1)}\dfrac{\tan(xy)}{x}$.

4. 讨论函数 $f(x)=\begin{cases}\dfrac{xy}{x^2+y^2}, & (x,y)\neq(0,0),\\ 0, & (x,y)=(0,0)\end{cases}$ 在点$(0,0)$处的连续性.

第四节　偏导数与全微分

在一元函数微分学中,由函数的变化率引入了导数的概念,并得到如下结论:

一元可导函数 $y=f(x)$ 在点 x_0 处的导数值 $f'(x_0)=\lim\limits_{\Delta x\to0}\dfrac{\Delta y}{\Delta x}\Big|_{(x_0,y_0)}$,即

$$\frac{\text{因变量增量}}{\text{自变量增量}}(\text{自变量增量}\to0)\to\text{导数(函数的变化率)}$$

二元函数 $z=f(x,y)$ 有两个自变量,此时导致因变量增量 Δz 的情况就比一元函数复杂得多,有三种情况,由此引出下述概念.

一、偏导数

设函数 $z=f(x,y)$ 在点 (x_0,y_0) 的某个邻域内有定义,当 x 从 x_0 取得改变量 $\Delta x(\Delta x\neq0)$,而 $y=y_0$ 保持不变时,函数 z 得到一个改变量

$$\Delta z_x=f(x_0+\Delta x,y_0)-f(x_0,y_0),$$

称为函数 $f(x,y)$ 对于 x 的**偏改变量**或偏增量.

类似地,定义函数 $f(x,y)$ 对于 y 的偏改变量或偏增量

$$\Delta z_y=f(x_0,y_0+\Delta y)-f(x_0,y_0).$$

对于自变量分别从 x_0,y_0 取得改变量 $\Delta x,\Delta y$,函数 z 的相应的改变量

$$\Delta z=f(x_0+\Delta x,y_0+\Delta y)-f(x_0,y_0),$$

称为函数 $f(x,y)$ 的**全改变量**或**全增量**.

类似于一元函数在某点处导数的定义式,可以给出二元函数 $z=f(x,y)$ 在点 (x_0,y_0) 处的偏导数定义.

定义 6　设函数 $z=f(x,y)$ 在点 (x_0,y_0) 的某邻域内有定义,如果当 $\Delta x\to0$ 时,极限

$$\lim\limits_{\Delta x\to0}\frac{\Delta z_x}{\Delta x}=\lim\limits_{\Delta x\to0}\frac{f(x_0+\Delta x,y_0)-f(x_0,y_0)}{\Delta x}$$

存在,则称此极限值为函数 $f(x,y)$ 在点 (x_0,y_0) 处对 x 的偏导数,记作

$$\frac{\partial z}{\partial x}\Big|_{\substack{y=y_0\\x=x_0}},\frac{\partial f}{\partial x}\Big|_{\substack{y=y_0\\x=x_0}},z_x{}'(x_0,y_0) \text{ 或 } f_x{}'(x_0,y_0).$$

同样地,如果极限

$$\lim_{\Delta y\to0}\frac{\Delta z_y}{\Delta y}=\lim_{\Delta y\to0}\frac{f(x_0,y_0+\Delta y)-f(x_0,y_0)}{\Delta y}$$

存在,则称此极限值为函数 $f(x,y)$ 在点 (x_0,y_0) 处对 y 的偏导数,记作

$$\frac{\partial z}{\partial y}\Big|_{\substack{y=y_0\\x=x_0}},\frac{\partial f}{\partial y}\Big|_{\substack{y=y_0\\x=x_0}},z_y{}'(x_0,y_0) \text{ 或 } f_y{}'(x_0,y_0).$$

如果函数 $z=f(x,y)$ 在平面区域 D 内的每一点 (x,y) 处对 x(或 y)的偏导数都存在,则称函数 $f(x,y)$ 在 D 内有对 x(或 y)的偏导函数,简称偏导数,记作

$$\frac{\partial z}{\partial x},\frac{\partial f}{\partial x},z_x{}' \text{ 或 } f_x{}';$$

$$\frac{\partial z}{\partial y},\frac{\partial f}{\partial y},z_y{}' \text{ 或 } f_y{}'.$$

由偏导数的定义可知,求多元函数对一个自变量的偏导数时,只需将其他自变量看成常数,用一元函数求导法即可求得.

【例 12】 求函数 $f(x,y)=5x^2y^3$ 的偏导数 $f_x{}'(x,y)$ 与 $f_y{}'(x,y)$,并求 $f_x{}'(0,1),f_y{}'(1,-2)$.

解　$f_x{}'(x,y)=(5x^2y^3)_x{}'=5\cdot2x\cdot y^3=10xy^3,f_x{}'(0,1)=0$;
$f_y{}'(x,y)=(5x^2y^3)_y{}'=5\cdot x^2\cdot3y^2=15x^2y^2,f_y{}'(1,-2)=15\times1^2\times(-2)^2=60.$

【例 13】 求函数 $f(x,y)=\mathrm{e}^{xy^2}$ 的偏导数 $\dfrac{\partial f}{\partial x},\dfrac{\partial f}{\partial y}$.

解
$$\frac{\partial f}{\partial x}=\frac{\partial(\mathrm{e}^{xy^2})}{\partial x}=\mathrm{e}^{xy^2}\cdot y^2=y^2\mathrm{e}^{xy^2},$$

$$\frac{\partial f}{\partial y}=\frac{\partial(\mathrm{e}^{xy^2})}{\partial y}=\mathrm{e}^{xy^2}\cdot2xy=2xy\mathrm{e}^{xy^2}.$$

二、高阶偏导数

一般地,二元函数 $z=f(x,y)$ 的偏导数

$$z_x{}'(x,y)=\frac{\partial f(x,y)}{\partial x},z_y{}'(x,y)=\frac{\partial f(x,y)}{\partial y}$$

仍然是 x,y 的二元函数,如果这两个二元函数对自变量 x,y 的偏导数也存在,则称这些偏导数为函数 $z=f(x,y)$ 的二阶偏导数,记作

$$\frac{\partial^2z}{\partial x^2}=\frac{\partial}{\partial x}\left(\frac{\partial z}{\partial x}\right)\text{ 或 }z_{xx}{}''=(z_x{}')_x{}';$$

$$\frac{\partial^2z}{\partial x\partial y}=\frac{\partial}{\partial y}\left(\frac{\partial z}{\partial x}\right)\text{ 或 }z_{xy}{}''=(z_x{}')_y{}';$$

$$\frac{\partial^2z}{\partial y^2}=\frac{\partial}{\partial y}\left(\frac{\partial z}{\partial y}\right)\text{ 或 }z_{yy}{}''=(z_y{}')_y{}';$$

$$\frac{\partial^2z}{\partial y\partial x}=\frac{\partial}{\partial x}\left(\frac{\partial z}{\partial y}\right)\text{ 或 }z_{yx}{}''=(z_y{}')_x{}'.$$

其中最后两个偏导数称为混合偏导数.同样可得二阶、四阶……以及 n 阶偏导数.二阶及二阶以上的偏导数统称为高阶偏导数.本教材主要讨论二阶偏导数.

【例 14】 设 $z = x^3 y^2 - 3xy^3 - xy + 1$,求 $\dfrac{\partial^2 z}{\partial x^2}, \dfrac{\partial^2 z}{\partial x \partial y}, \dfrac{\partial^2 z}{\partial y^2}, \dfrac{\partial^2 z}{\partial y \partial x}$.

解 $\dfrac{\partial z}{\partial x} = 3x^2 y^2 - 3y^3 - y$, $\dfrac{\partial^2 z}{\partial x^2} = 6xy^2$, $\dfrac{\partial^2 z}{\partial x \partial y} = 6x^2 y - 9y^2 - 1$;

$\dfrac{\partial z}{\partial y} = 2x^3 y - 9xy^2 - x$, $\dfrac{\partial^2 z}{\partial y \partial x} = 6x^2 y - 9y^2 - 1$, $\dfrac{\partial^2 z}{\partial y^2} = 2x^3 - 18xy$.

在例 14 中,有 $\dfrac{\partial^2 z}{\partial x \partial y} = \dfrac{\partial^2 z}{\partial y \partial x}$,但这个等式并不是对所有函数都能成立.可以证明:当二阶偏导数 $\dfrac{\partial^2 z}{\partial x \partial y}, \dfrac{\partial^2 z}{\partial y \partial x}$ 为 x, y 的连续函数时,必有 $\dfrac{\partial^2 z}{\partial x \partial y} = \dfrac{\partial^2 z}{\partial y \partial x}$.

换句话说,二阶混合偏导数在连续的条件下与求导次序无关.证明从略.

*【例 15】 设某货物的需求量 Q 是其价格 P 及消费者收入 Y 的函数:
$$Q = Q(P, Y).$$

当消费者收入 Y 保持不变,价格 P 改变 ΔP 时,需求量 Q 对于价格 P 的偏改变量为
$$\Delta Q_P = Q(P + \Delta P, Y) - Q(P, Y).$$

而比值
$$\frac{\Delta Q_P}{\Delta P} = \frac{Q(P + \Delta P, Y) - Q(P, Y)}{\Delta P}$$

是价格由 P 变到 $P + \Delta P$ 时需求量 Q 的平均变化率.
$$\frac{\partial Q}{\partial P} = \lim_{\Delta P \to 0} \frac{\Delta Q_P}{\Delta P}$$

是当价格为 P、消费者收入为 Y 时,需求量 Q 对于价格 P 的变化率.
$$E_P = -\lim_{\Delta P \to 0} \frac{\dfrac{\Delta Q_P}{Q}}{\dfrac{\Delta P}{P}} = \frac{\partial Q}{\partial P} \frac{P}{Q}$$

称为需求对价格的偏弹性.类似地,
$$\Delta Q_Y = Q(P, Y + \Delta Y) - Q(P, Y)$$

是当价格不变,消费者收入 Y 改变 ΔY 时,需求量 Q 对于收入 Y 的偏改变量.
$$\frac{\Delta Q}{\Delta Y} = \frac{Q(P, Y + \Delta Y) - Q(P, Y)}{\Delta Y}$$

是收入从 Y 变到 $Y + \Delta Y$ 时需求量 Q 的平均变化率.
$$\frac{\partial Q}{\partial Y} = \lim_{\Delta Y \to 0} \frac{\Delta Q_Y}{\Delta Y}$$

是当价格为 P、收入为 Y 时,需求量 Q 对收入 Y 的变化率.

$$E_Y = -\lim_{\Delta Y \to 0} \frac{\dfrac{\Delta Q_Y}{Q}}{\dfrac{\Delta Y}{Y}} = -\frac{\partial Q}{\partial Y} \frac{Y}{Q}$$

称为需求对收入的偏弹性.

三、全微分

把一元函数的微分概念推广到二元函数,即得全微分.

定义 7 如果函数 $z = f(x,y)$ 在点 (x,y) 的全增量

$$\Delta z = f(x+\Delta x, y+\Delta y) - f(x,y)$$

可以表示为

$$\Delta z = A\Delta x + B\Delta y + o(\rho),$$

其中 A,B 与 Δx 和 Δy 无关,仅与 x 和 y 有关,$\rho = \sqrt{(\Delta x)^2 + (\Delta y)^2}$,则称二元函数 $z = f(x,y)$ 在点 (x,y) 处可微,并称 $A\Delta x + B\Delta y$ 为函数 $f(x,y)$ 在点 (x,y) 处的全微分,记作 $\mathrm{d}z$ 或 $\mathrm{d}f(x,y)$,即

$$\mathrm{d}z = A\Delta x + B\Delta y.$$

在一元函数中 $y = f(x)$ 在点 x 处可微与可导是充分必要条件,即两者等价.但在二元函数中,$z = f(x,y)$ 在点 (x,y) 处可微与在点 (x,y) 处存在偏导数并不是等价的.

在二元函数中可微性与偏导数的存在性有如下结论:

定理 1 设函数 $z = f(x,y)$ 在点 (x,y) 处可微,则函数 $f(x,y)$ 在该点的偏导数 $\dfrac{\partial z}{\partial x}, \dfrac{\partial z}{\partial y}$ 必存在,且 $A = \dfrac{\partial z}{\partial x}, B = \dfrac{\partial z}{\partial y}$,即全微分

$$\mathrm{d}z = \frac{\partial z}{\partial x}\Delta x + \frac{\partial z}{\partial y}\Delta y.$$

类似于一元函数,自变量的增量等于自变量的微分,即 $\mathrm{d}x = \Delta x, \mathrm{d}y = \Delta y$,于是二元函数的全微分记作

$$\mathrm{d}z = \frac{\partial z}{\partial x}\mathrm{d}x + \frac{\partial z}{\partial y}\mathrm{d}y.$$

定理 2 设函数 $z = f(x,y)$ 在点 (x,y) 的某一邻域内有连续的偏导数 $\dfrac{\partial z}{\partial x}, \dfrac{\partial z}{\partial y}$,则函数 $f(x,y)$ 在点 (x,y) 处可微分.

换句话说,即使二元函数 $z = f(x,y)$ 在点 (x,y) 处存在偏导数 $\dfrac{\partial z}{\partial x}, \dfrac{\partial z}{\partial y}$,函数 $f(x,y)$ 在点 (x,y) 处也不一定可微;若偏导数 $\dfrac{\partial z}{\partial x}, \dfrac{\partial z}{\partial y}$ 不仅存在而且都连续时,则函数 $f(x,y)$ 在点 (x,y) 处一定可微.

在一元函数中 $y = f(x)$ 在点 x 处可导,则函数 $f(x)$ 必在点 x 处连续.但在二元函数中,$z = f(x,y)$ 在点 (x,y) 处存在偏导数,但函数 $f(x,y)$ 不一定在点 $(x,$

y)处连续.但若 $z=f(x,y)$ 在点 (x,y) 处可微,则函数 $f(x,y)$ 在点 (x,y) 处连续.

可见,多元函数中对自变量"可偏导"与一元函数中对自变量"可导"是有很大区别的.两者在计算方法上差异不大,但在性质上差别很大.

二元函数全微分的概念可以推广到一般的 n 元函数.例如,设定三元函数 $u=f(x,y,z)$ 可微,则其全微分

$$du=\frac{\partial u}{\partial x}dx+\frac{\partial u}{\partial y}dy+\frac{\partial u}{\partial z}dz.$$

【例 16】 求函数 $z=y^2+xe^{xy}$ 在点 $(1,1)$ 处的全微分 dz.

解
$$\frac{\partial z}{\partial x}=(1+xy)e^{xy},\frac{\partial z}{\partial y}=2y+x^2e^{xy},$$
$$\frac{\partial z}{\partial x}\Big|_{\substack{y=1\\x=1}}=2e,\frac{\partial z}{\partial y}\Big|_{\substack{y=1\\x=1}}=2+e,$$
$$dz=2edx+(2+e)dy.$$

【例 17】 求函数 $u=xy+yz+zx$ 的全微分.

解
$$\frac{\partial u}{\partial x}=y+z,\frac{\partial u}{\partial y}=x+z,\frac{\partial u}{\partial z}=y+x,$$
$$du=\frac{\partial u}{\partial x}dx+\frac{\partial u}{\partial y}dy+\frac{\partial u}{\partial z}dz=(y+z)dx+(x+z)dy+(y+x)dz.$$

类似于一元函数的微分在近似计算中的应用,二元函数的全微分在近似计算中也有一定的应用.设二元函数 $z=f(x,y)$,当自变量 x,y 分别产生增量 $\Delta x,\Delta y$ 时,如何近似计算因变量的增量 Δz?

若二元函数 $z=f(x,y)$ 在点 (x,y) 处可微分,则由全微分的定义,知

$$\Delta z=dz+o(\rho),\rho=\sqrt{(\Delta x)^2+(\Delta y)^2}.$$

当 $\Delta x\to 0,\Delta y\to 0$ 时,$\Delta z-dz=o(\rho)$ 是一个比 ρ 高阶的无穷小量,故当 $|\Delta x|$ 和 $|\Delta y|$ 都很小时,有全微分近似计算的公式:

$$\Delta z\approx dz,$$

即 $\Delta z=f(x+\Delta x,y+\Delta y)-f(x,y)\approx f_x{}'(x,y)\Delta x+f_y{}'(x,y)\Delta y.$

当 $x=x_0,y=y_0$,得近似计算公式:

$$f(x_0+\Delta x,y_0+\Delta y)\approx f(x_0,y_0)+f_x{}'(x_0,y_0)\Delta x+f_y{}'(x_0,y_0)\Delta y.$$

【例 18】 要造一个无盖的圆柱形水槽,其内半径为 2 m,高为 4 m,厚度均为 0.01 m,问需用材料多少立方米?

解 设圆柱形水槽的体积为 V,底半径为 r,高为 h,则有 $V=\pi r^2 h$.

则题中所求材料用量即为

$$\Delta V=V(r+\Delta r,h+\Delta h)-V(r,h)\approx V_r{}'(r,h)\Delta r+V_h{}'(r,h)\Delta h.$$

由 $V_r{}'=2\pi rh,V_h{}'=\pi r^2$,故 $\Delta V\approx 2\pi rh\Delta r+\pi r^2\Delta h.$

厚度均为 0.01 m,即 $\Delta r=0.01$ m,$\Delta h=0.01$ m,$r=2$ m,$h=4$ m.

代入上式,计算得 $\Delta V=0.2\pi$ m³,与直接计算的 ΔV 的值 $0.200\,801\pi$ m³ 相当接近.

习 题 5-4

1. 求下列函数的偏导数：

(1) $z = \ln \dfrac{y^2}{x}$；

(2) $z = e^{xy} + yx^2$；

(3) $z = e^{\cos x} \cdot \sin y$；

(4) $z = \arctan \dfrac{x+y}{x-y}$。

2. 计算下列函数在给定点处的偏导数：

(1) $z = e^{x^2+y^2}$，求 $z_x' \big|_{\substack{x=1 \\ y=0}}, z_y' \big|_{\substack{x=1 \\ y=0}}$；

(2) $z = \ln(x+\sqrt{y})$，求 $z_x' \big|_{\substack{x=1 \\ y=1}}, z_y' \big|_{\substack{x=1 \\ y=1}}$；

(3) $z = (1+x)^y$，求 $z_x' \big|_{\substack{x=1 \\ y=1}}, z_y' \big|_{\substack{x=1 \\ y=1}}$；

(4) $u = \ln(xy+z)$，求 $u_x' \big|_{\substack{x=2 \\ y=1 \\ z=0}}, u_y' \big|_{\substack{x=2 \\ y=1 \\ z=0}}, u_z' \big|_{\substack{x=2 \\ y=1 \\ z=0}}$。

3. 求下列函数的偏导数：

(1) $z = y\ln(x+y)$，求 $\dfrac{\partial^2 z}{\partial x^2}, \dfrac{\partial^2 z}{\partial y^2}, \dfrac{\partial^2 z}{\partial x \partial y}$；

(2) $z = \arctan \dfrac{y}{x}$，求 $\dfrac{\partial^2 z}{\partial x^2}, \dfrac{\partial^2 z}{\partial y^2}, \dfrac{\partial^2 z}{\partial x \partial y}$。

4. 求下列函数的全微分：

(1) $z = \sqrt{\dfrac{x}{y}}$；

(2) $z = \arctan(xy)$。

5. 求下列函数在给定条件下的全微分的值：

(1) $z = xy^3$，当 $x=2, y=-1, \Delta x=0.02, \Delta y=-0.01$ 时；

(2) $z = e^{xy}$，当 $x=1, y=1, \Delta x=0.15, \Delta y=0.1$ 时。

6. 用某种材料做一个开口的长方体容器，其外形长 5 m、宽 4 m、高 3 m、厚 0.2 m，求所需材料的近似值与精确值。

第五节　复合函数的微分法与隐函数的微分法

本节要将一元函数微分学中复合函数的求导法则推广到多元复合函数的情形，并用引入位置变量的方法将一元函数微分学中隐函数的求导法则推广至多元函数隐函数的情形。

一、复合函数的微分法

设函数 $z = f(u,v)$ 是变量 u, v 的函数，而 u, v 又是变量 x, y 的函数，$u = \varphi(x,y), v = \psi(x,y)$，因而

$$z = f[\varphi(x,y), \psi(x,y)]$$

是 x,y 的复合函数,其中 u,v 称为**位置变量**或**中间变量**.

定理 3 如果函数 $u=\varphi(x,y)$ 及 $v=\psi(x,y)$ 在点 (x,y) 的偏导数 $\dfrac{\partial u}{\partial x},\dfrac{\partial u}{\partial y}$ 及 $\dfrac{\partial v}{\partial x},\dfrac{\partial v}{\partial y}$ 都存在,且在对应于 (x,y) 的点 (u,v) 处,函数 $z=f(u,v)$ 可微,则复合函数 $z=f[\varphi(x,y),\psi(x,y)]$ 对 x 及 y 的偏导数存在,且

$$\frac{\partial z}{\partial x}=\frac{\partial z}{\partial u}\frac{\partial u}{\partial x}+\frac{\partial z}{\partial v}\frac{\partial v}{\partial x},$$

$$\frac{\partial z}{\partial y}=\frac{\partial z}{\partial u}\frac{\partial u}{\partial y}+\frac{\partial z}{\partial v}\frac{\partial v}{\partial y}.$$

特别地,如果 $z=f(u,v)$,而 $u=\varphi(x),v=\psi(x)$,则 z 就是 x 的一元函数,这时 z 对 x 的导数称为**全导数**.即

$$\frac{\mathrm{d}z}{\mathrm{d}x}=\frac{\partial z}{\partial u}\frac{\mathrm{d}u}{\mathrm{d}x}+\frac{\partial z}{\partial v}\frac{\mathrm{d}v}{\mathrm{d}x}.$$

【例 19】 设 $z=(x^2+3y)^{3x-2y}$,求 $\dfrac{\partial z}{\partial x},\dfrac{\partial z}{\partial v}$.

解 设位置变量:$u=x^2+3y,v=3x-2y$,则 $z=u^v$ 是 x,y 的复合函数,且复合函数中变量间的关系可用图 5-11 表示:

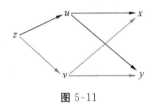

图 5-11

$$\frac{\partial z}{\partial u}=vu^{v-1},\frac{\partial u}{\partial x}=2x,\frac{\partial u}{\partial y}=3;$$

$$\frac{\partial z}{\partial v}=u^v\ln u,\frac{\partial v}{\partial x}=3,\frac{\partial v}{\partial y}=-2;$$

$$\frac{\partial z}{\partial x}=\frac{\partial z}{\partial u}\frac{\partial u}{\partial x}+\frac{\partial z}{\partial v}\frac{\partial v}{\partial x}$$

$$=vu^{v-1}\cdot 2x+u^v\ln u\cdot 3$$

$$=2x(3x-2y)(x^2+3y)^{3x-2y-1}+3(x^2+3y)^{3x-2y}\ln(x^2+3y);$$

$$\frac{\partial z}{\partial y}=\frac{\partial z}{\partial u}\frac{\partial u}{\partial y}+\frac{\partial z}{\partial v}\frac{\partial v}{\partial y}$$

$$=vu^{v-1}\cdot 3+u^v\ln u\cdot(-2)$$

$$=3(3x-2y)(x^2+3y)^{3x-2y-1}-2(x^2+3y)^{3x-2y}\ln(x^2+3y).$$

【例 20】 设 $z=\mathrm{e}^u\cos v$,而 $u=x+2y,v=xy$,求 $\dfrac{\partial z}{\partial x},\dfrac{\partial z}{\partial y}$.

解 **解法一** 把 $z=\mathrm{e}^u\cos v$ 看作是 x,y 的复合函数,则

$$\frac{\partial z}{\partial u}=\mathrm{e}^u\cos v,\frac{\partial u}{\partial x}=1,\frac{\partial u}{\partial y}=2;$$

$$\frac{\partial z}{\partial v}=-\mathrm{e}^u\sin v,\frac{\partial v}{\partial x}=y,\frac{\partial v}{\partial y}=x;$$

$$\frac{\partial z}{\partial x}=\frac{\partial z}{\partial u}\frac{\partial u}{\partial x}+\frac{\partial z}{\partial v}\frac{\partial v}{\partial x}$$

$$= e^u \cos v \cdot 1 - e^u \sin v \cdot y$$
$$= [\cos(xy) - y\sin(xy)]e^{x+2y};$$
$$\frac{\partial z}{\partial y} = \frac{\partial z}{\partial u}\frac{\partial u}{\partial y} + \frac{\partial z}{\partial v}\frac{\partial v}{\partial y}$$
$$= e^u \cos v \cdot 2 - e^u \sin v \cdot x$$
$$= [2\cos(xy) - x\sin(xy)]e^{x+2y}.$$

解法二　也可以直接把 $u = x+2y, v = xy$ 代入函数 $z = e^u \cos v = e^{x+2y}\cos(xy)$，直接对自变量 x, y 求偏导.同学们可以自行验证一下,两种方法的计算结果是一样的.

【**例 21**】　设 $z = u^3 \ln v$,而 $u = e^x, v = \cos x$,求 $\dfrac{\partial z}{\partial x}, \dfrac{\partial z}{\partial y}$.

解
$$\frac{\partial z}{\partial u} = 3u^2 \ln v, \frac{\mathrm{d}u}{\mathrm{d}x} = e^x;$$
$$\frac{\partial z}{\partial v} = \frac{1}{v}u^3, \frac{\mathrm{d}v}{\mathrm{d}x} = -\sin x;$$
$$\frac{\mathrm{d}z}{\mathrm{d}x} = \frac{\partial z}{\partial u}\frac{\mathrm{d}u}{\mathrm{d}x} + \frac{\partial z}{\partial v}\frac{\mathrm{d}v}{\mathrm{d}x}$$
$$= 3u^2 \ln v \cdot e^x + \frac{1}{v}u^3 \cdot (-\sin x)$$
$$= e^{3x}(3\ln \cos x - \tan x).$$

【**例 22**】　设 $w = f(x+y+z, xyz)$,求 $\dfrac{\partial w}{\partial x}, \dfrac{\partial w}{\partial y}, \dfrac{\partial w}{\partial z}$.

解　设位置变量:$u = x+y+z, v = xyz$,则 $w = f(u,v)$ 是 x, y, z 的复合函数,且复合函数中变量间的关系可用图 5-12 表示:

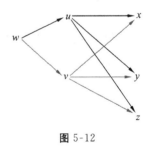

$$\frac{\partial w}{\partial x} = \frac{\partial f}{\partial u}\frac{\partial u}{\partial x} + \frac{\partial f}{\partial v}\frac{\partial v}{\partial x} = f_u' + yz f_v',$$
$$\frac{\partial w}{\partial y} = \frac{\partial f}{\partial u}\frac{\partial u}{\partial y} + \frac{\partial f}{\partial v}\frac{\partial v}{\partial y} = f_u' + xz f_v',$$
$$\frac{\partial w}{\partial z} = \frac{\partial f}{\partial u}\frac{\partial u}{\partial z} + \frac{\partial f}{\partial v}\frac{\partial v}{\partial z} = f_u' + xy f_v'.$$

图 5-12

当然也可以根据函数关于自变量的对称性(当函数表达式中任意两个自变量对调后,仍表示原来的函数),由 $\dfrac{\partial w}{\partial x}$ 的计算结果直接推导出 $\dfrac{\partial w}{\partial y}$ 和 $\dfrac{\partial w}{\partial z}$.

二、隐函数的微分法

在一元函数中,可用复合函数求导法求由方程 $F(x,y) = 0$ 确定的函数 $y = f(x)$ 的导数 $\dfrac{\mathrm{d}y}{\mathrm{d}x}$.现在利用多元复合函数微分法导出这类隐函数求导数的公式.

如果由方程 $F(x,y)=0$ 可确定函数 $y=f(x)$，函数 $F(x,y)$ 有连续偏导数，且 $\dfrac{\partial F}{\partial y}\neq 0$，则由

$$F[x,f(x)]\equiv 0,$$

有

$$F_x'+F_y'\cdot\dfrac{\mathrm{d}y}{\mathrm{d}x}=0,$$

可得

$$\dfrac{\mathrm{d}y}{\mathrm{d}x}=-\dfrac{F_x'}{F_y'}.$$

【例 23】 求由方程 $y-x\mathrm{e}^y+x=0$ 确定的函数 $y=f(x)$ 的导数.

解 设 $F(x,y)=y-x\mathrm{e}^y+x=0$，则有

$$F_x'=-\mathrm{e}^y+1,F_y'=1-x\mathrm{e}^y,$$

所以

$$\dfrac{\mathrm{d}y}{\mathrm{d}x}=\dfrac{\mathrm{e}^y-1}{1-x\mathrm{e}^y}.$$

类似地，对于方程 $F(x,y,z)=0$ 所确定的二元函数 $z=f(x,y)$，如果 $F(x,y,z)$ 具有连续的偏导数，且 $\dfrac{\partial F}{\partial z}\neq 0$，则由

$$F[x,y,f(x,y)]\equiv 0$$

有

$$F_x'+F_z'\cdot\dfrac{\partial z}{\partial x}=0,$$

$$F_y'+F_z'\cdot\dfrac{\partial z}{\partial y}=0.$$

得

$$\dfrac{\partial z}{\partial x}=-\dfrac{F_x'}{F_z'},\dfrac{\partial z}{\partial y}=-\dfrac{F_y'}{F_z'}.$$

【例 24】 求由方程 $x^2+y^2+z^2-4z=0$ 确定的函数 $z=f(x,y)$ 的偏导数.

解 设 $F(x,y,z)=x^2+y^2+z^2-4z=0$，则有

$$F_x'=2x,F_y'=2y,F_z'=2z-4.$$

所以

$$\dfrac{\partial z}{\partial x}=\dfrac{x}{2-z},\dfrac{\partial z}{\partial y}=\dfrac{y}{2-z}.$$

习题 5-5

1. 求下列函数的导数或偏导数：

(1) $z=u^2\ln v$，而 $u=\dfrac{x}{y}$，$v=3x-2y$，求 $\dfrac{\partial z}{\partial x}$，$\dfrac{\partial z}{\partial y}$；

(2) $z=\dfrac{u}{v}$，而 $u=\mathrm{e}^x$，$v=1-\mathrm{e}^{2x}$，求 $\dfrac{\mathrm{d}z}{\mathrm{d}x}$；

(3) $z=\mathrm{e}^{x-2y}$，而 $x=\sin t$，$y=t^3$，求 $\dfrac{\mathrm{d}z}{\mathrm{d}t}$；

(4) $z=u^v$，而 $u=x+2y$，$v=x-y$，求 $\dfrac{\partial z}{\partial x}$，$\dfrac{\partial z}{\partial y}$.

2. 求由下列方程确定的隐函数的导数或偏导数：

（1）由方程 $xy+x+y=1$ 确定的函数 $y=f(x)$ 的导数 $\dfrac{\mathrm{d}y}{\mathrm{d}x}$；

（2）由方程 $\ln(x^2+y^2)=x+y$ 确定的函数 $y=f(x)$ 的导数 $\dfrac{\mathrm{d}y}{\mathrm{d}x}$；

（3）由方程 $x+y-z=x\mathrm{e}^{x-y-z}$ 确定的函数 $z=f(x,y)$ 的偏导数 $\dfrac{\partial z}{\partial x},\dfrac{\partial z}{\partial y}$；

（4）由方程 $\dfrac{x}{z}=\ln\dfrac{z}{y}$ 确定的函数 $z=f(x,y)$ 的偏导数 $\dfrac{\partial z}{\partial x},\dfrac{\partial z}{\partial y}$.

第六节　二元函数的极值

在实际问题中,往往会遇到多元函数的最大值与最小值问题.与一元函数相类似,多元函数的最大值、最小值与极大值、极小值有密切联系,这里我们以二元函数为例,先来讨论多元函数的极值问题.

一、二元函数的极值

定义 8　如果二元函数 $z=f(x,y)$ 对于点 (x_0,y_0) 的某一邻域内的所有点,总有
$$f(x,y)<f(x_0,y_0),(x,y)\neq(x_0,y_0),$$
则称 $f(x_0,y_0)$ 是函数 $f(x,y)$ 的**极大值**;如果总有
$$f(x,y)>f(x_0,y_0),(x,y)\neq(x_0,y_0),$$
则称 $f(x_0,y_0)$ 是函数 $f(x,y)$ 的**极小值**.

函数的极大值与极小值统称为极值;使函数取得极值的点称为**极值点**.

定理 4(极值存在的必要条件)　如果函数 $f(x,y)$ 在点 (x_0,y_0) 处有极值,且两个一阶偏导数存在,则必有
$$f_x{'}(x_0,y_0)=0,f_y{'}(x_0,y_0)=0.$$

称使得 $f_x{'}(x_0,y_0)=0,f_y{'}(x_0,y_0)=0$ 成立的点 (x_0,y_0) 为函数 $f(x,y)$ 的**驻点**.

定理 4 仅是取得极值的必要条件,并非充分条件,即驻点不一定都是极值点.

【**例 25**】　求 $f(x,y)=x^2+y^2$ 的极值.

解　由 $f_x{'}=2x=0,f_y{'}=2y=0$,得驻点 $(0,0)$.

因为 $f(0,0)=0<x^2+y^2$(x,y 不同时为 0),所以 $(0,0)$ 是极小值点,$f(0,0)=0$ 为极小值.

定理 5(极值存在的充分条件)　如果函数 $f(x,y)$ 在点 (x_0,y_0) 的某一邻域内有连续的二阶偏导数,且 (x_0,y_0) 是它的驻点,设
$$Q(x,y)=[f_{xy}{''}(x,y)]^2-f_{xx}{''}(x,y)f_{yy}{''}(x,y),$$
则

(1) 如果 $Q(x_0,y_0)<0$,且 $f_{xx}''(x_0,y_0)<0$,则 $f(x,y)$ 在点 (x_0,y_0) 处取极大值;

(2) 如果 $Q(x_0,y_0)<0$,且 $f_{xx}''(x_0,y_0)>0$,则 $f(x,y)$ 在点 (x_0,y_0) 处取极小值;

(3) 如果 $Q(x_0,y_0)>0$,则点 (x_0,y_0) 不是极值点;

(4) 如果 $Q(x_0,y_0)=0$,则无法确定 (x_0,y_0) 是否是极值点.(证明从略)

【例 26】 求函数 $f(x,y)=y^3-x^2+6x-12y+5$ 的极值.

解 由 $f_x'=-2x+6=0$,$f_y'=3y^2-12=0$,得驻点 $(3,2)$,$(3,-2)$.

再由

$$f_{xx}''(x,y)=-2,\quad f_{xy}''(x,y)=0,\quad f_{yy}''(x,y)=6y,$$

得 $Q(x,y)=12y$.

对驻点 $(3,2)$,$Q(3,2)=24>0$,故点 $(3,2)$ 不是极值点;

对驻点 $(3,-2)$,$Q(3,-2)=-24<0$,且 $f_{xx}''(x,y)=-2<0$,故点 $(3,-2)$ 是极大值点,极大值为 $f(3,-2)=30$.

与一元函数类似,我们可以利用二元函数的极值来求多元函数的最大值和最小值.在通常遇到的实际问题中,如果根据问题的性质,二元函数 $f(x,y)$ 在定义域 D(有界闭区域)上连续且在 D 内可微分,并且在 D 内一定存在最大(小)值,且此二元函数在定义域 D 内只有一个驻点,那么可以肯定该驻点处的函数值就是函数 $f(x,y)$ 在定义域 D 上的最大(小)值.

下面举一个求最大值的例题.

【例 27】 某工厂生产两种产品 A 和 B,出售单价分别为 10 元与 9 元,生产 x 单位的产品 A 与生产 y 单位的产品 B 的总费用是

$$400+2x+3y+0.01(3x^2+xy+3y^2)(元).$$

问两种产品各生产多少件时工厂可取得最大利润?

解 设 $L(x,y)$ 表示产品 A 与 B 分别生产 x 与 y 单位时所得的总利润.因为总利润等于总收入减去总费用,所以

$$L(x,y)=(10x+9y)-[400+2x+3y+0.01(3x^2+xy+3y^2)]$$
$$=8x+6y-0.01(3x^2+xy+3y^2)-400.$$

由
$$L_x'(x,y)=8-0.01(6x+y)=0,$$
$$L_y'(x,y)=6-0.01(x+6y)=0,$$

得驻点 $(120,80)$.再由

$$L_{xx}''(x,y)=-0.06<0,\quad L_{xy}''(x,y)=-0.01,\quad L_{yy}''(x,y)=-0.06,$$

而 $$Q(120,80)=(-0.01)^2-(-0.06)^2=-3.5\cdot10^{-3}<0,$$

所以,当 $x=120$,$y=80$ 时,$L(120,80)=320$ 是极大值.由题意知,生产 120 件产品 A、80 件产品 B 时所得利润最大.

二、条件极值与拉格朗日乘数法

上面给出的求二元函数 $f(x,y)$ 极值的方法中两个自变量 x 与 y 是互相独立

的,即不受其他条件(自然定义域除外)约束,此时的极值称为无条件极值,简称极值.如果自变量 x 与 y 之间还要满足约束条件(或约束方程)$\varphi(x,y)=0$,这时所求的极值叫作条件极值.

下面介绍求条件极值的拉格朗日乘数法.

拉格朗日乘数法:求函数 $z=f(x,y)$ 在约束条件 $\varphi(x,y)=0$ 下的极值.

第一步:构造辅助函数.拉格朗日函数

$$L(x,y,\lambda)=f(x,y)+\lambda\varphi(x,y).$$

此时"目标函数二元 $z=f(x,y)$ 在约束条件 $\varphi(x,y)=0$ 下的条件极值"问题转化为"拉格朗日函数 $L(x,y,\lambda)$ 的无条件极值"问题.

第二步:求 $L(x,y,\lambda)$ 的驻点.

$$\begin{cases} L_x{}'=0 \rightarrow f_x'+\lambda\varphi_x'=0, \\ L_y{}'=0 \rightarrow f_y'+\lambda\varphi_y'=0, \\ L_\lambda{}'=0 \rightarrow \varphi(x,y)=0. \end{cases}$$

由这个方程组解出来的 x,y,λ 就是目标函数二元 $z=f(x,y)$ 在约束条件 $\varphi(x,y)=0$ 下的可能极值点.

至于如何确定所求得的点是否是极值点,在实际问题中往往可根据问题本身的性质来判定.

【例28】　求空间中一定点 $M(x_0,y_0,z_0)$ 到平面 $Ax+By+Cz+D=0$ 的最短距离.

解　可以把这个问题看作是一个带有约束条件的极值问题.点 $M(x_0,y_0,z_0)$ 到空间中任一点 $P(x,y,z)$ 的距离为 d,则有

$$d^2=(x-x_0)^2+(y-y_0)^2+(z-z_0)^2.$$

假设点 $P(x,y,z)$ 在已给平面上,则约束条件为 $Ax+By+Cz+D=0$.

构造拉格朗日函数:

$$L(x,y,z,\lambda)=(x-x_0)^2+(y-y_0)^2+(z-z_0)^2+\lambda(Ax+By+Cz+D).$$

由

$$\begin{cases} L_x{}'=2(x-x_0)+\lambda A=0, \\ L_y{}'=2(y-y_0)+\lambda B=0, \\ L_z{}'=2(z-z_0)+\lambda C=0, \\ L_\lambda{}'=Ax+By+Cz+D=0, \end{cases}$$

得

$$d^2=\frac{\lambda^2}{4}(A^2+B^2+C^2),\lambda=\frac{2(Ax_0+By_0+Cz_0+D)}{A^2+B^2+C^2}.$$

这是唯一可能的极值.因为由问题本身可知最短距离一定存在,所以最短距离就是这个可能的极值,则 $d_{\min}=\dfrac{|Ax_0+By_0+Cz_0+D|}{\sqrt{A^2+B^2+C^2}}$.

此即空间一点 $M(x_0,y_0,z_0)$ 到平面 $Ax+By+Cz+D=0$ 的距离公式.

习题 5-6

1. 求下列函数的极值:

(1) $z = x^2 - xy + y^2 + 9x - 6y + 20$;

(2) $z = x^3 + y^3 - 3xy$.

2. 用拉格朗日乘数法计算下列各题:

(1) 设生产某种产品的数量与所用两种原料 A,B 的数量 x,y 间有关系式 $G(x,y) = 0.005x^2y$. 欲用 150 元购料, 已知原料的单价分别为 1 元、2 元, 问: 购进两种原料各多少, 可使生产的产品数量最多?

(2) 求抛物线 $y^2 = 4x$ 上的点, 使它与直线 $x - y + 4 = 0$ 距离最近.

第七节 二重积分

本节中, 我们将把一元函数定积分的概念及基本性质推广到二元函数的定积分, 即二重积分.

一、二重积分的基本概念和性质

一元函数定积分的概念, 是从求曲边梯形的面积这一实际问题而引出的, 通过元素法将不规则图形的面积转化为规则图形的面积, 从而抽象出定积分的基本概念. 其中元素法分为分割、近似、求和、取极限四个步骤.

下面我们将用元素法讨论如何求曲顶柱体的体积, 延用"不规则体的体积 $\xrightarrow{转化}$ 规则体的体积"这一基本思想, 进而引出二重积分的基本概念.

【引例】 设有一立体, 它的底面是 xOy 平面上的有界闭区域 D, 它的顶是曲面 $z = f(x,y) \geqslant 0, (x,y) \in D$ 且 $f(x,y)$ 在 D 上连续, 它的侧面是过闭区域 D 的边界曲线、母线平行于 z 轴的柱面. 这种立体叫作曲顶柱体. 如图 5-13 所示.

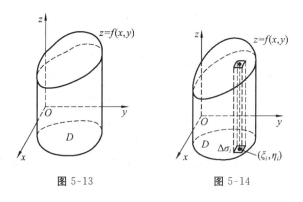

图 5-13　　　　图 5-14

仿照求曲边梯形面积的元素法, 将求曲顶柱体体积 V 的过程分为四个步骤.

(1) 区域分割.

将区域 D 任意分成 n 个小区域 $\Delta D_1, \Delta D_2, \cdots, \Delta D_n$, 且以 $\Delta \sigma_i$ 表示第 i 个小区域 $\Delta D_i (1 \leqslant i \leqslant n)$ 的面积, 如图 5-14 所示, 并用 d_i 表示 ΔD_i 内任意两点间距离的最大值, 称为小闭区域 ΔD_i 的直径. 用一条平行于 z 轴的直线, 分别沿着这些小闭区域的边界平行移动, 如图 5-14 所示, 这样就把曲顶柱体分成了 n 个小曲顶柱体, 这些小曲顶柱体的体积分别记为

$$\Delta V_1, \Delta V_2, \cdots, \Delta V_n,$$

则曲顶柱体的体积为

$$V = \sum_{i=1}^{n} \Delta V_i.$$

(2) 近似代替.

由于小曲顶柱体的底面很小, 且 $f(x, y)$ 在 D 上连续, 所以小的曲面起伏不会很大, 这时小曲顶柱体可近似看作平顶柱体, 如图 5-15 所示. 在第 i 个小闭区域 ΔD_i 上任取一点 (ξ_i, η_i), 以 $f(\xi_i, \eta_i)$ 为高而底面积为 $\Delta \sigma_i$ 的平顶柱体的体积为 $f(\xi_i, \eta_i) \cdot \Delta \sigma_i (i = 1, 2, \cdots, n)$, 则有

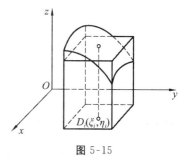

图 5-15

$$\Delta V_i = f(\xi_i, \eta_i) \cdot \Delta \sigma_i (i = 1, 2, \cdots, n).$$

(3) 求和.

将这 n 个小平顶柱体体积相加, 即得到曲顶柱体体积 V 的一个近似值 V_n:

$$V_n = \sum_{i=1}^{n} f(\xi_i, \eta_i) \cdot \Delta \sigma_i.$$

(4) 取极限.

当区域分割得越细, 小区域 ΔD_i 就越小, 而当 ΔD_i 逐渐收缩接近于一点时, 第 (3) 步中的近似值 V_n 就与曲顶柱体体积的真实值 V 越来越接近.

设 $d = \max_{1 \leqslant i \leqslant n} \{d_i\}$, 如果当 $d \to 0$ 时, V_n 的极限存在, 我们就将这个极限值定义为曲顶柱体的体积 V, 即

$$V = \lim_{d \to 0} \sum_{i=1}^{n} f(\xi_i, \eta_i) \cdot \Delta \sigma_i.$$

定义 9 设 $f(x, y)$ 是定义在有界闭区域 D 上的二元函数, 将区域 D 任意分成 n 个小区域 $\Delta D_1, \Delta D_2, \cdots, \Delta D_n$, 且以 $\Delta \sigma_i$ 表示第 i 个小区域 $\Delta D_i (1 \leqslant i \leqslant n)$ 的面积. 在每个小区域 ΔD_i 中任取一点 (ξ_i, η_i), 作积分和:

$$\sum_{i=1}^{n} f(\xi_i, \eta_i) \Delta \sigma_i.$$

当 n 无限增大, 各小区域中的最大直径 $d = \max_{1 \leqslant i \leqslant n} \{d_i\} \to 0$ 时, 如果积分和 $\sum_{i=1}^{n} f(\xi_i, \eta_i) \Delta \sigma_i$ 的极限存在, 且与闭区域 D 的分割方式及点 (ξ_i, η_i) 的选取无关, 则称二元函数 $f(x, y)$ 在闭区域 D 上是可积的, 并称此极限为函数 $f(x, y)$ 在区域

D 上的二重积分,记作 $\iint\limits_{D} f(x,y)\mathrm{d}\sigma$,即

$$\iint\limits_{D} f(x,y)\mathrm{d}\sigma = \lim_{d\to 0}\sum_{i=1}^{n} f(\zeta_i,\eta_i)\Delta\sigma_i.$$

其中,$\iint$ 称为**二重积分号**,D 称为**积分区域**,$f(x,y)$ 称为**被积函数**,x 与 y 称为**积分变量**,$\mathrm{d}\sigma$ 称为**面积元素**,$f(x,y)\mathrm{d}\sigma$ 称为**被积表达式**.

曲顶柱体的体积 V 就是曲面方程 $z=f(x,y)\geqslant 0,(x,y)\in D$ 在其定义域 D 上的二重积分.而二重积分的几何意义就是柱体的体积.

面对上述定义做以下两点说明:

(1) 如果二元函数 $f(x,y)$ 在有界闭区域 D 上连续,则 $f(x,y)$ 在 D 上一定是可积的.

(2) 由定义可知,如果 $f(x,y)$ 在 D 上是可积的,则可以对有界闭区域 D 任意分割而不改变其积分值 $\iint\limits_{D} f(x,y)\mathrm{d}\sigma$.在直角坐标系中不妨用特定的分割法来划分 D:用平行于两坐标轴(x 轴和 y 轴)的直线网来划分 D,那么除了包含边界点的一些小闭区域外,其余的小闭区域都是矩形闭区域.而矩形闭区域的面积可以表示为 $\Delta\sigma_i = \Delta x_i \cdot \Delta y_i$,因此,在直角坐标系中,有时也把面积元素 $\mathrm{d}\sigma$ 记作 $\mathrm{d}x\mathrm{d}y$,此时二重积分 $\iint\limits_{D} f(x,y)\mathrm{d}\sigma$ 可记为 $\iint\limits_{D} f(x,y)\mathrm{d}x\mathrm{d}y$.

二重积分与一元函数定积分具有相应的性质(证明从略).下面论及的函数均假定在 D 上可积.

性质 3 若 k_1,k_2 为常数,则

$$\iint\limits_{D} [k_1 f(x,y)+k_2 g(x,y)]\mathrm{d}\sigma = k_1\iint\limits_{D} f(x,y)\mathrm{d}\sigma + k_2\iint\limits_{D} g(x,y)\mathrm{d}\sigma.$$

性质 4 若积分区域 D 分成两个闭区域 D_1 和 D_2,则

$$\iint\limits_{D} f(x,y)\mathrm{d}\sigma = \iint\limits_{D_1} f(x,y)\mathrm{d}\sigma + \iint\limits_{D_2} f(x,y)\mathrm{d}\sigma, \quad D=D_1+D_2.$$

性质 5 若在 D 上有 $f(x,y)\equiv 1$,D 的面积为 S_D,则

$$\iint\limits_{D} f(x,y)\mathrm{d}\sigma = S_D.$$

这个性质的几何意义:高恒为 1 的平顶柱体的体积在数值上就等于柱体的底面积.

性质 6 若在 D 上有 $f(x,y)\leqslant g(x,y)$ 恒成立,则

$$\iint\limits_{D} f(x,y)\mathrm{d}\sigma \leqslant \iint\limits_{D} g(x,y)\mathrm{d}\sigma.$$

特别地,有

$$\left|\iint\limits_{D} f(x,y)\mathrm{d}\sigma\right| \leqslant \iint\limits_{D} |f(x,y)|\mathrm{d}\sigma.$$

性质 7　若 M 和 m 分别是 $f(x,y)$ 在有界闭区域 D 上的最大值和最小值,且 D 的面积为 S_D,则

$$m \cdot S_D \leqslant \iint\limits_{D} f(x,y)\mathrm{d}\sigma \leqslant M \cdot S_D.$$

性质 8(二重积分中值定理)　设函数 $f(x,y)$ 在闭区域 D 上连续,D 的面积为 S_D,则在 D 上至少存在一点 (ξ,η),使得

$$\iint\limits_{D} f(x,y)\mathrm{d}\sigma = f(\xi,\eta) \cdot S_D.$$

中值定理的几何意义:在闭区域 D 上以曲面 $f(x,y)$ 为顶的曲顶柱体的体积, 等于闭区域 D 上以某一点 (ξ,η) 的函数值 $f(\xi,\eta)$ 为高的平顶柱体的体积.

二、二重积分的计算

本教材主要讲述二重积分在直角坐标系下的计算.

下面用几何观点来讨论二重积分 $\iint\limits_{D} f(x,y)\mathrm{d}\sigma$ 的计算问题.在讨论中我们假定 $f(x,y) \geqslant 0$.

首先我们讨论在直角坐标系中,积分区域 D 最基础的两类几何形状特征.

(1) 积分区域 D 是由直线 $x=a$,$x=b(a<b)$ 及曲线 $y=\varphi_1(x)$,$y=\varphi_2(x)$ $[(\varphi_1(x)<\varphi_2(x))]$ 围成的,如图 5-16 所示,则积分区域 D 可用集合表示为

$$D = \{(x,y) \mid a \leqslant x \leqslant b, \varphi_1(x) \leqslant y \leqslant \varphi_2(x)\}.$$

从几何角度解释为,D 的边界曲线 $y=\varphi_1(x)$,$y=\varphi_2(x)$ 在 x 轴的投影区间均为同一区间 $[a,b]$,且在区间 (a,b) 中任取一点 x,作垂直于 x 轴的直线,这条直线通过边界曲线 $y=\varphi_1(x)$ 从区域 D 的下方穿入,通过边界曲线 $y=\varphi_2(x)$ 从区域 D 的上方穿出,我们称具有这类几何特征图形的积分区域 D 为"可划分为 X 型区域".

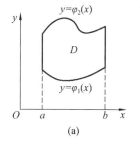
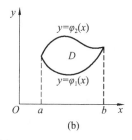

图 5-16

(2) 积分区域 D 是由直线 $y=c$,$y=d(c<d)$ 及曲线 $x=\psi_1(y)$,$x=\psi_2(y)$ $[(\psi_1(y)<\psi_2(y))]$ 围成的,如图 5-17 所示,则积分区域 D 可用集合表示为

$$D\{(x,y) \mid c \leqslant y \leqslant d, \psi_1(x) \leqslant y \leqslant \psi_2(x)\}.$$

从几何角度解释为,D 的边界曲线 $x=\psi_1(y)$,$x=\psi_2(y)$ 在 y 轴的投影区间均为同一区间 $[c,d]$,且在区间 (c,d) 中任取一点 y,作垂直于 y 轴的直线,这条直线通过边界曲线 $x=\psi_1(y)$ 从区域 D 的左边穿入,通过边界曲线 $x=\psi_2(y)$ 从区域 D

的右边穿出,我们称具有这类几何特征图形的积分区域 D 为"可划分为 Y 型区域".

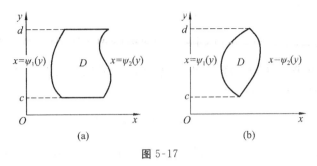

图 5-17

下面用几何观点来讨论在这两种积分区域上二重积分 $\iint\limits_{D}f(x,y)\mathrm{d}\sigma$ 的计算.

若积分区域 D 可划分为 X 型区域,则 $D=\{(x,y)\,|\,a\leqslant x\leqslant b,\varphi_1(x)\leqslant y\leqslant\varphi_2(x)\}$.

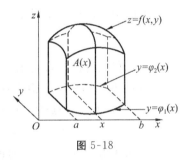

图 5-18

按照二重积分的几何意义,二重积分的值等于以 D 为底,以曲面 $z=f(x,y)\geqslant0$ 为顶的曲顶柱体(图 5-18)的体积.下面我们应用第五章中计算"平行截面面积为已知的立体的体积"的方法来计算这个曲顶柱体的体积.

先计算截面面积.为此,在区间 $[a,b]$ 上任意取定一点 x,作平行于 yOz 平面的平面.该平面截曲顶柱体所得的截面是一个曲边梯形(图 5-16 中阴影部分),利用定积分中曲边梯形的面积公式可得,此截面的面积为

$$A(x)=\int_{\varphi_1(x)}^{\varphi_2(x)}f(x,y)\mathrm{d}y,x\in[a,b]$$

于是,应用计算平行截面面积为已知的立体体积的方法,得曲顶柱体体积为

$$V=\int_a^b A(x)\mathrm{d}x=\int_a^b\left[\int_{\varphi_1(x)}^{\varphi_2(x)}f(x,y)\mathrm{d}y\right]\mathrm{d}x$$

这个体积也就是所求二重积分的值.

上式右端的积分叫作先对 y 后对 x 的二次积分.也就是说,先把 x 看作常数,把 (x,y) 只看作 y 的函数,并对 y 计算从 $\varphi_1(x)$ 到 $\varphi_2(x)$ 的定积分;然后把算得的结果(看作 x 的函数)再对 x 计算在区间 $[a,b]$ 上的定积分.这个先对 y 后对 x 的二次积分也常记作

$$\int_a^b\mathrm{d}x\int_{\varphi_1(x)}^{\varphi_2(x)}f(x,y)\mathrm{d}y.$$

从而有等式

$$\iint\limits_{D}f(x,y)\mathrm{d}\sigma=\int_a^b\mathrm{d}x\int_{\varphi_1(x)}^{\varphi_2(x)}f(x,y)\mathrm{d}y=\int_a^b\left[\int_{\varphi_1(x)}^{\varphi_2(x)}f(x,y)\mathrm{d}y\right]\mathrm{d}x.$$

其中积分区域 $D=\{(x,y)\,|\,a\leqslant x\leqslant b,\varphi_1(x)\leqslant y\leqslant\varphi_2(x)\}$.

在上述讨论中,我们假定 $f(x,y)\geqslant0$,但实际上上述公式的成立并不受此条件

的限制.

类似地,若积分区域 D 可划分为 Y 型区域,则 $D=\{(x,y)\mid c\leqslant y\leqslant d,\psi_1(x)\leqslant y\leqslant\psi_2(x)\}$,那么就有

$$\iint\limits_{D}f(x,y)\mathrm{d}\sigma=\int_{c}^{b}\mathrm{d}y\int_{\psi_1(x)}^{\psi_2(x)}f(x,y)\mathrm{d}x=\int_{c}^{b}\left[\int_{\psi_1(x)}^{\psi_2(x)}f(x,y)\mathrm{d}x\right]\mathrm{d}y. \quad (5\text{-}1)$$

上式右端的积分叫作先对 x 后对 y 的二次积分.

上述二重积分 $\iint\limits_{D}f(x,y)\mathrm{d}\sigma$ 的计算是以积分区域 D 可划分成 X 型区域或 Y 型区域的情况下讨论的.如果积分区域 D 既不是 X 型区域也不是 Y 型区域,我们可以把积分区域 D 分成若干个小区域,使得每个小区域能够划分成 X 型区域或 Y 型区域.而对于既可划分成 X 型也可以划分成 Y 型的积分区域而言,以二重积分的计算简便为主要选择标准.

【例 29】 计算二重积分 $\iint\limits_{D}\mathrm{e}^{x+y}\mathrm{d}x\mathrm{d}y$,其中区域 D 是由 $x=0,x=1,y=0,y=1$ 围成的平面区域(图 5-19).

解 从积分区域 D 的图形可知,既可以划分成 X 型区域,也可以划分成 Y 型区域.

不妨将 D 划分成 X 型区域,则 $D=\{(x,y)\mid 0\leqslant x\leqslant 1, 0\leqslant y\leqslant 1\}$.

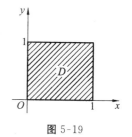

图 5-19

$$\iint\limits_{D}\mathrm{e}^{x+y}\mathrm{d}x\mathrm{d}y=\int_{0}^{1}\mathrm{d}x\int_{0}^{1}\mathrm{e}^{x+y}\mathrm{d}y=\int_{0}^{1}\mathrm{e}^{x}\mathrm{d}x\cdot\int_{0}^{1}\mathrm{e}^{y}\mathrm{d}y=(\mathrm{e}-1)^{2}.$$

【例 30】 计算二重积分 $\iint\limits_{D}xy\mathrm{d}x\mathrm{d}y$,其中区域 D 是由曲线 $y=x^2$ 和直线 $y=x$ 围成的平面区域(图 5-20).

解 从积分区域 D 的图形可知,既可以划分成 X 型区域,也可以划分成 Y 型区域.

不妨将 D 划分成 X 型区域,则 $D=\{(x,y)\mid 0\leqslant x\leqslant 1, x^2\leqslant y\leqslant x\}$.

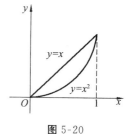

图 5-20

$$\iint\limits_{D}xy\mathrm{d}x\mathrm{d}y=\int_{0}^{1}\mathrm{d}x\int_{x^2}^{x}xy\mathrm{d}y=\int_{0}^{1}\left(\int_{x^2}^{x}xy\mathrm{d}y\right)\mathrm{d}x$$

$$=\int_{0}^{1}x\left(\frac{1}{2}y^2\bigg|_{x^2}^{x}\right)\mathrm{d}x=\frac{1}{2}\int_{0}^{1}(x^3-x^5)\mathrm{d}x$$

$$=\frac{1}{2}\left(\frac{1}{4}x^4-\frac{1}{6}x^6\right)\bigg|_{0}^{1}$$

$$=\frac{1}{24}.$$

【例 31】 利用二重积分计算由曲线 $y=x^2$ 和曲线 $y^2=x$ 围成的平面区域的面积(图 5-21).

解 从积分区域 D 的图形可知,其既可以划分成 X 型

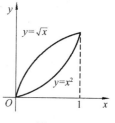

图 5-21

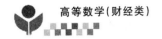

区域,也可以划分成 Y 型区域.

不妨将 D 划分成 X 型区域,则 $D = \{(x,y) \mid 0 \leqslant x \leqslant 1, x^2 \leqslant y \leqslant \sqrt{x}\}$.

$$S_D = \iint\limits_D \mathrm{d}x\,\mathrm{d}y = \int_0^1 \mathrm{d}x \int_{x^2}^{\sqrt{x}} \mathrm{d}y = \int_0^1 (\sqrt{x} - x^2)\,\mathrm{d}x$$

$$= \left(\frac{2}{3} x^{\frac{3}{2}} - \frac{1}{3} x^3\right)\Big|_0^1 = \frac{1}{3}.$$

【例 32】 计算二重积分 $\iint\limits_D xy\,\mathrm{d}x\,\mathrm{d}y$,其中区域 D 是由曲线 $y^2 = x$ 和直线 $y = x - 2$ 围成的平面区域(图 5-22).

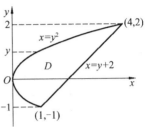

图 5-22

解 从积分区域 D 的图形可知,可划分成 Y 型区域,$D = \{(x,y) \mid -1 \leqslant y \leqslant 2, y^2 \leqslant x \leqslant y + 2\}$,

$$\iint\limits_D xy\,\mathrm{d}x\,\mathrm{d}y = \int_{-1}^2 \mathrm{d}y \int_{y^2}^{y+2} xy\,\mathrm{d}x = \int_{-1}^2 \left(\int_{y^2}^{y+2} xy\,\mathrm{d}x\right)\mathrm{d}y$$

$$= \int_{-1}^2 y\left(\frac{1}{2}x^2 \Big|_{y^2}^{y+2}\right)\mathrm{d}y = \frac{1}{2}\int_{-1}^2 [y(y+2)^2 - y^5]\,\mathrm{d}y$$

$$= \frac{1}{2}\left(\frac{1}{4}y^4 + \frac{4}{3}y^3 + 2y^2 - \frac{1}{6}y^6\right)\Big|_{-1}^2 = \frac{45}{8}.$$

若要划分成 X 型区域,则必须将 D 以直线 $x = 1$ 为界拆分成两个小区域 D_1 和 D_2,这样 D_1 和 D_2 都可划分成 X 型区域,如图 5-23 所示.

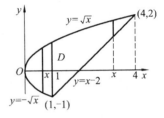

图 5-23

$$D_1 = \{(x,y) \mid 0 \leqslant x \leqslant 1, -\sqrt{x} \leqslant y \leqslant \sqrt{x}\}$$

$$D_2 = \{(x,y) \mid 1 \leqslant x \leqslant 4, x - 2 \leqslant y \leqslant \sqrt{x}\}$$

$$\iint\limits_D xy\,\mathrm{d}x\,\mathrm{d}y = \iint\limits_{D_1} xy\,\mathrm{d}x\,\mathrm{d}y + \iint\limits_{D_2} xy\,\mathrm{d}x\,\mathrm{d}y$$

$$= \int_0^1 \mathrm{d}x \int_{-\sqrt{x}}^{\sqrt{x}} xy\,\mathrm{d}y + \int_1^4 \mathrm{d}x \int_{x-2}^{\sqrt{x}} xy\,\mathrm{d}y.$$

习题 5-7

1. 化二重积分 $\iint\limits_D f(x,y)\,\mathrm{d}x\,\mathrm{d}y$ 为二次积分(写出两种积分次序):

(1) $D = \{(x,y) \mid |x| \leqslant 2, |y| \leqslant 1\}$;

(2) D 是由 y 轴,$y = 1$ 及 $y = x$ 围成的平面区域;

(3) D 是由 x 轴,$y = \ln x$ 及 $x = \mathrm{e}$ 围成的平面区域.

2. 交换二次积分的次序:

(1) $\int_0^1 \mathrm{d}y \int_1^{y+1} f(x,y)\,\mathrm{d}x$;

(2) $\int_0^2 \mathrm{d}x \int_x^{2x} f(x,y)\,\mathrm{d}y$.

3. 计算下列二重积分：

(1) $\iint\limits_{D}\dfrac{1}{(x+y)^2}\mathrm{d}x\mathrm{d}y$，其中 D：$3\leqslant x\leqslant 4,1\leqslant y\leqslant 2$；

(2) $\iint\limits_{D}(4-x-y)\mathrm{d}x\mathrm{d}y$，其中 D 为由直线 $y=x,x=2$ 与坐标轴 $y=0$ 所围成的三角形；

(3) $\iint\limits_{D}y\mathrm{d}x\mathrm{d}y$，其中 D 是由曲线 $x=y^2+1$，直线 $x=0,y=0$ 与 $y=1$ 所围成的区域；

(4) $\iint\limits_{D}\mathrm{e}^{-y^2}\mathrm{d}x\mathrm{d}y$，$D$ 为由 $y=x,y=1$ 及 y 轴所围成的区域.

4. 计算 $\iint\limits_{D}\mathrm{d}x\mathrm{d}y$，其中 D 为以点 $O(0,0),A(1,0),B(0,2)$ 为顶点的三角形区域.

阅读材料⑤　"数学王子"——高斯 ···

约翰·卡尔·弗里德里希·高斯(1777—1855)，德国著名的数学家、物理学家、天文学家、几何学家、大地测量学家，毕业于 Carolinum 学院(现布伦瑞克工业大学). 高斯被认为是世界上最重要的数学家之一，享有"数学王子"的美誉.

17 岁的高斯发现了质数分布定理和最小二乘法. 通过对足够多的测量数据进行处理后，可以得到一个新的测量结果. 在这基础之上，高斯随后专注于曲面与曲线的计算，并成功得到高斯钟形曲线(正态分布曲线). 其函数被命名为标准正态分布(或高斯分布)，并在概率计算中

图 5-24

被大量使用. 次年，高斯证明出仅尺规便可以构造出十七边形，并为流传了 2 000 年的欧氏几何提供了自古希腊时代以来的第一次重要补充. 高斯总结了复数的应用，并且严格证明了每一个 n 阶的代数方程必有 n 个实数或者复数解. 在他的第一本著作《算术研究》中给出了二次互反律的证明，成为数论继续发展的重要基础. 在这部著作的第一章，导出了三角形全等定理的概念. 高斯在最小二乘法基础上创立的测量平差理论的帮助下，测算天体的运行轨迹. 他用这种方法，测算出了小行星谷神星的运行轨迹.

谷神星于 1801 年被意大利天文学家皮亚齐发现，但他因病耽误了观测. 皮亚齐以希腊神话中的"丰收女神"(Ceres)对它命名，称为谷神星(Planetoiden Ceres)，并将自己以前观测的数据发表出来，希望全球的天文学家一起寻找. 高斯通过以前 3 次的观测数据，计算出了谷神星的运行轨迹. 奥地利天文学家奥尔博斯(Heinrich Olbers)根据高斯计算出的轨道成功地发现了谷神星. 高斯将这种方法发表在其著

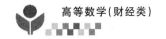

作《天体运动论》中.为了获知每年复活节的日期,高斯推导了复活节日期的计算公式.

1818 至 1826 年间,高斯主导了汉诺威公国的大地测量工作.通过使用以最小二乘法为基础的测量平差的方法和求解线性方程组的方法,显著地提高了测量的精度.高斯亲自参加野外测量工作.他白天观测,夜晚计算,在五六年间,经他亲自计算过的大地测量数据超过 100 万个.当高斯领导的三角测量外场观测走上正轨后,高斯把主要精力转移到处理观测成果的计算上,写出了近 20 篇对现代大地测量学具有重大意义的论文.在这些论文中,他推导了由椭圆面向圆球面投影时的公式,并作出了详细证明.汉诺威公国的大地测量工作至 1848 年结束.这项大地测量史上的巨大工程,如果没有高斯在理论上的仔细推敲,在观测上的力求合理和精确,在数据处理上的周密和细致,就不能圆满地完成.在当时不发达的条件下,布设了大规模的大地控制网,精确地确定 2 578 个三角点的大地坐标.为了用椭圆在球面上的正形投影理论解决大地测量中出现的问题,在这段时间内高斯还从事了曲面和投影理论的研究,这项成果成了微分几何的重要理论基础.

高斯试图在汉诺威公国的大地测量中通过测量三个山头所构成的三角形的内角和,以验证非欧几何的正确性,但未成功.高斯的朋友鲍耶的儿子雅诺斯在 1823 年证明了非欧几何的存在.高斯对他勇于探索的精神表示了赞扬.1840 年,罗巴切夫斯基用德文写了《平行线理论的几何研究》一文.这篇论文的发表引起了高斯的注意.他非常重视这一论证,积极建议哥廷根大学聘请罗巴切夫斯基为通信院士.为了能直接阅读他的著作,从这一年开始,63 岁的高斯开始学习俄语,并最终掌握了这门外语.高斯最终成为微分几何的始祖(高斯、雅诺斯和罗巴切夫斯基)之一.

出于对实际应用的兴趣,高斯发明了日光反射仪.日光反射仪可以将光束反射至大约 450 km 外的地方.高斯后来不止一次地为原先的设计做出改进,试制成功了后来被广泛应用于大地测量的镜式六分仪.

19 世纪 30 年代,高斯发明了磁强计.他辞去了天文台的工作,而转向物理的研究.他与韦伯(1804—1891)在电磁学领域共同工作.他比韦伯年长 27 岁,以亦师亦友的身份与其合作.1833 年,通过受电磁影响的罗盘指针,他向韦伯发送出电报.这不仅是从韦伯的实验室与天文台之间的第一个电话电报系统,也是世界上的第一个电话电报系统.尽管线路才 8 km 长.

1840 年,他和韦伯画出了世界上第一张地球磁场图,并于次年,这些位置得到了美国科学家的证实.

高斯在多个领域进行研究,但只把他认为已经成熟的理论发表出来.他经常对他的同事表示,该同事的结论以前自己已经证明过了,只是因为基础理论的不完备而没有发表.批评者说他这样做是因为喜欢出风头.事实上,高斯把他的研究结果都记录起来了.他死后,他的 20 部记录着他的研究结果和想法的笔记被发现,证明高斯所说的是事实.一般人认为,20 部笔记并非高斯笔记的全部.

总习题 五

1. 求下列函数的定义域:

(1) $z=\dfrac{1}{\sqrt{x+y}}+\dfrac{1}{\sqrt{x-y}}$;　　　　(2) $z=\ln(y-x)+\dfrac{1}{\sqrt{1-x^2-y^2}}$.

2. 求下列函数的全微分:

(1) $z=\sin(xy)+\cos^2(xy)$;　　　　(2) $z=y^x$;

(3) $z=f\left(x+y,\dfrac{y}{x}\right)$, f 为可微函数; (4) $z=y^2f(xy,\mathrm{e}^x)$, f 为可微函数.

3. 求由方程 $\sin x+\mathrm{e}^x-xy^2=0$ 确定的函数 $y=f(x)$ 的导数.

4. 设 $z=f(x,y)$ 是由方程 $y+z=xf(y^2-x^2)$ 确定的函数,其中 f 为可导函数,求 $\dfrac{\partial z}{\partial x}$, $\dfrac{\partial z}{\partial y}$.

5. 设函数 $z=\mathrm{e}^{u^2+v^2}$,而 $u=\sin x$, $v=x^2$,求 $\dfrac{\mathrm{d}z}{\mathrm{d}x}$.

6. 求函数 $f(x,y)=x^3-y^3+3x^2+3y^2-9x$ 的极值.

7. 求表面积为 a^2 而体积为最大的长方体的体积.

8. 交换下列积分的次序:

(1) $\displaystyle\int_{-1}^{0}\mathrm{d}x\int_{x+1}^{\sqrt{1-x^2}}f(x,y)\mathrm{d}y$;　　　　(2) $\displaystyle\int_{0}^{1}\mathrm{d}y\int_{y+1}^{2}f(x,y)\mathrm{d}x$.

9. 计算二重积分 $\displaystyle\iint_{D}x^2\mathrm{d}x\mathrm{d}y$,其中 D 是由曲线 $y=\dfrac{1}{x}$,直线 $y-x$, $x=2$ 及 $y=0$ 所围成的平面区域.

10. 计算二重积分 $\displaystyle\iint_{D}y\mathrm{d}x\mathrm{d}y$,其中 D 是由曲线 $y=\sqrt{x-1}$,直线 $y=\dfrac{1}{2}x$ 及 x 轴所围成的平面区域.

微分方程

函数是客观事物的内部联系在数量方面的反映,利用函数关系可以对客观事物的规律性进行研究.如何寻求函数关系,是数学中的一个重要内容,在实践中也具有重要意义.在人们探求物质世界运动规律的过程中,一般很难全靠实验观测认清运动规律,因为人们不太可能观察到运动的全过程.然而,运动物体(变量)与它的瞬时变化率(导数)之间,通常在运动过程中按照某种已知定律存在着联系,我们容易捕捉到这种关系.数学上将这样的关系式称为微分方程.微分方程建立后,对它进行研究,找出未知函数,这就是解微分方程.本章我们主要介绍微分方程的一些基本概念和几种常见微分方程的求解方法.

第一节 微分方程的基本概念

【例1】(物体下落问题) 一质量为 M 的物体自由下落,不计空气阻力,设初速度为 v_0,求物体的运动规律.

解 设物体的运动规律为 $s=s(t)$.由物理学知识,有

$$\frac{\mathrm{d}^2 s}{\mathrm{d}t^2}=g(g\text{ 为重力加速度}),s|_{t=0}=0,\left.\frac{\mathrm{d}s}{\mathrm{d}t}\right|_{t=0}=v_0,$$

对 $\dfrac{\mathrm{d}^2 s}{\mathrm{d}t^2}=g$ 两边积分,得

$$\frac{\mathrm{d}s}{\mathrm{d}t}=gt+C_1.$$

对上式两边积分,得

$$s=\frac{1}{2}gt^2+C_1 t+C_2.$$

将条件 $s|_{t=0}=0,\left.\dfrac{\mathrm{d}s}{\mathrm{d}t}\right|_{t=0}=v_0$ 代入上面两式中,得 $C_1=v_0,C_2=0$.

所以物体的运动规律为 $\quad s=\dfrac{1}{2}gt^2+v_0 t.$

【例2】(几何问题) 已知曲线上任意一点 $M(x,y)$ 处的切线斜率等于该点横坐标的平方的 3 倍,且该曲线通过点 $(1,2)$,求该曲线的方程.

解 设所求曲线的方程为 $y=f(x).$

由题意知 $\dfrac{\mathrm{d}y}{\mathrm{d}x}=3x^2,y\mid_{x=1}=2.$

对 $\dfrac{\mathrm{d}y}{\mathrm{d}x}=3x^2$ 两边积分,得 $y=\displaystyle\int 3x^2\mathrm{d}x=x^3+C.$

将 $y\mid_{x=1}=2$ 代入上式,得 $C=1,$

故所求的曲线方程为 $y=x^3+1.$

【例3】(人口模型)　英国人口统计学家马尔萨斯(1766—1834)在查看了教堂 100 多年人口出生统计资料后发现,人口出生率是一个常数,于是产生了著名的马尔萨斯人口模型.他假设:在人口自然增长过程中,净增长率(出生率与死亡率之差)为常数,即单位时间内人口的增长量与人口数成正比,比例系数 $r>0$.根据以上条件,建立马尔萨斯人口预测模型.

解　在 t 时刻,设人口函数为 $N(t)$,由题意可知:

$$\frac{\mathrm{d}N}{\mathrm{d}t}=rN,$$

即 $$\frac{1}{N}\mathrm{d}N=r\mathrm{d}t,$$

上式两边同时积分,得

$$\int\frac{1}{N}\mathrm{d}N=\int r\mathrm{d}t,$$

进一步,有 $$\ln N=rt+C.$$

所以,当地人口增长规律为

$$N=C_1\mathrm{e}^{rt}\ (C_1=\mathrm{e}^{C}).$$

因此,当地人口将以指数方式增长.如果全球人口数量也同样按照指数方式增长,地球很快将不堪重负.因此,当地政府有必要实施计划生育政策,从而有效缓解人口增长速度,降低人口增长对自然资源需要的压力,实现人类和自然的可持续发展.

通过上述三个例子可得解决问题的基本思路:首先,根据具体问题建立所求函数及其导数的方程,即建立微分方程和所求方程及其导数所满足的条件,即初始条件;其次,可通过积分求出函数的一般规律和适合条件的具体规律.

一般地,凡表示未知函数、未知函数的导数与自变量之间的关系的方程,叫作**微分方程**.未知函数是一元函数的,叫作**常微分方程**;未知函数是多元函数的,叫作**偏微分方程**.微分方程有时也简称为方程.本章只讨论常微分方程,为方便起见,简称为微分方程.

微分方程中所出现的未知函数的最高阶导数的阶数,叫作**微分方程的阶**.例如,方程 $xy'^2-2yy'+x=0$ 是一阶微分方程;方程 $x^2y''-xy'+y=0$ 是二阶微分方程;方程 $y^{(n)}-y'y^{(n-1)}+y=\sin x$ 是 n 阶微分方程.

如果将一个函数 $y=f(x)$ 代入微分方程后能使方程两边恒等,则函数 $y=f(x)$ 叫作该微分方程的**解**.显然,函数 $y=x^3+2$ 及 $y=x^3+C(C$ 为任意常数)都

是微分方程 $\dfrac{\mathrm{d}y}{\mathrm{d}u}=3x^2$ 的解.微分方程的解有两种形式:一种不含任意常数;一种含有任意常数.如果微分方程的解中含有任意常数,且独立的任意常数的个数与微分方程的阶数相同,那么这样的解叫作微分方程的**通解**.而把不含有任意常数的解叫作微分方程的**特解**.

说明:一阶微分方程的通解中必须含有一个任意常数,而二阶微分方程的通解中必须含有两个独立的任意常数.

如果我们对未知函数及其各阶导数预设一些条件,由它们可以确定通解中的任意常数,就称为初始条件(定解条件).带有初始条件的微分方程问题称为初值问题.例如:

一阶微分方程的初始条件可表示为 $y|_{x=x_0}=y_0$ 或 $y(x_0)=y_0$,其中 x_0,y_0 是两个已知数.

二阶微分方程的初始条件可表示为 $\begin{cases} y|_{x=x_0}=a, \\ y'|_{x=x_0}=b, \end{cases}$ 其中 x_0,a,b 是三个已知数.

【例 4】 验证函数 $y=C_1\mathrm{e}^x+C_2\mathrm{e}^{-x}$ 为二阶微分方程 $y''-y=0$ 的通解,并求此方程满足初始条件 $y(0)=0,y'(0)=1$ 的特解.

解 由 $y=C_1\mathrm{e}^x+C_2\mathrm{e}^{-x}$,得 $y'=C_1\mathrm{e}^x-C_2\mathrm{e}^{-x}$,$y''=C_1\mathrm{e}^x+C_2\mathrm{e}^{-x}$,则
$$y''-y=C_1\mathrm{e}^x+C_2\mathrm{e}^{-x}-C_1\mathrm{e}^x-C_2\mathrm{e}^{-x}=0.$$

所以,函数 $y=C_1\mathrm{e}^x+C_2\mathrm{e}^{-x}$ 是所给微分方程的解.又因为这个解中有两个独立的任意常数,与方程的阶数相同,所以它是方程的通解.

由初始条件 $y(0)=0,y'(0)=1$,得 $\begin{cases} C_1+C_2=0, \\ C_1-C_2=1, \end{cases}$ 求解可得,$C_1=\dfrac{1}{2}$,$C_2=-\dfrac{1}{2}$.

于是,满足所给初始条件的特解为 $y=\dfrac{1}{2}(\mathrm{e}^x-\mathrm{e}^{-x})$.

微分方程的解的几何图形称为微分方程的**积分曲线**.特解的几何图形就是一条积分曲线,通解的几何图形就是**积分曲线族**.

如微分方程 $y'=\mathrm{e}^x$ 满足初始条件 $y|_{x=0}=1$ 的特解 $y=\mathrm{e}^x$ 就是过点 $(0,1)$ 的那条积分曲线,而其通解 $y=\mathrm{e}^x+C$ 就是将一条积分曲线沿 y 轴上下平移形成的积分曲线族,如图 6-1 所示.

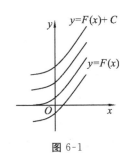

图 6-1

习 题 6-1

1. 指出下列方程哪些是微分方程:

(1) $y'=2x$;

(2) $y=2x+1$;

(3) $(y-2xy)\mathrm{d}x+x^2\mathrm{d}y=0$;

(4) $y''-4y'+5y=0$;

（5）$\sin y = 1$；

（6）$\dfrac{\mathrm{d}^2 \theta}{\mathrm{d}^2 t} + \dfrac{g}{l}\sin \theta = 0$.

2. 指出下列微分方程的阶数（其中 y 为未知函数）：

（1）$x\,\mathrm{d}x - y^2\,\mathrm{d}y = 0$；

（2）$y' + 2y = x^2$；

（3）$\mathrm{d}y = \dfrac{2y}{100 + x}\mathrm{d}x$；

（4）$y''' + 8y' + 5y + x = 1$；

（5）$(y')^3 y'' - xy' = 1$；

（6）$y^{(n)} - y^{(n-2)} + 2x = 0\ (n \geqslant 2)$.

3. 指出下列各题中的函数是否为所给微分方程的解：

（1）$xy' = 2y,\ y = 5x^2$；

（2）$y'' + y = 0,\ y = 3\sin x - 4\cos x$；

（3）$y'' - 2y' + y = 0,\ y = x^2 \mathrm{e}^x$；

（4）$y'' - (\lambda_1 + \lambda_2)y' + \lambda_1 \lambda_2 y = 0,\ y = C_1 \mathrm{e}^{\lambda_1 x} + C_2 \mathrm{e}^{\lambda_2 x}$（$C_1, C_2$ 为任意常数）.

4. 验证 $y = Cx^2$（C 为任意常数）是一阶微分方程 $2y - xy' = 0$ 的通解，并求满足初始条件 $y|_{x=1} = 2$ 的特解.

5. 写出由下列条件确定的曲线所满足的微分方程：

（1）曲线在点 $P(x, y)$ 处的切线斜率等于该点横坐标的平方；

（2）曲线上点 $P(x, y)$ 处的法线与 x 轴的交点为 Q，而线段 PQ 被 y 轴平分.

第二节　一阶微分方程

一阶微分方程一般形式为 $y' = f(x, y)$ 或 $F(x, y, y') = 0$，有时我们也把它写成微分的形式，即 $\mathrm{d}y = f(x, y)\mathrm{d}x$ 或 $f(x, y)\mathrm{d}x + g(x, y)\mathrm{d}y = 0$.

一、可分离变量的一阶微分方程

在第一节的例 2 中，我们遇到一阶微分方程

$$\frac{\mathrm{d}y}{\mathrm{d}x} = 3x^2,$$

或

$$\mathrm{d}y = 3x^2\,\mathrm{d}x.$$

把上式两端积分，就可以得到这个方程的通解：

$$y = x^3 + C.$$

但是并不是所有的一阶微分方程都能这样求解. 例如，对于一阶微分方程

$$\frac{\mathrm{d}y}{\mathrm{d}x} = 2xy \tag{6-1}$$

就不能像上面那样用直接对两端积分的方法求出它的通解. 这是什么缘故呢？

原因是方程（6-1）的右端有未知函数 y，积分 $\displaystyle\int 2xy\,\mathrm{d}x$ 求不出来，这是困难所在. 为了解决这个困难，将方程（6-1）转化为

$$\frac{\mathrm{d}y}{y} = 2x\,\mathrm{d}x,$$

这样,变量 x 和 y 已分离在等式的两端,然后两端积分,得
$$\ln|y| = x^2 + C,$$
即
$$y = C_1 \mathrm{e}^{x^2}, \tag{6-2}$$
其中 C 是任意常数,$C_1 = \pm \mathrm{e}^C$.

验证发现,式(6-2)满足一阶微分方程(6-1),且含有一个任意常数,所以它是方程(6-1)的通解.

一般地,如果一阶微分方程可以写成
$$\frac{\mathrm{d}y}{\mathrm{d}x} = f(x)g(y) \tag{6-3}$$
的方程,我们称其为可分离变量的微分方程,其中 $f(x)$ 和 $g(y)$ 分别是 x,y 的连续函数.

该微分方程的特点是:可以将微分方程中的两个变量 x(包含 $\mathrm{d}x$)和 y(包含 $\mathrm{d}y$)分离在等式的两端.若该微分方程中出现 y' 时,应将 y' 转化为 $\frac{\mathrm{d}y}{\mathrm{d}x}$.

不难总结发现,求解可分离变量的微分方程的一般步骤如下:

(1) 分离变量,$\frac{\mathrm{d}y}{g(y)} = f(x)\mathrm{d}x$,其中 $g(y) \neq 0$;

(2) 对两边积分,$\int \frac{\mathrm{d}y}{g(y)} = \int f(x)\mathrm{d}x$;

(3) 计算出不定积分,得到微分方程的通解 $G(y) = F(x) + C$.

其中 $G(y),F(x)$ 分别是 $\frac{1}{g(y)}$ 和 $f(x)$ 的一个原函数,C 为任意常数.

【例5】 求微分方程 $y' - 2xy^2 = 0$ 的通解.

解 原方程可变形为
$$\frac{\mathrm{d}y}{\mathrm{d}x} = 2xy^2.$$

分离变量,得
$$\frac{1}{y^2}\mathrm{d}y = 2x\mathrm{d}x(假定\ y \neq 0),$$

两边积分,得
$$\int \frac{1}{y^2}\mathrm{d}y = 2\int x\mathrm{d}x,$$

求积分,得
$$-\frac{1}{y} = x^2 + C,$$

所以
$$y = -\frac{1}{x^2 + C},$$

其中 C 为任意常数.

【**例 6**】 求解初值问题 $\begin{cases} y' + xy^2 = 0, \\ y(0) = 2. \end{cases}$

解 先求通解,方程变形为 $\dfrac{\mathrm{d}y}{\mathrm{d}x} = -xy^2$,

分离变量,得 $\qquad\qquad\qquad\qquad \dfrac{\mathrm{d}y}{y^2} = -x\mathrm{d}x$,

两边积分,得 $\qquad\qquad\qquad\qquad \displaystyle\int \dfrac{\mathrm{d}y}{y^2} = -\int x\mathrm{d}x$,

即 $\qquad\qquad\qquad -\dfrac{1}{y} = -\dfrac{1}{2}x^2 + C_1$(两边积分只需一个积分常数),

故方程的通解为

$$y = \dfrac{2}{x^2 + C}(\text{其中 } C = -2C_1 \text{ 为任意常数}).$$

由初始条件 $y(0) = 2$,即 $2 = \dfrac{2}{0^2 + C}$,故 $C = 1$,所以满足初始条件 $y(0) = 2$ 的特

解为 $y = \dfrac{2}{x^2 + 1}$.

由于导数在几何上表示切线的斜率,所以利用微分方程可以解决一些与斜率有关的几何问题.

【**例 7**】 已知一曲线过点 $(0,1)$,且在 $P(x,y)$ 点处的斜率等于它的横坐标 x 的 3 倍,求曲线方程.

解 设曲线方程为 $y = f(x)$,则由题意可知,$y' = 3x$,

分离变量,得 $\qquad\qquad\qquad \mathrm{d}y = 3x\mathrm{d}x$,

两边积分,得 $\qquad\qquad\qquad y = \dfrac{3}{2}x^2 + C$.

再由 $y(0) = 1$,得 $C = 1$,所以满足条件的曲线方程为 $y = \dfrac{3}{2}x^2 + 1$.

二、齐次微分方程

如果一阶显式微分方程

$$\dfrac{\mathrm{d}y}{\mathrm{d}x} = f(x,y) \qquad\qquad\qquad (6\text{-}4)$$

中的函数 $f(x,y)$ 可以写成 $\dfrac{y}{x}$ 的函数 $g\left(\dfrac{y}{x}\right)$,那么方程(6-4)为**一阶齐次微分方程**.

例如,方程

$$\dfrac{\mathrm{d}y}{\mathrm{d}x} = \dfrac{x+y}{x-y}, (x^2 + y^2)\mathrm{d}x + xy\mathrm{d}y = 0,$$

可以分别改写为

$$\dfrac{\mathrm{d}y}{\mathrm{d}x} = \dfrac{1 + \dfrac{y}{x}}{1 - \dfrac{y}{x}}, \quad \dfrac{\mathrm{d}y}{\mathrm{d}x} = -\dfrac{y}{x} - \left(\dfrac{y}{x}\right)^{-1},$$

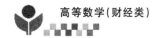

所以它们都是一阶齐次方程.一阶齐次微分方程可以写成

$$\frac{\mathrm{d}y}{\mathrm{d}x}=g\left(\frac{y}{x}\right). \tag{6-5}$$

在方程(6 5)中引入新的未知函数

$$u=\frac{y}{x}, \tag{6-6}$$

就可转化为可分离变量的方程.由式(6-6)可得

$$y=xu,\quad \frac{\mathrm{d}y}{\mathrm{d}x}=u+x\,\frac{\mathrm{d}u}{\mathrm{d}x}.$$

代入方程(6-5),得到方程

$$u+x\,\frac{\mathrm{d}u}{\mathrm{d}x}=g(u),$$

即

$$x\,\frac{\mathrm{d}u}{\mathrm{d}x}=g(u)-u.$$

分离变量,得

$$\frac{\mathrm{d}u}{g(u)-u}=\frac{\mathrm{d}x}{x}.$$

当 $g(u)-u\neq 0$ 时,两端积分,得

$$\int\frac{\mathrm{d}u}{g(u)-u}=\int\frac{\mathrm{d}x}{x}.$$

求出积分后,再以 $\dfrac{y}{x}$ 代替 u,便得到所给齐次微分方程的通解.

【例8】 求解方程

$$\frac{\mathrm{d}y}{\mathrm{d}x}=\frac{xy+y^2}{x^2}.$$

解 将方程化成

$$\frac{\mathrm{d}y}{\mathrm{d}x}=\frac{y}{x}+\left(\frac{y}{x}\right)^2.$$

令 $y=xu$,代入上式,可得

$$u+x\,\frac{\mathrm{d}u}{\mathrm{d}x}=u+u^2,$$

即

$$x\,\frac{\mathrm{d}u}{\mathrm{d}x}=u^2.$$

容易看出,$u=0$ 为这方程的一个解,从而 $y=0$ 为原方程的一个解.

当 $u\neq 0$ 时,分离变量得 $\dfrac{1}{u^2}\mathrm{d}u=\dfrac{1}{x}\mathrm{d}x$.两端积分后,可得

$$-\frac{1}{u}=\ln|x|+C,$$

或

$$u = -\frac{1}{\ln|x| + C}.$$

将 u 换成 $\dfrac{y}{x}$，并解出 y，从而得到原方程的通解为

$$y = -\frac{x}{\ln|x| + C}.$$

【例 9】　求解满足以下初始条件的微分方程的特解.

$$\frac{\mathrm{d}y}{\mathrm{d}x} = \frac{y}{x} + \frac{x}{y}, \quad y\big|_{x=1} = 2.$$

解　令 $y = xu$，代入方程，可得

$$u + x\frac{\mathrm{d}u}{\mathrm{d}x} = u + \frac{1}{u},$$

即

$$x\frac{\mathrm{d}u}{\mathrm{d}x} = \frac{1}{u} \quad (u \neq 0).$$

分离变量，得 $u\,\mathrm{d}u = \dfrac{1}{x}\mathrm{d}x$，两端积分后，可得

$$\frac{1}{2}u^2 = \ln|x| + C,$$

将 u 换成 $\dfrac{y}{x}$，得

$$y^2 = 2x^2\ln|x| + 2Cx^2.$$

接下来，将 $y\big|_{x=1} = 2$ 代入上式，得 $C = 2$.

因此，满足初始条件的特解为

$$y = \pm x\sqrt{2\ln|x| + 4}.$$

三、一阶线性微分方程

形如

$$y' + P(x)y = Q(x) \qquad\qquad (6\text{-}7)$$

的方程称为**一阶线性微分方程**，其中 $P(x)$，$Q(x)$ 为已知函数.

当 $Q(x) = 0$ 时，

$$y' + P(x)y = 0. \qquad\qquad (6\text{-}8)$$

方程 $(6\text{-}8)$ 称为**一阶齐次线性方程**.

当 $Q(x) \neq 0$ 时，方程 $(6\text{-}7)$ 称为**一阶非齐次线性方程**.

说明：这里线性的含义是指在微分方程中对含有 y 或 y' 的项来说，y 或 y' 都必须是一次的，且不含有 yy'，$y^{\frac{1}{2}}$，$(y')^2$ 等.

1. 一阶齐次线性微分方程

为了求一阶非齐次线性微分方程 $(6\text{-}7)$ 的通解，我们先讨论一阶齐次线性微分方程 $(6\text{-}8)$ 的通解.

显然方程(6-8)是可分离变量的微分方程,分离变量,得

$$\frac{\mathrm{d}y}{y} = -P(x)\mathrm{d}x,$$

两边积分,得

$$\ln|y| = -\int P(x)\mathrm{d}x + C_1,$$

即

$$y = \pm \mathrm{e}^{-\int P(x)\mathrm{d}x + C_1} = \pm \mathrm{e}^{C_1}\mathrm{e}^{-\int P(x)\mathrm{d}x} = C\mathrm{e}^{-\int P(x)\mathrm{d}x} \ (其中\ C = \pm \mathrm{e}^{C_1}).$$

从而得到微分方程(6-8)的通解为

$$y = C\mathrm{e}^{-\int P(x)\mathrm{d}x}. \tag{6-9}$$

说明:在式(6-9)中,因为将不定积分中的任意常数 C 先写出来了,所以在进行具体计算时,其中的不定积分 $\int P(x)\mathrm{d}x$ 就不需要再加任意常数 C 了,即不定积分 $\int P(x)\mathrm{d}x$ 仅表示 $P(x)$ 的一个确定的原函数.

2. 一阶非齐次线性微分方程

一阶非齐次线性微分方程 $y' + P(x)y = Q(x)$ 与其对应的齐次微分方程 $y' + P(x)y = 0$ 的差异在于 $Q(x) \neq 0$,我们可以猜想它们的通解之间会存在一定的联系.我们设它的解为

$$y = C(x)\mathrm{e}^{-\int P(x)\mathrm{d}x},$$

再求 $C(x)$ 或许较容易. 事实上 $y' = C'(x)\mathrm{e}^{-\int P(x)\mathrm{d}x} - C(x)P(x)\mathrm{e}^{-\int P(x)\mathrm{d}x}$,代入方程(6-7),有

$$C'(x) = Q(x)\mathrm{e}^{\int P(x)\mathrm{d}x},$$

两边积分,得

$$C(x) = \int Q(x)\mathrm{e}^{\int P(x)\mathrm{d}x}\mathrm{d}x + C.$$

于是得方程(6-7)的通解为

$$y = \left(\int Q(x)\mathrm{e}^{\int P(x)\mathrm{d}x}\mathrm{d}x + C\right)\mathrm{e}^{-\int P(x)\mathrm{d}x}. \tag{6-10}$$

上述求解方法称为**常数变易法**.式(6-10)是一阶非齐次线性微分方程的通解公式.

用常数变易法求一阶非齐次线性微分方程通解的一般步骤如下:

(1) 先求出非齐次线性微分方程所对应的齐次线性微分方程的通解 $y = C\mathrm{e}^{-\int P(x)\mathrm{d}x}$;

(2) 将所求出的齐次线性微分方程的通解中的任意常数 C 变为待定函数 $C(x)$,假设非齐次线性微分方程的解 $y = C(x)\mathrm{e}^{-\int P(x)\mathrm{d}x}$;

(3) 将所假设的解代入非齐次线性微分方程,求出 $C(x)$,最后写出一阶非齐次线性微分方程的通解.

【例 10】 求微分方程 $y' - y = \mathrm{e}^{2x}$ 的通解.

解 令 $P(x) = -1, Q(x) = \mathrm{e}^{2x}$,直接利用一阶非齐次线性微分方程的通解公

式(10),计算可得

$$y = \left[\int Q(x)e^{\int P(x)dx}dx + C\right]e^{-\int P(x)dx} = \left[\int e^{2x}e^{-\int 1dx}dx + C\right]e^{\int 1dx}$$

$$= \left[\int e^x dx + C\right]e^x = e^{2x} + Ce^x,$$

则原微分方程的通解为 $y = e^{2x} + Ce^x$.

【例 11】 求解初值问题:$y' - \dfrac{y}{x+1} = x, y(0) = 1$.

解 直接利用一阶非齐次线性微分方程的通解公式计算,当 $x + 1 > 0$ 时,

$$y = \left[\int Q(x)e^{\int P(x)dx}dx + C\right]e^{-\int P(x)dx} = \left[\int x e^{-\int \frac{1}{x+1}dx}dx + C\right]e^{\int \frac{1}{x+1}dx}$$

$$= \left[\int \frac{x}{x+1}dx + C\right](x+1) = (x+1)[C + x - \ln(x+1)].$$

又因为 $y(0) = C = 1$,所以,特解为

$$y = (x+1)[1 + x - \ln(x+1)].$$

【例 12】 已知某厂的纯利润 L 对广告费 x 的变化率 $\dfrac{dL}{dx}$ 与常数 A 和纯利润 L 之差成正比,当 $x = 0$ 时,$L = L_0$,试求纯利润 L 与广告费 x 之间的函数关系.

解 根据题意,列出方程

$$\begin{cases} \dfrac{dL}{dx} = k(A - L), \\ L\big|_{x=0} = L_0. \end{cases}$$

分离变量,两边积分,得

$$\int \frac{dL}{A - L} = \int k\,dx,$$

即

$$-\ln(A - L) = kx + \ln C_1,$$

也就是

$$A - L = Ce^{-kx}\left(\text{其中 } C = \frac{1}{C_1}\right).$$

所以

$$L = A - Ce^{-kx}.$$

由初始条件 $L\big|_{x=0} = L_0$,解得 $C = A - L_0$.

所以纯利润与广告费的函数关系为 $L = A - (A - L_0)e^{-kx}$.

【例 13】(逻辑斯蒂曲线) 在商品销售预测中,时刻 t 时的销售量用 $x(t)$ 表示,如果商品销售的增长速度 $\dfrac{dx(t)}{dt}$ 与销售量 $x(t)$ 及销售接近饱和程度 $a - x(t)$ 之乘积(a 为饱和水平)成正比,求销售量函数 $x(t)$.

解 根据题意,列出微分方程

$$\frac{dx(t)}{dt} = kx(t)[a - x(t)].$$

分离变量,两边积分,得

$$\ln \frac{x(t)}{a - x(t)} = akt + C_1(C_1 \text{ 为任意常数}),$$

即
$$\frac{x(t)}{a-x(t)}=C_2 e^{akt}\,(C_2=e^{C_1}\text{为任意常数}),$$

从而得到通解为

$$x(t)=\frac{a}{1+Ce^{-akt}}\left(C=\frac{1}{C_2}\text{为任意常数}\right),$$

其中任意常数 C 将由给定的初始条件确定.

习题 6-2

1. 求微分方程的通解:

(1) $\dfrac{\mathrm{d}y}{\mathrm{d}x}=\dfrac{x}{y}$;   (2) $2xyy'=y^2+1$;

(3) $y'-(\sin x)y=0$;   (4) $y'=e^{x-y}$;

(5) $y'=xy^2+x+y^2+1$;   (6) $(x+2y)\mathrm{d}x-x\mathrm{d}y=0$;

(7) $y'+\dfrac{3}{x}y=xy^{-1}$;   (8) $(x^2+y^2)\dfrac{\mathrm{d}y}{\mathrm{d}x}=2xy$;

(9) $y'+\dfrac{y}{x}=x$;   (10) $xy'+y=xe^x$;

(11) $y'-\dfrac{y}{x}=x^2$;   (12) $y'+y\tan x=\sin 2x$.

2. 求下列微分方程满足初始条件的特解:

(1) $y'\sin x=y\ln y$, $y\big|_{x=\frac{\pi}{2}}=e$;

(2) $(y^2-3x^2)\mathrm{d}y+2xy\mathrm{d}x=0$, $y\big|_{x=0}=1$;

(3) $y'+\dfrac{y}{x}=\dfrac{\sin x}{x}$, $y\big|_{x=\pi}=1$.

3. 将一个温度为 100 ℃ 的物体放在 20 ℃ 的恒温环境中进行冷却,已知物体冷却的速度与温度差成正比. 求该物体温度变化的规律.

4. 一条曲线通过点 $(2,3)$,它在两坐标轴间的任一切线段均被切点所平分,求该曲线的方程.

5. 镭的衰变有如下规律:镭的衰变速度与它的现存量 R 成正比,由经验材料得知,镭经过 1 600 年后,只剩余原始量 R_0 的一半,试求镭的现存量 R 与时间 t 的函数关系.

第三节   可降阶的高阶微分方程

从这一节起我们将讨论二阶及二阶以上的微分方程,即所谓高阶微分方程.

高阶微分方程的一般形式为 $y^{(n)}=f(x,y,y',\cdots,y^{(n-1)})$ 或 $F(x,y,y',\cdots,y^{(n)})=0$. 对于有些特殊的高阶微分方程,我们可以通过某种变换降为较低阶微分方程加以求解,所以称为"降阶法".

下面我们介绍三种容易降阶的高阶微分方程的求解方法.

一、$y''=f(x)$ 型的微分方程

这类微分方程只需要通过两次积分就可以得到其通解.

【例 14】 求微分方程 $y''=\sin x$ 的通解.

解 对方程 $y''=\sin x$ 两端同时积分,得

$$y'=\int \sin x \, \mathrm{d}x = -\cos x + C_1.$$

再一次对上式两端积分,有

$$y=\int (-\cos x + C_1)\mathrm{d}x = -\sin x + C_1 x + C_2,$$

即为原方程的通解.

二、$y''=f(x,y')$ 型的微分方程

这类微分方程的特点是方程右端不显含未知函数 y,可用换元法求解.令 $y'=p(x)$,则 $y''=p'(x)$,代入方程,得 $p'(x)=f(x,p)$.于是通过解两个一阶微分方程,得到原方程的通解.

【例 15】 求微分方程 $y''(1+\mathrm{e}^x)+y'=0$ 的通解.

解 令 $y'=p(x)$,代入原方程,得

$$p'(1+\mathrm{e}^x)+p=0,$$

分离变量,得

$$\frac{1}{p}\mathrm{d}p = -\frac{1}{1+\mathrm{e}^x}\mathrm{d}x,$$

两端积分,得

$$\int \frac{1}{p}\mathrm{d}p = -\int \frac{1}{1+\mathrm{e}^x}\mathrm{d}x,$$

即

$$\ln|p| = \ln\left|\frac{1+\mathrm{e}^x}{\mathrm{e}^x}\right| + \ln C_1,$$

故

$$y'=p=C_1(\mathrm{e}^{-x}+1).$$

两端积分,得

$$y=C_1\int (\mathrm{e}^{-x}+1)\mathrm{d}x = -C_1\mathrm{e}^{-x} + C_1 x + C_2,$$

即为原方程的通解.

【例 16】 求微分方程 $(1+x^2)y''=2xy'$ 满足初始条件 $y|_{x=0}=1$,$y'|_{x=0}=3$ 的特解.

解 令 $y'=p(x)$,代入原方程并分离变量后,有

$$\frac{1}{p}\mathrm{d}p = \frac{2x}{1+x^2}\mathrm{d}x,$$

两端积分,得

$$\int \frac{1}{p}\mathrm{d}p = \int \frac{2x}{1+x^2}\mathrm{d}x,$$

即

$$\ln|p| = \ln(1+x^2) + \ln C_1,$$

高等数学（财经类）

故 $$y' = p = C_1(1+x^2).$$

由条件 $y'|_{x=0}=3$，得 $C_1=3$，所以

$$y' = 3(1+x^2).$$

两端积分，得

$$y = 3\int(1+x^2)\,\mathrm{d}x = 3x + x^3 + C_2.$$

又由条件 $y|_{x=0}=1$，得

$$C_2 = 1,$$

于是所求的特解为

$$y = 3x + x^3 + 1.$$

三、$y''=f(y,y')$ 型的微分方程

此类方程右端显含有自变量 x，可令 $y'=p(x)$，则

$$y'' = \frac{\mathrm{d}p}{\mathrm{d}x} = \frac{\mathrm{d}p}{\mathrm{d}y}\frac{\mathrm{d}y}{\mathrm{d}x} = p\frac{\mathrm{d}p}{\mathrm{d}y},$$

于是方程化为 $$p\frac{\mathrm{d}p}{\mathrm{d}y} = f(y,p).$$

这是关于 y 和 p 的一阶微分方程，求出其解 $p=g(y,C_1)$，再对 $\frac{\mathrm{d}y}{\mathrm{d}x}=g(y,C_1)$ 用分离变量法求出原函数的解，这里 C_1 为任意常数.

【例 17】 求微分方程 $yy''+(y')^2=0$ 的通解.

解 令 $y'=p(x)$，则 $y''=\frac{\mathrm{d}p}{\mathrm{d}x}=\frac{\mathrm{d}p}{\mathrm{d}y}\frac{\mathrm{d}y}{\mathrm{d}x}=p\frac{\mathrm{d}p}{\mathrm{d}y}$，

代入原方程，得

$$p\left(y\frac{\mathrm{d}p}{\mathrm{d}y}+p\right)=0.$$

当 $p\equiv 0$ 时，由 $y'=0$，得 $y=C_1$.

当 $p\neq 0$ 时，有

$$y\frac{\mathrm{d}p}{\mathrm{d}y}+p=0,$$

分离变量，得

$$\frac{1}{p}\mathrm{d}p = -\frac{1}{y}\mathrm{d}y.$$

两端积分，得

$$\int\frac{1}{p}\mathrm{d}p = -\int\frac{1}{y}\mathrm{d}y,$$

即 $$\ln|p| = -\ln|y| + \ln C_2,$$

故 $$y' = p = \frac{C_2}{y}.$$

分离变量，得

$$y \, \mathrm{d}y = C_2 \, \mathrm{d}x,$$

两端积分,得

$$\frac{1}{2} y^2 = C_2 x + C_3,$$

即
$$y = \pm \sqrt{C_4 x + C_5} \ (\text{其中 } C_4 = 2C_2, C_5 = 2C_3)$$

为原方程的通解.

习 题 6-3

1. 求解下列各微分方程的通解:

(1) $y'' = \sin 2x$;

(2) $y'' = x \sin x$;

(3) $y'' = \dfrac{1}{1+x^2}$;

(4) $y'' - y' = x$;

(5) $xy'' + y' = 0$;

(6) $yy'' + 1 = y'^2$.

2. 求解下列各微分方程满足初始条件的特解:

(1) $2y'' = \sin 2y$, $y|_{x=0} = \dfrac{\pi}{2}$, $y'|_{x=0} = 1$;

(2) $y'' + 2x(y')^2 = 0$, $y|_{x=0} = 1$, $y'|_{x=0} = -\dfrac{1}{2}$.

3. 求 $y'' = x + 1$ 的经过点 $P(0,1)$ 且在此点与直线 $y = x + 1$ 相切的积分曲线.

4. 设有一质量为 m 的物体,在空中由静止开始下落,如果空气阻力 $R = c^2 \dot{v}$(其中 c 为常数,v 为物体运动的速度),试求物体下落的距离 s 与时间 t 的函数关系.

第四节　高阶线性微分方程

高阶线性微分方程在科学技术中有着广泛的应用,本节将重点讨论高阶线性微分方程解的结构、求解二阶常系数齐次线性微分方程的特征方程法和二阶非线性微分方程某一特解的待定系数法.

一、高阶线性微分方程

n 阶线性微分方程的一般形式为
$$a_n(x)y^{(n)} + a_{n-1}(x)y^{(n-1)} + \cdots + a_1(x)y' + a_0(x)y = f(x). \quad (6\text{-}11)$$
当 $f(x) \equiv 0$ 时,有
$$a_n(x)y^{(n)} + a_{n-1}(x)y^{(n-1)} + \cdots + a_1(x)y' + a_0(x)y = 0, \quad (6\text{-}12)$$
称为 n **阶齐次线性微分方程**.

当 $f(x) \neq 0$ 时,我们称(6-11)式为 n **阶非齐次线性微分方程**.

定理 1　如果 $y_1(x)$, $y_2(x)$ 是齐次线性微分方程(6-12)的两个解,则 $C_1 y_1(x) + C_2 y_2(x)$ 也是方程(6-12)的解,其中 C_1, C_2 为任意常数.

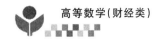

为了解决齐次线性微分方程(6-12)通解的问题,我们需要引入一个新的概念,即所谓函数的线性相关和线性无关.

设 $y_1(x),y_2(x),\cdots,y_n(x)$ 为定义在区间 I 上的 n 个函数,如果存在 n 个不全为零的常数 $k_1,k_2,\cdots,k_n$,使得当任意 $x\in I$ 时,有恒等式

$$k_1y_1+k_2y_2+\cdots+k_ny_n\equiv 0$$

成立,则称这 n 个函数在区间 I 上线性相关;否则称线性无关.

例如,函数 $1,\cos^2 x,\sin^2 x$ 在整个数轴上是线性相关的,因为恒有 $1-\cos^2 x-\sin^2 x\equiv 0$.又如,函数 $1,x,x^2$ 在区间 (a,b) 内是线性无关的.因为如果 k_1,k_2,k_3 不全为零,那么在该区间内至多只有两个 x 的值能使二次三项式 $k_1+k_2x+k_3x^2=0$ 成立,要使得它恒等于零,必须 k_1,k_2,k_3 全为零.

说明:对于两个函数的情形,它们线性相关与否,只要看它们的比是否为常数,如果比是常数,那么它们就线性相关;否则就线性无关.

定理 2 如果 $y_1(x),y_2(x),\cdots,y_n(x)$ 是微分方程(6-12) n 个线性无关的特解,则齐次线性微分方程(6-12)的通解为 $y(x)=C_1y_1(x)+C_2y_2(x)+\cdots+C_ny_n(x)$,其中 $C_1,C_2,\cdots,C_n$ 为任意常数.

【例 18】 验证 $y_1=\sin x,y_2=\cos x$ 是二阶齐次线性方程 $y''+y=0$ 的两个特解,并表示此方程的通解.

解 计算 $y_1'=(\sin x)'=\cos x.y_1''=(\cos x)'=-\sin x.$ 有 $y_1''+y_1=0$,所以 $y_1=\sin x$ 是 $y''+y=0$ 的解.同理,容易验证 $y_2=\cos x$ 也是 $y''+y=0$ 的解.又因为 $\sin x$ 与 $\cos x$ 线性无关,故 $y''+y=0$ 的通解 $y=C_1\sin x+C_2\cos x$,式中,C_1,C_2 为任意常数.

【例 19】 验证 $y=C_1x^2+C_2x^2\ln x$(其中 C_1,C_2 为任意常数)是方程 $x^2y''-3xy'+4y=0$ 的通解.

解 不难验证函数 $y_1=x^2,y_2=x^2\ln x$ 满足方程 $x^2y''-3xy'+4y=0$,且 $\dfrac{y_2}{y_1}=\ln x\neq C$(常数),因此 $y_1=x^2,y_2=x^2\ln x$ 是方程 $x^2y''-3xy'+4y=0$ 的两个线性无关的特解,由定理 2 可知,$y=C_1x^2+C_2x^2\ln x$ 是方程 $x^2y''-3xy'+4y=0$ 的通解.

二、二阶常系数齐次线性微分方程

形如

$$y''+py'+qy=0 \tag{6-13}$$

的方程称为二阶常系数齐次线性微分方程,其中 p,q 为常数.

推论 1 如果 $y_1(x),y_2(x)$ 是齐次线性微分方程(6-13)的两个解,则 $C_1y_1(x)+C_2y_2(x)$ 也是方程(6-13)的解,其中 C_1,C_2 为任意常数.

推论 2 如果 $y_1(x),y_2(x)$ 是齐次线性微分方程(6-13)的两个线性无关的特解,则 $C_1y_1(x)+C_2y_2(x)$ 是方程(6-13)的通解,其中 C_1,C_2 为任意常数.

由推论 2 可知,为了求解齐次线性微分方程(6-13)的通解,我们只需要求出它

的两个线性无关的特解即可.根据函数 e^{rx} 各阶导数以及方程(6-13)的形式,把 $y=e^{rx}$ 代入方程(6-13),可得 $(r^2+pr+q)e^{rx}=0$,可见只要 r 满足二次方程 $r^2+pr+q=0$,$y=e^{rx}$ 就是方程(6-13)的解.由此,称 $r^2+pr+q=0$ 为方程(6-13)**的特征方程**,它的根称为特征根.

例如,微分方程 $y''+4y'+3y=0$ 的特征方程 $r^2+4r+3=0$;微分方程 $y''-4y'=0$ 的特征方程 $r^2-4r=0$.

下面我们依据(6-13)的特征根的不同情形讨论二阶常系数齐次线性微分方程的解.

(1) $\Delta>0$,特征方程有两个不相等的实根:$r_1\neq r_2$.

由上面的讨论知道:$y_1=e^{r_1x}$ 与 $y_2=e^{r_2x}$ 均是微分方程的两个解,并且 $\dfrac{y_1}{y_2}=e^{(r_1-r_2)x}\neq$ 常数,因此微分方程(6-13)的通解为

$$y=C_1e^{r_1x}+C_2e^{r_2x}. \tag{6-14}$$

(2) $\Delta=0$,特征方程有两个相等的实根:$r_1=r_2$.

这时,我们只得到微分方程(6-13)的一个解 $y_1=e^{r_1x}$,为了得到方程的通解,我们还需要求另一个解 y_2,并且 $\dfrac{y_2}{y_1}\neq$ 常数.

设 $\dfrac{y_2}{y_1}=u(x)$,即 $y_2=u(x)e^{r_1x}$,下面来求 $u(x)$.

把 $y_2=u(x)e^{r_1x}$ 代入方程(6-13)中,整理得

$$u''+(2r_1+p)u'+(r_1^2+pr_1+q)u=0.$$

由于 $r_1=-\dfrac{p}{2}$ 是特征方程的二重根,因此

$$2r_1+p=0,\ r_1^2+pr_1+q=0,$$

于是

$$u''=0.$$

因为只要得到一个不为常数的解,可取 $u=x$,于是得到微分方程的另一个解 $y_2=xe^{r_1x}$,从而,得到微分方程(6-13)的通解为

$$y=C_1e^{r_1x}+C_2xe^{r_1x}. \tag{6-15}$$

(3) $\Delta<0$,特征方程有一对共轭复根:$r_{1,2}=\alpha\pm i\beta(\beta\neq 0)$,结合欧拉公式 $e^{i\theta}=\cos\theta+i\sin\theta$,可得

$$y_1=e^{(\alpha+i\beta)x}=e^{\alpha x}(\cos\beta x+i\sin\beta x),$$
$$y_2=e^{(\alpha-i\beta)x}=e^{\alpha x}(\cos\beta x-i\sin\beta x),$$

是微分方程(6-13)的两个解,根据齐次方程解的叠加原理,有

$$\bar{y}_1=\frac{1}{2}(y_1+y_2)=e^{\alpha x}\cos\beta x,$$

$$\bar{y}_2=\frac{1}{2i}(y_1-y_2)=e^{\alpha x}\sin\beta x,$$

$\overline{y}_1, \overline{y}_2$ 也是微分方程(6-13)的解,且 $\dfrac{\overline{y}_2}{\overline{y}_1} = \tan \beta x \neq$ 常数.

所以微分方程(6-13)的通解为

$$y = C_1 e^{\alpha x} \cos \beta x + C_2 e^{\alpha x} \sin \beta x = e^{\alpha x}(C_1 \cos \beta x + C_2 \sin \beta x). \tag{6-16}$$

综上所述,求二阶常系数齐次线性微分方程(6-13)的通解的步骤如下:

① 写出微分方程(6-13)的特征方程:

$$r^2 + pr + q = 0;$$

② 求出特征方程的两个根;

③ 根据特征方程的两个根的不同情形,依下表写出微分方程的通解.

特征方程 $r^2 + pr + q = 0$ 的两个根 r_1, r_2	微分方程 $y'' + py' + qy = 0$ 的通解
两个不相等的实根 $r_1 \neq r_2$	$y = C_1 e^{r_1 x} + C_2 e^{r_2 x}$
两个相等的实根 $r_1 = r_2$	$y = C_1 e^{r_1 x} + C_2 x e^{r_1 x}$
一对共轭复根 $r_{1,2} = \alpha \pm i\beta$	$y = e^{\alpha x}(C_1 \cos \beta x + C_2 \sin \beta x)$

【例 20】 求微分方程 $y'' + y' - 2y = 0$ 的通解.

解 此微分方程是二阶常系数齐次线性微分方程,其特征方程为

$$r^2 + r - 2 = 0,$$

其特征根为 $r_1 = -2, r_2 = 1$.

因此,由二阶常系数齐次线性微分方程的通解公式(6-14)可得此微分方程的通解为 $y = C_1 e^{-2x} + C_2 e^x$,其中 C_1, C_2 为任意常数.

【例 21】 求微分方程 $y'' - 2y' + y = 0$ 的通解.

解 此微分方程的特征方程为

$$r^2 - 2r + 1 = 0,$$

其特征根为 $r_1 = r_2 = 1$.

因此,由二阶常系数齐次线性微分方程的通解公式(6-15)可得此微分方程的通解为 $y = C_1 e^x + C_2 x e^x$,其中 C_1, C_2 为任意常数.

【例 22】 求微分方程 $y'' - 4y' + 5y = 0$ 满足初始条件 $y(0) = 1, y'(0) = 1$ 的特解.

解 微分方程的特征方程为

$$r^2 - 4r + 5 = 0,$$

其特征根为 $r_1 = 2 + i, r_2 = 2 - i$.

即 $\alpha = 2, \beta = 1$,由二阶常系数齐次线性微分方程的通解公式(6-16)可知,此微分方程的通解为

$$y = e^{2x}(C_1 \cos x + C_2 \sin x).$$

由初始条件 $y(0) = 1$,得 $C_1 = 1$,即

$$y = e^{2x}(\cos x + C_2 \sin x).$$

又因为 $y' = 2e^{2x}(\cos x + C_2 \sin x) + e^{2x}(-\sin x + C_2 \cos x).$

由初始条件 $y'(0)=1$,得 $C_2=-1$,所以微分方程满足初始条件的特解为
$$y=\mathrm{e}^{2x}(\cos x-\sin x).$$

*三、二阶常系数非齐次线性微分方程

形如
$$y''+py'+qy=f(x)[f(x)\neq0] \tag{6-17}$$
的方程称为二阶常系数非齐次线性微分方程,其中 p,q 为常数.

当 $f(x)\equiv0$ 时,方程 $y''+py'+qy=0$ 称为微分方程(6-17)对应的齐次线性方程.

推论 3　如果 $y(x)$ 是齐次线性微分方程(6-13)的通解,y^* 是非齐次线性微分方程(6-17)的一个特解,则 $y(x)+y^*$ 是非齐次线性微分方程(6-17)的通解.

推论 3 告诉我们,只要求出非齐次线性微分方程(6-17)的一个特解 y^*,并求出对应齐次线性微分方程的通解 $y(x)$,就可求出非齐次线性微分方程(6-17)的通解.对二阶常系数齐次线性方程通解 $y(x)$ 的求解方法前面已经介绍,所以求非齐次线性微分方程的通解关键在于求出它的一个特解 y^*.而求非齐次线性微分方程(6-17)的特解 y^* 与 $f(x)$ 属于何种类型的函数有关.

1. $f(x)=\mathrm{e}^{\lambda x}P_m(x)$ 型(其中 $P_m(x)$ 是 x 的一个 m 次多项式,λ 为常数)

由于微分方程(6-17)右端的函数 $f(x)$ 是指数函数与多项式的乘积,同时,我们发现此类函数的导数也是指数函数与多项式的乘积,因此,我们推测微分方程(6-17)的特解应为 $y^*=\mathrm{e}^{\lambda x}Q(x)$($Q(x)$ 是某一个待定的多项式). 将
$$y^{*'}=\lambda\mathrm{e}^{\lambda x}Q(x)+\mathrm{e}^{\lambda x}Q'(x),$$
$$y^{*''}=\mathrm{e}^{\lambda x}[\lambda^2Q(x)+2\lambda Q'(x)+Q''(x)],$$
代入微分方程(6-17),得
$$\mathrm{e}^{\lambda x}[Q''(x)+(2\lambda+p)Q'(x)+(\lambda^2+\lambda p+q)Q(x)]\equiv\mathrm{e}^{\lambda x}P_m(x),$$
消去 $\mathrm{e}^{\lambda x}$,得
$$Q''(x)+(2\lambda+p)Q'(x)+(\lambda^2+\lambda p+q)Q(x)=P_m(x). \tag{6-18}$$
下面分三种情况讨论:

(1) 如果 λ 不是特征方程 $r^2+pr+q=0$ 的根,即 $\lambda^2+p\lambda+q\neq0$,由于 $P_m(x)$ 是一个 m 次多项式,欲使(6-18)式的两端恒等,那么 $Q(x)$ 必为一个 m 次多项式,设
$$Q_m(x)=b_0x^m+b_1x^{m-1}+\cdots+b_{m-1}x+b_m.$$
将其代入(6-18)式,比较恒等式两端 x 的同次幂的系数,就得到以 $b_0,b_1,\cdots,b_{m-1}$,b_m 为未知数的 $m+1$ 个线性方程联立的方程组,解此方程组,可得到这 $m+1$ 个待定的系数,并得到特解
$$y^*=\mathrm{e}^{\lambda x}Q_m(x).$$

(2) 如果 λ 是特征方程 $r^2+pr+q=0$ 的单根,即 $\lambda^2+p\lambda+q=0$,但 $2\lambda+p\neq0$. 要使得(6-18)式的两端恒等,那么 $Q'(x)$ 必是一个 m 次多项式.因此,可令 $Q(x)=xQ_m(x)$,并且用同样的方法来确定 $Q(x)$ 的系数 $b_0,b_1,\cdots,b_{m-1},b_m$.

（3）如果 λ 是特征方程 $r^2 + pr + q = 0$ 的二重根，即 $\lambda^2 + p\lambda + q = 0$，且 $2\lambda + p = 0$.要使得(6-18)式的两端恒等，那么 $Q''(x)$ 必是一个 m 次多项式.因此，可令 $Q(x) = x^2 Q_m(x)$，并且用同样的方法来确定 $Q(x)$ 的系数 $b_0, b_1, \cdots, b_{m-1}, b_m$.

综上所述，我们得到如下结论：

如果 $f(x) = e^{\lambda x} P_m(x)$，那么微分方程 $y'' + py' + qy = f(x)$ 的特解形式为 $y^* = x^k Q_m(x) e^{\lambda x}$，其中 $Q_m(x)$ 是与 $P_m(x)$ 同次的多项式，k 的取值如下：

$$\begin{cases} 0, & \lambda \text{ 不是特征值方程的根,} \\ 1, & \lambda \text{ 是特征值方程的单根,} \\ 2, & \lambda \text{ 是特征值方程的二重根.} \end{cases}$$

【例23】 求微分方程 $y'' - 3y' + 2y = x + 1$ 的一个特解.

解 这是二阶常系数非齐次线性微分方程，且函数 $f(x)$ 是 $e^{\lambda x} P_m(x)$ 型（其中 $P_m(x) = x + 1, \lambda = 0$）.该方程所对应的齐次线性方程为 $y'' - 3y' + 2y = 0$，它的特征方程 $r^2 - 3r + 2 = 0$，其特征根 $r_1 = 1, r_2 = 2$，显然，$\lambda = 0$ 不是特征方程的根，所以应设特解为 $y^* = b_0 x + b_1$，把它代入方程中，得

$$2b_0 x + 2b_1 - 3b_0 = x + 1.$$

比较两端 x 同次幂的系数，得

$$\begin{cases} 2b_0 = 1, \\ 2b_1 - 3b_0 = 1. \end{cases}$$

从而求得 $\begin{cases} b_0 = \dfrac{1}{2}, \\ b_1 = \dfrac{5}{4}, \end{cases}$ 于是求得此微分方程的特解 $y^* = \dfrac{x}{2} + \dfrac{5}{4}$.

【例24】 求微分方程 $y'' - 3y' + 2y = x e^{2x}$ 的通解.

解 这里函数 $f(x)$ 是 $e^{\lambda x} P_m(x)$ 型［其中 $P_m(x) = x, \lambda = 2$］.由推论 3 分析可知，齐次线性微分方程 $y'' - 3y' - 2y = 0$ 的通解

$$y = C_1 e^x + C_2 e^{2x}.$$

且 $\lambda = 2$ 是特征方程的单根，所以应设特解为 $y^* = x(b_0 x + b_1) e^{2x}$，把它代入原方程，得

$$2b_0 x + b_1 + 2b_0 = x,$$

比较两端 x 同次幂的系数，得 $\begin{cases} b_0 = \dfrac{1}{2}, \\ b_1 = -1. \end{cases}$

于是求得此微分方程的特解 $y^* = x\left(\dfrac{x}{2} - 1\right) e^{2x} = \left(\dfrac{x^2}{2} - x\right) e^{2x}$.

因此，此微分方程的通解为

$$y = C_1 e^x + C_2 e^{2x} + \left(\dfrac{x^2}{2} - x\right) e^{2x}.$$

2. $f(x) = e^{\lambda x} [P_l^{(1)}(x) \cos \omega x + P_n^{(2)}(x) \sin \omega x]$（其中 λ, m 均为常数）

这时方程(6-17)变为

$$y'' + py' + qy = e^{\lambda x}[P_l^{(1)}(x)\cos \omega x + P_n^{(2)}(x)\sin \omega x]. \qquad (6\text{-}19)$$

由于正、余弦型函数的导数为正、余弦型函数,所以上面方程的特解也应属于正、余弦型函数.可以证明,上面方程具有下列形式的特解:

$$y^* = x^k e^{\lambda x}[P_m^{(1)}(x)\cos \omega x + P_m^{(2)}(x)\sin \omega x],$$

其中 $P_m^{(1)}(x)$ 和 $P_m^{(2)}(x)$ 是 m 次多项式,$m = \max\{l, n\}$,k 是一个整数,且

$$k = \begin{cases} 0, & \text{若 } \lambda + i\omega \text{ 不是特征方程的根,} \\ 1, & \text{若 } \lambda + i\omega \text{ 是特征方程的根.} \end{cases}$$

【例 25】 求微分方程 $y'' + y = x\sin 2x$ 的通解.

解 这里函数 $f(x)$ 是 $e^{\lambda x}[P_l^{(1)}(x)\cos \omega x + P_n^{(2)}(x)\sin \omega x]$ 型(其中 $P_l^{(1)}(x) = 0$,$P_n^{(2)}(x) = x$,$\omega = 2$,$\lambda = 0$,$m = 1$).此线性方程对应的齐次线性方程为 $y'' + y = 0$,其特征方程 $r^2 + 1 = 0$,特征根为 $r_{1,2} = \pm i$,齐次线性微分方程的通解为

$$y = C_1\cos x + C_2\sin x.$$

由于 $\lambda + \omega i = 2i$ 不是特征方程的根,所以设此方程的特解为

$$y^* = (a + bx)\cos 2x + (c + dx)\sin 2x.$$

代入原方程,得

$$(4d - 3a - 3bx)\cos 2x - (4b + 3c + 3dx)\sin 2x = x\sin 2x.$$

比较上式两端同类项的系数,得

$$\begin{cases} 4d - 3a = 0, \\ b = 0, \\ 4b + 3c = 0, \\ -3d = 1, \end{cases}$$

解得 $a = -\dfrac{4}{9}$,$b = c = 0$,$d = -\dfrac{1}{3}$.

于是,设此方程的特解为

$$y^* = -\frac{4}{9}\cos 2x - \frac{1}{3}x\sin 2x.$$

所以此微分方程的通解为

$$y = C_1\cos x + C_2\sin x - \frac{4}{9}\cos 2x - \frac{1}{3}x\sin 2x.$$

习 题 6-4

1. 求下列微分方程的特征方程及其通解:

(1) $y'' - 3y' + 2y = 0$；　　　　　　　(2) $y'' - y' = 0$；

(3) $2y'' + y' - y = 0$；　　　　　　　(4) $y'' - 2y' - 3y = 0$；

(5) $y'' + 2y' + y = 0$；　　　　　　　(6) $y'' + 2y' + 2y = 0$.

2. 求下列微分方程的通解:

(1) $2y'' + y' - y = 2e^x$；

(2) $2y'' + 5y' = 5x^2 - 2x - 1$;

(3) $y'' + 3y' + 2y = 3xe^{-x}$.

3. 求下列微分方程满足已知初始条件的特解:

(1) $y'' - 4y' + 3y = 0$, $y|_{x=0} = 6$, $y'|_{x=0} = 10$;

(2) $y'' + y + \sin 2x = 0$, $y|_{x=\pi} = 1$, $y'|_{x=\pi} = 1$;

(3) $y'' - 3y' + 2y = 5$, $y|_{x=0} = 1$, $y'|_{x=0} = 2$;

(4) $y'' - 10y' + 9y = e^{2x}$, $y|_{x=0} = \dfrac{6}{7}$, $y'|_{x=0} = \dfrac{33}{7}$.

4. 直径为 20 cm 的圆柱形浮筒,质量为 20 kg,铅直浮在水中,顶面高出水面 10 cm,现把它下压使顶面与水面齐平,然后突然放手,不计阻力,求浮筒的振动规律.

5. 一容器内盛盐水 100 L,含盐 50 g,现以浓度为 $c_1 = 2$ g/L 的盐水注入容器内,其流量为 $\varphi_1 = 3$ L/min.设注入的盐水与原有盐水被搅拌而迅速成为均匀的混合液,同时,此混合液又以流量 $\varphi_2 = 2$ L/min 流出.试求容器内的含盐量 x 与时间 t 的函数关系.

6. 设 Q 是体积为 V 的某湖泊在 t 时刻的污染物总量,若污染源已清除,当采取某治污措施后,污染物的减少率以与污染物总量成正比、与湖泊体积成反比变化.设 k 为比例系数,且 $Q(0) = Q_0$.求该湖泊污染物的变化规律,当 $\dfrac{k}{V} = 0.38$ 时,求 99% 污染物被清除的时间.

7. 某公司 t(年)净资产为 $W(t)$(万元),且资产以每年 5% 的速度持续增长.同时,每年需支付 30 万元职工工资.

(1) 建立关于 $W(t)$ 的微分方程;

(2) 设初始净资产($t=0$ 时)为 W_0(万元),解此微分方程;

(3) 讨论 W_0 分别为 500, 600, 700 时 $W(t)$ 的变化特点.

*第五节 微分方程的应用

一、产品折旧问题

【例 26】 设一台机器在任何时间的折旧率与当时的价格成正比,若其全新时的价值是 1 万元,5 年末的价格为 0.6 万元,分析该机器出厂 20 年末的价值.

解 设 P 表示机器的价值,显然 P 是时间 t 的函数,即 $P = P(t)$,由于折旧率与当时的价格成正比,有

$$\frac{dP}{dt} = -kP \quad (k > 0),$$

分离变量,得

$$\frac{1}{P}\mathrm{d}P = -k\,\mathrm{d}t,$$

两边积分,得

$$\ln P = -kt + C_1,$$

即

$$P = C\mathrm{e}^{-kt}, \qquad\qquad (6\text{-}20)$$

这里 $C = \mathrm{e}^{C_1}$,C_1 是任意常数.

由于机器全新时的价值是 1 万元,得 $P(0) = 1$,即 $C = 1$,于是机器价值与时间的函数

$$P = \mathrm{e}^{-kt}.$$

同时,当 $t = 5$ 时,$P = 0.6$,即 $\mathrm{e}^{-5k} = 0.6$,可得 $k = -0.2\ln 0.6$,所以 $P = \mathrm{e}^{0.2t\ln 0.6}$.由此可得,该机器出厂 20 年末的价值为

$$P = \mathrm{e}^{0.2 \times 20 \times \ln 0.6} \approx 0.129\,6(万元).$$

二、新产品销售模型

【**例 27**】 设新产品上市后 t 时刻销售量为 $x(t)$.据资料显示:一段时间内,边际销量 $x'(t)$ 与 $x(t)$ 成正比,也与可能购买而没有购买的潜在销量成正比.新产品以其新奇和优质吸引人们购买的欲望,随着销量的增加,影响力增大,导致边际销量增加.而随着销量的增加,潜在市场缩小,边际销售下降.求该产品的销售量函数 $x(t)$.

解 设市场容量为 M,则潜在市场为 $M - x(t)$.由以上分析,可写出方程:

$$x'(t) = Ax(t)[M - x(t)],$$

其中 A 为比例常数.这是一个一阶可分离变量方程,其通解为

$$x(t) = \frac{M}{1 + C\mathrm{e}^{-AMt}}. \qquad\qquad (6\text{-}21)$$

其中,C 为任意常数.

据此模型进行分析,显然 $x'(t) = \dfrac{CM^2 A\mathrm{e}^{-AMt}}{(1 + C\mathrm{e}^{-AMt})^2} > 0$,即 $x(t)$ 单调增加.而

$$x''(t) = \frac{CM^3 A^2 (C\mathrm{e}^{-AMt} - 1)\mathrm{e}^{-AMt}}{(1 + C\mathrm{e}^{-AMt})^3}.$$

所以,当 $C\mathrm{e}^{-AMt} = 1$ 时,即销量 $x = \dfrac{N}{2}$(市场容量 N 的一半)时,达到销量增长的拐点,$x''(t) = 0$.此时边际销量(销售速度)$x'(t)$ 达到最大,此后销售速度由增加转为减少.

国内外许多经济学家调查表明,许多产品的销售曲线与公式(6-21)的曲线十分接近,根据对曲线性质和图形的分析,许多分析家认为,在新产品推出的初期,应采取小批量生产并加强广告宣传,而在产品用户量达到 20% 到 80% 期间,产品应大批量生产,在产品用户超过 80% 时,应适时转产,可以达到最大的经济效益.

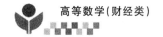

三、成本问题

【例 28】 已经生产某产品的总成本 C 由可变成本与固定成本两部分构成,假设可变成本 y 是产量 x 的函数,且 y 关于 x 的变化率等于产量平方与可变成本平方之和 (x^2+y^2) 除以产量与可变成本之积的 2 倍 $(2xy)$;固定成本为 1;当 $x=1$ 时,$y=3$,求总成本函数.

解 总成本函数 $C(x)=1+y(x)$,依题意,有

$$\frac{\mathrm{d}y}{\mathrm{d}x}=\frac{x^2+y^2}{2xy}.$$

此方程可改写为

$$\frac{\mathrm{d}y}{\mathrm{d}x}=\frac{1+\left(\dfrac{y}{x}\right)^2}{2\left(\dfrac{y}{x}\right)},$$

令 $u=\dfrac{y}{x}$,有 $y=ux$,则

$$\frac{\mathrm{d}y}{\mathrm{d}x}=u+x\frac{\mathrm{d}u}{\mathrm{d}x}.$$

将 y 及 $\dfrac{\mathrm{d}y}{\mathrm{d}x}$ 代入齐次方程后,再分离变量,得

$$\frac{2u}{1-u^2}\mathrm{d}u=\frac{1}{x}\mathrm{d}x,$$

两端积分,得

$$\ln C=\ln x+\ln(1-u^2).$$

整理,得

$$x(1-u^2)=C.$$

将 $u=\dfrac{y}{x}$ 代回上式,得通解为 $y=\sqrt{x^2-Cx}$.

因可变成本 $y\geqslant0$,故上式根号前取正号. 由 $x=1$ 时,$y=3$,可得 $C=-8$.于是可变成本为 $y=\sqrt{x^2+8x}$.故总成本函数为 $C(x)=1+\sqrt{x^2+8x}$.

四、供需平衡模型

【例 29】 设某产品的需求 Q 与供给 S 都是价格 P 的函数,即 $Q(P)=\dfrac{a}{P^2}$,$S(P)=bP$,且 P 是时间 t 的函数.那么,根据上述经济学定律,有

[经济学的定律:价格下降时需求增加,供给减少;反之亦然.价格的变化速度(变化率)与供需差成正比.]

$$\frac{\mathrm{d}p}{\mathrm{d}t}=k[Q(P)-S(P)],$$

这里 a,b,k 为常数.试分析:

（1）需求量与供给量相等时的均衡价格 P_e；

（2）设 $t=0$ 时 $P=1$，求价格函数 $P(t)$；

（3）$\lim\limits_{t\to+\infty} P(t)$.

解　（1）令 $Q(P)=S(P)$，即 $\dfrac{a}{P^2}=bP$，则均衡价格 $P_e=\sqrt[3]{\dfrac{a}{b}}$.

（2）代入 $Q(P)=\dfrac{a}{P^2}$，$S(P)=bP$，得初值问题

$$\begin{cases}\dfrac{\mathrm{d}p}{\mathrm{d}t}=k\left(\dfrac{a}{P^2}-bP\right),\\[2mm] P(0)=1.\end{cases}$$

解得

$$P(t)=\sqrt[3]{\dfrac{a}{b}+\left(1-\dfrac{a}{b}\right)\mathrm{e}^{-3bkt}}.$$

（3）$\lim\limits_{t\to+\infty} P(t)=\lim\limits_{t\to+\infty}\sqrt[3]{\dfrac{a}{b}+\left(1-\dfrac{a}{b}\right)\mathrm{e}^{-3bkt}}=\sqrt[3]{\dfrac{a}{b}}=P_e.$

可见市场通过价格调整供需矛盾，逐渐趋于平衡.

习题 6-5

1. 设 $R=R(t)$ 为小汽车的运行成本，$S=S(t)$ 为小汽车的转卖价值，它满足下列方程：$R'=\dfrac{a}{S}$，$S'=-bS$，其中 a，b 为正常数. 若 $R(0)=0$，$S(0)=S_0$（购买成本），求运行成本函数 $R(t)$ 和转卖价值函数 $S(t)$.

2. 设 $D=D(t)$ 为国民债务，$Y=Y(t)$ 为国民收入，它们满足如下关系：
$$D'=\alpha Y+\beta,\quad Y'=\gamma Y,$$
其中 α,β,γ 为正常数.

（1）若 $D(0)=D_0$，$Y(0)=Y_0$，求 $D(t)$ 和 $Y(t)$；

（2）求极限 $\lim\limits_{t\to+\infty}\dfrac{D(t)}{Y(t)}$.

3. 设 $C=C(t)$ 为 t 时刻的储蓄水平，$I=I(t)$ 为 t 时刻的消费水平，$Y=Y(t)$ 为 t 时刻的国民收入，它们满足下列方程：
$$\begin{cases}Y=C+I,\\ C=aY+b,\ 0<a<1,b>0,a,b\ \text{均为常数},\\ I=kC',\ k>0\ \text{为常数}.\end{cases}$$

（1）设 $Y(0)=Y_0$，求 $Y(t)$，$C(t)$，$I(t)$；

（2）求极限 $\lim\limits_{t\to+\infty}\dfrac{I(t)}{Y(t)}$.

4. 某养殖场在一池塘内养鱼，该池塘最多能养鱼 5 000 条，鱼可以自然繁殖，因此鱼数 y 是时间 t 的函数 $y=y(t)$.实验表明，其变化率与池内鱼数 y 和池内还能

容纳的鱼数($5\,000-y$)的乘积成正比.若开始放养的鱼为 400 条,两个月后池塘内鱼的数量为 550 条,求放养半年后池塘内鱼的条数.

阅读材料⑥ 常微分方程的发展简史 ······················

如果将微积分学比作数学王国里的一棵参天大树,那么常微分方程就是伴随着它一起成长的一朵奇葩.

苏格兰数学家耐普尔在创立对数的时候,就讨论过微分方程的近似解.但微分方程理论主要是在 17 世纪末发展起来的,并迅速成了研究自然科学的强有力的工具.

牛顿在研究天体力学和机械力学的时候,利用了微分方程这个工具,从理论上得到了行星的运动规律.牛顿在建立微积分的同时,曾使用级数来求解简单的微分方程.

我们在谈论微分方程的作用时,必须特别提及发生在科学史上的一件大事.19 世纪 40 年代,年轻的法国天文学家勒维烈(在 1846 年)和英国天文学家亚当斯(在 1843 年)使用微分方程各自精确地推算出了那时尚未发现的海王星的位置,当时人们还根据勒维烈的推算观测到了海王星.新行星的发现轰动了世界,后来,人们把这颗从笔尖上算出来的新行星叫作海王星.这一事件足以证明微分方程的巨大成就,也使科学家更加深信微分方程在认识自然、改造自然方面的巨大作用.

瑞士数学家雅各布、伯努利、欧拉及法国数学家克雷洛达朗贝尔、拉格朗日等人又不断地研究和丰富了微分方程的理论.当微分方程的理论逐步完善的时候,利用它就可以精确地表述事物变化所遵循的基本规律,只要列出相应的微分方程,并寻找出解微分方程的方法,微分方程也就成了最有生命力的数学分支之一.

常微分方程的形成与发展始终与力学、天文学、物理学及其他科学技术的发展密切相关.数学的其他分支的新发展,如复变函数、组合拓扑学等,都对常微分方程的发展产生了深刻的影响.当前计算机的发展更是为微分方程的应用及理论研究提供了非常有力的工具.

对于学过初等数学的人来说,方程是比较熟悉的一个概念.在初等数学中,有一次方程、二次方程、高次方程、指数方程、对数方程、三角方程及方程组等.但是,在实际生活和科学技术中,常常会遇到这类问题:比如,某物体在重力作用下做自由落体运动,要寻求物体下落的距离随时间变化的规律;火箭在发动机的推动下在空间飞行,要寻求它飞行的轨道;等等.

物质运动和它的变化规律在数学上是可以用函数关系来描述的,因此,这类问题就是要去寻求满足某些条件的一个或者几个未知函数.也就是说,凡是这类问题都不是简单地去求一个或者几个固定不变的数值,而是要求一个或者几个未知的函数.解这类问题的基本思想与用初等数学解方程的基本思想很相似,也是要把问题中的已知函数和未知函数之间的关系找出来,从列出的包含未知函数的一个或几个方程中求得未知函数的表达式.

在数学上,解这类方程要用到微分和导数的知识.因此,凡是含有未知函数的导数及变量之间的关系的等式,就叫作微分方程.未知函数为一元函数的微分方程叫作常微分方程,也简称微分方程.未知函数为多元函数,且出现多元函数的偏导数的微分方程叫作偏微分方程.本教材讨论的是常微分方程.

在历史上,曾把求微分方程的通解作为主要目标来研究,一旦求出通解的表达式,就容易从中得到问题所需要的特解.也可以由通解的表达式,了解对某些参数的依赖情况,便于选取合适的参数,使它对应的解具有所需要的性能,还有助于进行关于解的其他研究.但是,后来的发展表明,在实际应用中,需要求出通解的情况不多,更多地需要求出满足某种指定条件的特解.当然,通解是有助于研究解的属性的,但是人们已把研究重点转移到定解问题(即初值问题)上来.

一个常微分方程是不是有特解呢? 如果有,又有几个呢? 这是微分方程论中一个基本的问题,数学家把它归纳成基本定理,叫作存在和唯一性定理.因为如果没有解,而我们要去求解,那是没有意义的;如果有解而解又不是唯一的,那又不好确定.因此,存在和唯一性定理对于微分方程的求解是十分重要的.

大部分的常微分方程求不出十分精确的解,而只能得到近似解.当然,这个近似解的精确程度是比较高的.另外,还应该指出,用来描述物理过程的微分方程,以及由试验测定的初始条件也是近似的,这种近似之间的影响和变化还必须在理论上加以解决.

现在,常微分方程在很多学科领域内有着重要的应用,如自动控制、各种电子学装置的设计、弹道的计算、飞机和导弹飞行的稳定性的研究、化学反应过程稳定性的研究等.这些问题都可以化为求常微分方程的解,或者化为研究解的性质的问题.应该说,应用常微分方程理论已经取得了很大的成就,但是,它的现有理论也还远远不能满足需要,还有待于进一步发展,使这门学科的理论更加完善.

总习题 六

1. 求下列一阶微分方程的通解:

(1) $y' - 2y = 0$;

(2) $y' = \dfrac{x^2}{y^2}$;

(3) $y' = e^{2x-3y}$;

(4) $2x^2 yy' - y^2 - 1 = 0$;

(5) $xy' = y\ln\dfrac{y}{x}$;

(6) $(x^2 + y^2)\mathrm{d}x - xy\,\mathrm{d}y = 0$;

(7) $y' = \dfrac{x}{y} + \dfrac{y}{x}$;

(8) $xy' - y\ln y = 0$;

(9) $y' + y + 1 = 0$;

(10) $y' - \dfrac{2}{x}y = x^2$;

(11) $y' - 2y = e^x$;

(12) $y' + y = \cos x$.

2. 求下列二阶齐次微分方程的通解:

(1) $y'' - y = 0$;

(2) $y'' - y' = 0$;

(3) $y'' - 2y' + y = 0$;

(4) $y'' + 4y' + 13y = 0$;

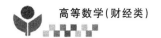

(5) $3y'' - 7y' + 2y = 0$；　　　　(6) $y'' - y' - 6y = 0$；

(7) $y'' + 2y' - 8y = 0$；　　　　(8) $y'' + 3y' - 4y = 0$.

3. 求下列二阶非齐次微分方程的通解：

(1) $y'' + 4y' + 4y = 4$；　　　　(2) $y'' + 2y' = -x + 3$；

(3) $y'' - y = x^2$；　　　　　　　(4) $y'' - 8y' + 16y = e^{4x}$；

(5) $y'' + 2y' + y = 3e^{-x}$；　　　(6) $y'' - y = \sin x$；

(7) $y'' + 6y' + 9y = xe^{-3x}$；　　(8) $y'' + y' - 4y = e^{3x}\cos x$.

4. 求下列微分方程的特解：

(1) $y' = 3x^2 y + x^5 + x^2$ 满足初始条件 $y(0) = 1$ 的特解；

(2) $2y'' = y'\sin 2y$ 满足初始条件 $y(0) = \dfrac{\pi}{2}, y'(0) = \dfrac{1}{2}$ 的特解；

(3) $y'' + 6y' + 13y = 0$ 满足初始条件 $y(0) = 3, y'(0) = -1$ 的特解；

(4) $y'' + 2y' + y = x$ 满足初始条件 $y(0) = 1, y'(0) = 1$ 的特解.

5. 应用题.

(1) 一条曲线经过原点，并且它在点 (x, y) 处的切线斜率等于 $2x + y$，求此曲线的方程；

(2) 设函数 $y = y(x)$ 满足微分方程 $y'' - 3y' + 2y = 2e^x$，且其图形在点 $(0, 1)$ 处的切线与曲线 $y = x^2 - x + 1$ 在该点的切线重合，求函数 $y = y(x)$；

(3) 一艘潜水艇的质量为 m，从水面由静止开始下沉，所受阻力与下沉速度成正比(比例系数为 k)，求下沉深度与时间的函数关系 $s(t)$.

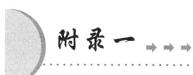

基本初等函数的图形及其性质

函数类型	函数	定义域与值域	图形	性质
常数函数	$y=C$ （C 是常数）	$x \in (-\infty,+\infty)$ $y \in \{C\}$		偶函数
幂函数	$y=x$	$x \in (-\infty,+\infty)$ $y \in (-\infty,+\infty)$		奇函数，单调增加
	$y=x^2$	$x \in (-\infty,+\infty)$ $y \in [0,+\infty]$		偶函数，在 $(-\infty,0)$ 上单调减少，在 $(0,+\infty)$ 上单调增加
	$y=x^3$	$x \in (-\infty,+\infty)$ $y \in (-\infty,+\infty)$		奇函数，单调增加
	$y=x^{-1}$	$x \in (-\infty,0)$ $\bigcup (0,+\infty)$ $y \in (-\infty,0)$ $\bigcup (0,+\infty)$		奇函数，单调减少

函数类型	函数	定义域与值域	图形	性质
幂函数	$y=x^{\frac{1}{2}}$	$x\in[0,+\infty)$, $y\in[0,+\infty)$		单调增加
指数函数	$y=a^x$ $(0<a<1)$	$x\in(-\infty,+\infty)$ $y\in(0,+\infty)$		单调减少
	$y=a^x$ $(a>1)$	$x\in(-\infty,+\infty)$ $y\in(0,+\infty)$		单调增加
对数函数	$y=\log_a x$ $(0<a<1)$	$x\in(0,+\infty)$ $y\in(-\infty,+\infty)$		单调减少
	$y=\log_a x$ $(a>1)$	$x\in(0,+\infty)$ $y\in(-\infty,+\infty)$		单调增加
三角函数	$y=\sin x$	$x\in(-\infty,+\infty)$ $y\in[-1,1]$		奇函数,周期为2π,有界,在$\left(2k\pi-\dfrac{\pi}{2},2k\pi+\dfrac{\pi}{2}\right)$上单调增加,在$\left(2k\pi+\dfrac{\pi}{2},2k\pi+\dfrac{3\pi}{2}\right)$上单调减少$(k\in\mathbf{Z})$

续表

函数类型	函数	定义域与值域	图形	性质
三角函数	$y=\cos x$	$x\in(-\infty,+\infty)$ $y\in[-1,1]$		偶函数,周期为 2π,有界,在 $(2k\pi,2k\pi+\pi)$ 上单调减少,在 $(2k\pi+\pi,2k\pi+2\pi)$ 上单调增加$(k\in\mathbf{Z})$
	$y=\tan x$	$x\neq k\pi+\dfrac{\pi}{2}(k\in\mathbf{Z})$, $y\in(-\infty,+\infty)$		奇函数,周期为 π,在 $\left(k\pi-\dfrac{\pi}{2},k\pi+\dfrac{\pi}{2}\right)$ 上单调增加$(k\in\mathbf{Z})$
	$y=\cot x$	$x\neq k\pi(k\in\mathbf{Z})$, $y\in(-\infty,+\infty)$		奇函数,周期为 π,在 $(k\pi,k\pi+\pi)$ 上单调减少$(k\in\mathbf{Z})$
反三角函数	$y=\arcsin x$	$x\in[-1,1]$ $y\in\left[-\dfrac{\pi}{2},\dfrac{\pi}{2}\right]$		奇函数,单调增加,有界
	$y=\arccos x$	$x\in[-1,1]$ $y\in[0,\pi]$		单调减少,有界
	$y=\arctan x$	$x\in(-\infty,+\infty)$ $y\in\left(-\dfrac{\pi}{2},\dfrac{\pi}{2}\right)$		奇函数,单调增加,有界
	$y=\text{arccot}\,x$	$x\in(-\infty,+\infty)$, $y\in(0,\pi)$		单调减少,有界

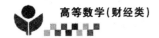

高等数学(财经类)

习题参考答案与提示

第一章

习题 1-1

一、选择题

1. D.　2. A.　3. C.　4. D.

二、填空题

1. $(-\infty,-2)\bigcup(-2,-1)\bigcup(-1,+\infty)$.

2. $f(x-1)=(x-1)^2-4(x-1)+5=x^2-6x+10$.

3. $y=4^{2x-1}$.

三、计算题

1. 定义域为 $[-3,-1]\bigcup(1,4]$.

2. $f(x)=2(1-x^2)$.

3. $f[g(x)]=\ln g(x)=\ln\dfrac{x+2}{x-2}$.

4. $f(x)$ 为奇函数.

5. $f(x)=\dfrac{1}{x^2-1},g(x)=\dfrac{x}{x^2-1}$.

习题 1-2

1. A.　2. D.

3. (1) 不存在；(2) $x=1$ 处极限存在，$x=2$ 处极限不存在.

4. (1) 0；　(2) 0；　(3) 0.

习题 1-3

1. (1) $x\to2$ 或 $x\to\infty$；(2) $x\to0$；(3) $x\to+\infty$；(4) $x\to4^-$ 或 $x\to-\infty$.

2. (1) $x\to\pm2$；(2) $x\to1$ 或 $x\to\infty$；(3) $x\to0^-$；(4) $x\to5^+$.

3. (1) $-\infty,x=-\dfrac{\pi}{2}$ 为铅直渐近线；(2) $0,y=0$ 为水平渐近线.

186

习题 **1-4**

1. (1) $\dfrac{1}{3}$; (2) $\dfrac{1}{2}$; (3) $\dfrac{1}{1-r}$.

2. (1) -1; (2) 2; (3) $\dfrac{1}{4}$; (4) e; (5) 100; (6) $\dfrac{1}{2}$; (7) 1.

3. $a=b=4$.

4. $\lim\limits_{x\to 0^-}f(x)=1$, $\lim\limits_{x\to 0^+}f(x)=-1$, $\lim\limits_{x\to 0}f(x)$ 不存在.

习题 **1-5**

一、选择题

1. C.   2. A.   3. D.   4. C.

二、填空题

1. e^{-1}.   2. $\dfrac{1}{2}$.   3. $\dfrac{8}{27}$.   4. -7.

三、计算题

1. $-\dfrac{2}{3}$.

2. $\dfrac{1}{2}$.

3. e^2.

4. $a=3\ln 2$.

5. $\dfrac{1}{2}\ln a\,(a>0,a\neq 1)$.

习题 **1-6**

1. A.   2. 3.   3. $\dfrac{4}{9}$.   4. $a=-\dfrac{\sqrt{2}}{2}$.

5. (1) $\dfrac{1}{2}$; (2) $\dfrac{2}{9}$; (3) 3; (4) 10; (5) $\dfrac{1}{2}$; (6) $\dfrac{1}{e}$.

习题 **1-7**

一、选择题

1. B.   2. A.

二、填空题

1. 0.   2. 1.   3. 3.

三、计算题

1. $a=-2$.

2. (1) $f(x)$ 在 $x=0$ 处连续; (2) $f(x)$ 在 $x=1$ 处不连续.

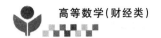

3. 间断点为 $x=0, x=-1, x=1; x=0$ 为 $f(x)$ 的第一类间断点,$x=1,x=-1$ 为 $f(x)$ 的第二类无穷间断点.

4. 间断点为 $x=1, x=0; x=1$ 为 $f(x)$ 的第二类无穷间断点,$x=0$ 为 $f(x)$ 的第一类跳跃间断点.

四、综合题

间断点为 $x=0, x=-1, x=1; x=0$ 是 $f(x)$ 的第一类可去间断点,$x=1$ 是 $f(x)$ 的第一类可去间断点,$x=-1$ 是 $f(x)$ 的第二类无穷间断点.

五、证明题

因为 $f(x)$ 在 $[-2,0]$ 上连续,且 $f(0)=-4<0, f(-2)=16>0.$ 由零点定理知,$f(x)=0$ 在 $(-2,0)$ 内至少有一个实根.

因为 $f(x)$ 在 $[0,2]$ 上连续,且 $f(0)=-4<0, f(2)=8>0.$ 由零点定理知,$f(x)=0$ 在 $(0,2)$ 内至少有一个实根.

综上所述,$f(x)=0$ 在 $(-2,2)$ 内至少有两个实根.

总习题 一

一、选择题

1. D. 2. C. 3. A. 4. B. 5. C. 6. C. 7. D. 8. D. 9. C. 10. C. 11. D.

二、填空题

1. $2\sin^2 x$. 2. 0. 3. 高阶. 4. 0. 5. 0. 6. 2. 7. $\frac{1}{2}$. 8. $1\leqslant x\leqslant e.$ 9. $y=e^{x-1}-2$. 10. e^{2a}. 11. $-\frac{3}{2}$. 12. $-\frac{1}{4}\leqslant x\leqslant\frac{1}{2}$. 13. 0. 14. $\ln 2$. 15. 2.

三、计算题

1. (1) $2x$; (2) $\frac{1}{2}$; (3) 1; (4) e^3; (5) 2; (6) $\frac{3}{4}$; (7) 1; (8) $\sqrt[3]{\frac{1}{4}}$.

2. $\begin{cases} a=1, \\ b=-\dfrac{3}{2}. \end{cases}$

3. (1) 1; (2) $\lim\limits_{n\to\infty} x_n = a$.

4. $a=0$.

5. 间断点为 $x=0, x=1; x=0$ 是第一类间断点,$x=1$ 是第二类间断点.

6. 1.

7. e.

8. 提示:利用零点定理.

第二章

习题 2-1

一、选择题

1. C.   2. C.

二、填空题

1. 1.   2. $(0,-1)$.   3. 1.

三、计算题

1. $k=\dfrac{1}{2}, b=1$.

2. 当 $\varphi(a)=0$ 时，$f(x)$ 在 $x=a$ 处可导；当 $\varphi(a)\neq 0$ 时，$f(x)$ 在 $x=a$ 处不可导.

习题 2-2

一、选择题

1. B.   2. B.   3. A.   4. B.

二、填空题

1. $\dfrac{\sqrt{2}}{2e}$.   2. $\dfrac{e^x}{e^{2x}-1}$.

三、计算题

1. (1) $y'=8x+3$；(2) $y'=4e^x$；(3) $y'=1+\dfrac{1}{x}$；(4) $y'=\cos x+1$；

(5) $y'=-2\sin x+3$；(6) $y'=2^x\ln 2+3^x\ln 3$；(7) $y'=\dfrac{1}{x\ln 2}+2x$.

2. (1) $y'=4\cdot 2(x+1)+2(3x+1)\cdot 3=26x+14$；(2) $y'=e^x+xe^x$；

(3) $y'=(\sin x)'\cos x+\sin x(\cos x)'=\cos^2 x-\sin^2 x=\cos 2x$；

(4) $y'=\dfrac{1}{1+(2x)^2}\cdot 2=\dfrac{2}{1+4x^2}$；(5) $y'=(-\sin 8x)\cdot(8x)'=-8\sin 8x$；

(6) $y'=(e^x)'\sin 2x+e^x(\sin 2x)'=e^x\sin 2x+2e^x\cos 2x$.

3. $y'=\arcsin\dfrac{x}{2}$.

4. $\dfrac{dy}{dx}=\dfrac{-2}{x^2-1}$.

5. $\dfrac{dy}{dx}=\dfrac{1}{[1+\ln(1+x)](1+x)}$.

四、综合题

1. $a=b=-1$.

习题 2-3

1. A.

2. $n!a_0$.

3. $y'' = \dfrac{1}{\sqrt{4-x^2}}$.

4. $y^{(n)} = 2(-1)^n n!(1+x)^{-n-1}$.

5. $y'' = \dfrac{2x}{(1+x^2)^2}$.

6. $\dfrac{\mathrm{d}y}{\mathrm{d}x} = f'(u) \cdot 2x \cdot \cos x^2$, $\dfrac{\mathrm{d}^2 y}{\mathrm{d}x^2} = f''(u) \cdot 4x^2 (\cos x^2)^2 + f'(u)(2\cos x^2 - 4x^2 \sin x^2)$.

习题 2-4

1. B.

2. $\dfrac{\mathrm{d}y}{\mathrm{d}x} = \dfrac{-\mathrm{e}^{-t}\cos t - \mathrm{e}^{-t}\sin t}{\mathrm{e}^t \sin t + \mathrm{e}^t \cos t} = -\mathrm{e}^{-2t}$, $\dfrac{\mathrm{d}^2 y}{\mathrm{d}x^2} = \dfrac{\mathrm{d}y'}{\mathrm{d}x} = \dfrac{\dfrac{\mathrm{d}y'}{\mathrm{d}t}}{\dfrac{\mathrm{d}x}{\mathrm{d}t}} = \dfrac{2\mathrm{e}^{-3t}}{\sin t + \cos t}$.

3. $\mathrm{d}y\big|_{x=0} = y'(0)\mathrm{d}x = \dfrac{1}{6}\mathrm{d}x$.

4. $y'(0) = \mathrm{e}(1-\mathrm{e})$.

5. $y' = \dfrac{2\mathrm{e}^{2x}-1}{1+\mathrm{e}^y}$.

6. $y' = x^{\mathrm{e}^x}\left(\mathrm{e}^x \cdot \ln x + \dfrac{\mathrm{e}^x}{x}\right)$.

7. $y' = x(\sin x)^{\cos x}\left[\dfrac{1}{x} + \dfrac{\cos^2 x}{\sin x} - \sin x \cdot \ln\sin x\right]$.

8. $\dfrac{\mathrm{d}y}{\mathrm{d}x} = \dfrac{2}{3}y\left[\dfrac{1}{x+1} + \dfrac{1}{x+2} + \dfrac{1}{x+3} - \dfrac{3}{x} - \dfrac{1}{x+4}\right]$.

9. $y' = \dfrac{y^2}{x - xy\ln x}$.

10. $\dfrac{\mathrm{d}^2 y}{\mathrm{d}x^2} = \dfrac{1+t^2}{t}$.

11. 曲线在点 $(1,1)$ 处切线的斜率为 3.

习题 2-5

1. $\dfrac{5}{2}x^2$; $-\dfrac{\cos \omega x}{\omega}$; $-\dfrac{1}{2}\mathrm{e}^{-2x}$; $\dfrac{1}{2}\tan 2x$.

2. $\mathrm{d}y\big|_{x=0} = y'(0)\mathrm{d}x = \dfrac{1}{6}\mathrm{d}x$.

3. $\mathrm{d}y = \dfrac{\mathrm{e}^x}{\mathrm{e}^{2x}-1}\mathrm{d}x$.

4. $\mathrm{d}y = -\dfrac{\mathrm{d}x}{\arctan(1-x)\left[1+(1-x)^2\right]}.$

5. B.

6. $\mathrm{d}y = \dfrac{1}{x\sqrt{1+x}}\mathrm{d}x.$

7. $\mathrm{d}y = -\dfrac{1}{x^2}\sin\dfrac{2}{x}\mathrm{e}^{\sin^2\frac{1}{x}}\mathrm{d}x.$

习题 2-6

1. B. 2. D 3. $\dfrac{4}{\mathrm{e}} \in (1,2).$

4. $\xi = \dfrac{a+b}{2} \in (a,b).$

5. 略[提示:构造辅助函数 $F(x) = x^n[f(b)-f(a)]-(b^n-a^n)f(x)$].

习题 2-7

1. (1) 2;(2) 1;(3) 1;(4) -1.

2. 2.

3. $\dfrac{1}{2}.$

4. $m=6, n=12.$

5. $a=-1, f'(0)=-\dfrac{1}{2}.$

6. $a=2, b=-3, c=1, d=0.$

习题 2-8

1. C. 2. C.

3. $(0,\mathrm{e}).$

4. $f(x)$ 在 $(-1,0)$ 内单调减少, $f(x)$ 在 $(-\infty,-1)$,$(0,+\infty)$ 内单调增加.

5.

x	$(-\infty,0)$	0	$\left(0,\dfrac{2}{3}\right)$	$\dfrac{2}{3}$	$\left(\dfrac{2}{3},+\infty\right)$
y''	$+$	0	$-$	0	$+$
y	凹	拐点$(0,1)$	凸	拐点$\left(\dfrac{2}{3},\dfrac{11}{27}\right)$	凹

6. $f(x)$ 在 $\left(0,\dfrac{\pi}{2}\right)$ 内单调减少.

7. 除 $x=0$ 外, $f'(x)>0$, $f(x)$ 在 $(-\infty,+\infty)$ 内单调增加.

8. 函数 $y=x^3-6x^2+9x+2.$

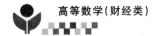

高等数学(财经类)

习题 2-9

1. B. 2. B.

3. 极小值点 $\left(-\dfrac{4}{5}, -\dfrac{26\,244}{3\,125}\right)$.

4. 最大值 $f(2)=1$.

5. $x=0$ 为极大值点,极大值 $y(0)=1$.

6. 最小值为 -4,最大值为 0.

7. 极大值为 4,极小值为 0,最大值为 200,最小值为 -50.

8. 最大值 $y=\dfrac{5}{4}$.

总习题 二

一、选择题

1. C. 2. A. 3. C. 4. D. 5. C. 6. C. 7. B. 8. D.

二、填空题

1. -1. 2. $f'(0)$. 3. $\pi\ln x+\pi$.

4. $f'(1+\sin x)\cdot\cos x,\ f''(1+\sin x)\cdot\cos^2 x-f'(1+\sin x)\cdot\sin x$.

5. $(\ln(e-1),e-1)$. 6. 2. 7. $-\dfrac{e^{x+y}-y\sin(xy)}{e^{x+y}-x\sin(xy)}$. 8. $\dfrac{\sin t-t\cos t}{4t^3}$.

9. 0. 10. $(-\infty,+\infty)$. 11. 20. 12. $(-1,1)$.

三、计算题

1. (1) $\left.\dfrac{d^2 y}{dx^2}\right|_{t=1}=9$; (2) $y''=-\dfrac{2}{y^3}\left(\dfrac{1}{y^2}+1\right)$.

2. $a=b=-1$.

3. 切线方程为 $3x+y+6=0$,法线方程为 $y+3=\dfrac{1}{3}(x+1)$.

4. (1) $\dfrac{1}{\sqrt{2\pi}}$; (2) -1; (3) $\dfrac{1}{6}$; (4) $-\dfrac{1}{2}$; (5) $\dfrac{1}{3}$; (6) 1.

5. (1) 略[提示构造函数 $f(x)=x\ln a-a\ln x$];(2) 略[提示构造函数 $f(x)=\tan x+2\sin x-3x$].

第三章

习题 3-1

1. 略.

2. (1) $-\dfrac{1}{2}x^{-2}+C$; (2) $\dfrac{2}{5}x^{\frac{5}{2}}+C$; (3) $\dfrac{1}{3}x^3+x^2-5x+C$;

(4) $\dfrac{(2e)^x}{\ln 2+1}+C$; (5) $\dfrac{1}{2}(\sin x+x)+C$; (6) $x+\arctan x+C$.

3. $f(x) = x^3 + 2$.

习题 3-2

1. (1) $\dfrac{1}{5}$；(2) $\dfrac{1}{4}$；(3) $\dfrac{1}{2}$；(4) -1.

2. (1) $\displaystyle\int e^{5x} dx = \dfrac{1}{5} e^{5x} + C$；

(2) $\displaystyle\int \dfrac{1}{2x+1} dx = \dfrac{1}{2} \ln|2x+1| + C$；

(3) $\displaystyle\int x \cos x^2 dx = \dfrac{1}{2} \sin x^2 + C$；

(4) $\displaystyle\int \cos 3x \, dx = \dfrac{1}{3} \sin 3x + C$；

(5) $\displaystyle\int x e^{-x^2} dx = -\dfrac{1}{2} e^{-x^2} + C$；

(6) $\displaystyle\int \dfrac{3x^3}{1-x^4} dx = -\dfrac{3}{4} \ln|1-x^4| + C$；

(7) $\displaystyle\int \dfrac{1}{\sqrt{x}} e^{\sqrt{x}} dx = 2 e^{\sqrt{x}} + C$；

(8) $\displaystyle\int \dfrac{x^2 + \ln^2 x}{x} dx = \dfrac{x^2}{2} + \dfrac{1}{3} \ln^3 x + C$；

(9) $\displaystyle\int \dfrac{1}{\sqrt{x}-1} dx = 2\sqrt{x} + 2\ln|\sqrt{x}-1| + C$；

(10) $\displaystyle\int \dfrac{\sqrt{x+1}}{1+\sqrt{x+1}} dx = x - 2\sqrt{x+1} + 2\ln(1+\sqrt{x+1}) + C$；

(11) $\displaystyle\int \dfrac{x^2}{\sqrt{1-x^2}} dx = \dfrac{\arcsin x}{2} - \dfrac{1}{2} x \sqrt{1-x^2} + C$；

(12) $\displaystyle\int \dfrac{1}{(1+x^2)^{\frac{3}{2}}} dx = \dfrac{x}{\sqrt{1+x^2}} + C$；

(13) $\displaystyle\int \dfrac{e^x}{\sqrt{1+e^{2x}}} dx = \ln(\sqrt{1+e^{2x}} + e^x) + C$.

习题 3-3

(1) $\displaystyle\int x \sin x \, dx = -x \cos x + \sin x + C$；

(2) $\displaystyle\int \ln x \, dx = x \ln x - x + C$；

(3) $\displaystyle\int \arcsin x \, dx = x \arcsin x + \sqrt{1-x^2} + C$；

(4) $\displaystyle\int x e^{-x} dx = -x e^{-x} - e^{-x} + C$；

(5) $\displaystyle\int x^2 \arctan x \, \mathrm{d}x = \frac{x^3}{3} \arctan x - \frac{1}{6}x^2 + \frac{1}{6}\ln(1 + x^2) + C$;

(6) $\displaystyle\int \frac{x}{\sin^2 x} \mathrm{d}x = -x\cot x + \ln|\sin x| + C$;

(7) $\displaystyle\int \sin(\ln x) \, \mathrm{d}x = \frac{1}{2}\big[x\sin(\ln x) - x\cos(\ln x) \big] + C$;

(8) $\displaystyle\int (2x - 1)\cos 2x \, \mathrm{d}x = x\sin 2x - \frac{1}{2}\sin 2x + \frac{1}{2}\cos 2x + C$;

(9) $\displaystyle\int \frac{\ln\cos x}{\cos^2 x} \mathrm{d}x = \tan x \ln\cos x + \tan x - x + C$;

(10) $\displaystyle\int e^{\sqrt[3]{x}} \mathrm{d}x = 3e^{\sqrt[3]{x}} x^{\frac{2}{3}} - 6e^{\sqrt[3]{x}} \sqrt[3]{x} + 6e^{\sqrt[3]{x}} + C$.

习题 3-4

(1) $\displaystyle\int \frac{x^3}{x+1} \mathrm{d}x = \frac{1}{3}x^3 - \frac{1}{2}x^2 + x - \ln|x+1| + C$;

(2) $\displaystyle\int \frac{4x-3}{x^2+3x+4} \mathrm{d}x = 2\ln(x^2+3x+4) - \frac{18\sqrt{7}}{7}\arctan\left(\frac{2\sqrt{7}}{7}x + \frac{3\sqrt{7}}{7}\right) + C$;

(3) $\displaystyle\int \frac{3x^3+1}{x^2-1} \mathrm{d}x = \frac{3}{2}x^2 + 2\ln|x-1| + \ln|x+1| + C$;

(4) $\displaystyle\int \frac{1}{x(x^2+1)} \mathrm{d}x = \ln|x| - \frac{1}{2}\ln(x^2+1) + C$;

(5) $\displaystyle\int \frac{x}{(x+1)(x+2)(x+3)} \mathrm{d}x = -\frac{1}{2}\ln|x+1| + 2\ln|x+2| - \frac{3}{2}\ln|x+3| + C$;

(6) $\displaystyle\int \frac{x^5+x^4-8}{x^3-x} \mathrm{d}x = \frac{x^3}{3} + \frac{x^2}{2} + x + 8\ln|x| - 3\ln|x-1| - 4\ln|x+1| + C$.

总习题 三

1. (1) $\displaystyle\int \sqrt{x\sqrt{x\sqrt{x}}} \, \mathrm{d}x = \frac{8}{15}x^{\frac{15}{8}} + C$;

(2) $\displaystyle\int (\sqrt{x}+1)(\sqrt{x^3}+1) \, \mathrm{d}x = \frac{1}{3}x^3 + \frac{2}{3}x^{\frac{3}{2}} + \frac{2}{5}x^{\frac{5}{2}} + x + C$;

(3) $\displaystyle\int \frac{1+x}{\sqrt{x}} \mathrm{d}x = 2x^{\frac{1}{2}} + \frac{2}{3}x^{\frac{3}{2}} + C$;

(4) $\displaystyle\int \frac{3x^4+3x^2+2}{x^2+1} \mathrm{d}x = x^3 + 2\arctan x + C$;

(5) $\displaystyle\int 6^x e^x \, \mathrm{d}x = \frac{1}{\ln(6e)}(6e)^x + C$;

(6) $\displaystyle\int e^x \left(1 + \frac{e^{-x}}{\sqrt{x}}\right) \mathrm{d}x = e^x + 2x^{\frac{1}{2}} + C$;

$(7) \displaystyle\int \frac{\cos 2x}{\sin x + \cos x} \mathrm{d}x = \sin x + \cos x + C;$

$(8) \displaystyle\int \frac{1}{1 + \cos 2x} \mathrm{d}x = \frac{1}{2}\tan x + C.$

2. $(1) \displaystyle\int \frac{1}{3 + 2x} \mathrm{d}x = \frac{1}{2}\ln|3 + 2x| + C;$

$(2) \displaystyle\int \frac{\sin\sqrt{t}}{\sqrt{t}} \mathrm{d}t = -2\cos\sqrt{t} + C;$

$(3) \displaystyle\int a^{3x} \mathrm{d}x = \frac{1}{3\ln a}a^{3x} + C;$

$(4) \displaystyle\int \frac{x^3}{1 + x^2} \mathrm{d}x = \frac{1}{2}x^2 - \frac{1}{2}\ln(x^2 + 1) + C;$

$(5) \displaystyle\int x \cdot \sqrt[3]{x^2 - 5} \mathrm{d}x = \frac{3}{8}(x^2 - 5)^{\frac{4}{3}} + C;$

$(6) \displaystyle\int \frac{\mathrm{e}^{\frac{1}{x}}}{x^2} \mathrm{d}x = -\mathrm{e}^{\frac{1}{x}} + C;$

$(7) \displaystyle\int \tan^8 x \cdot \sec^2 x \, \mathrm{d}x = \frac{1}{9}\tan^9 x + C;$

$(8) \displaystyle\int \cos^3 x \, \mathrm{d}x = \sin x - \frac{1}{3}\sin^3 x + C;$

$(9) \displaystyle\int \frac{1 + x}{\sqrt{9 - 4x^2}} \mathrm{d}x = \frac{\arcsin\frac{2x}{3}}{2} - \frac{\sqrt{9 - 4x^2}}{4} + C;$

$(10) \displaystyle\int \frac{1 + \cos x}{x + \sin x} \mathrm{d}x = \ln|x + \sin x| + C;$

$(11) \displaystyle\int \sqrt[3]{x + 2} \, \mathrm{d}x = \frac{3}{4}(x + 2)^{\frac{4}{3}} + C;$

$(12) \displaystyle\int x\sqrt{x + 1} \, \mathrm{d}x = \frac{2}{5}(x + 1)^{\frac{5}{2}} - \frac{2}{3}(x + 1)^{\frac{3}{2}} + C;$

$(13) \displaystyle\int \frac{1}{\sqrt{x} + \sqrt[3]{x^2}} \mathrm{d}x = 3x^{\frac{1}{3}} - 6x^{\frac{1}{6}} + 6\ln|1 + x^{\frac{1}{6}}| + C;$

$(14) \displaystyle\int (1 - x)^{-\frac{3}{2}} \mathrm{d}x = 2(1 - x)^{-\frac{1}{2}} + C;$

$(15) \displaystyle\int \frac{1}{\sqrt{2x - 3} - 1} \mathrm{d}x = \sqrt{2x - 3} + \ln|\sqrt{2x - 3} - 1| + C';$

$(16) \displaystyle\int \frac{1}{x + \sqrt{1 - x^2}} \mathrm{d}x = \frac{1}{2}(\arcsin x + \ln|x + \sqrt{1 - x^2}|) + C;$

$(17) \displaystyle\int \frac{\sqrt{1 + x} - 1}{\sqrt{1 + x} + 1} \mathrm{d}x = x - 4\sqrt{1 + x} + 4\ln|\sqrt{1 + x} + 1| + C';$

$(18) \int \dfrac{x^2}{\sqrt{4-x^2}}\mathrm{d}x = 2\arcsin\dfrac{x}{2} - x\dfrac{\sqrt{4-x^2}}{2} + C;$

$(19) \int \dfrac{1}{x}\sqrt{\dfrac{1-x}{1+x}}\mathrm{d}x = \ln\left|\sqrt{\dfrac{1-x}{1+x}}-1\right| - \ln\left|\sqrt{\dfrac{1-x}{1+x}}+1\right| + 2\arctan\sqrt{\dfrac{1-x}{1+x}} + C;$

$(20) \int \tan^3 x\sec x\,\mathrm{d}x = \dfrac{1}{3}\sec^3 x - \sec x + C.$

3. $(1) \int x\sin x\,\mathrm{d}x = -x\cos x + \sin x + C;$

$(2) \int x^2 \mathrm{e}^{-x}\mathrm{d}x = -x^2\mathrm{e}^{-x} - 2x\mathrm{e}^{-x} - 2\mathrm{e}^{-x} + C;$

$(3) \int \ln x\,\mathrm{d}x = x\ln x - x + C;$

$(4) \int x\mathrm{e}^x\mathrm{d}x = x\mathrm{e}^x - \mathrm{e}^x + C;$

$(5) \int \arccos x\,\mathrm{d}x = x\arccos x - \sqrt{1-x^2} + C;$

$(6) \int x\cos^2\dfrac{x}{2}\mathrm{d}x = \dfrac{1}{2}x\sin x + \dfrac{1}{2}\cos x + \dfrac{1}{4}x^2 + C;$

$(7) \int \dfrac{\ln x}{x^2}\mathrm{d}x = -\dfrac{\ln x}{x} - \dfrac{1}{x} + C;$

$(8) \int \arctan\sqrt{x}\,\mathrm{d}x = x\arctan\sqrt{x} - \sqrt{x} + \arctan\sqrt{x} + C;$

$(9) \int \mathrm{e}^x\cos 2x\,\mathrm{d}x = \dfrac{1}{5}(\mathrm{e}^x\cos 2x + 2\mathrm{e}^x\sin 2x) + C;$

$(10) \int (\ln x)^2\mathrm{d}x = (\ln x)^2 x - 2x\ln x + 2x + C;$

$(11) \int \mathrm{e}^{\sqrt[3]{x}}\mathrm{d}x = 3\sqrt[3]{x^2}\,\mathrm{e}^{\sqrt[3]{x}} - 6\sqrt[3]{x}\,\mathrm{e}^{\sqrt[3]{x}} + 6\mathrm{e}^{\sqrt[3]{x}} + C;$

$(12) \int (x^2+1)\sin 2x\,\mathrm{d}x = -\dfrac{1}{2}x^2\cos 2x + \dfrac{1}{2}x\sin 2x - \dfrac{1}{4}\cos 2x + C.$

*4. $(1) \int \dfrac{x^5+x^4-8}{x^3-x}\mathrm{d}x = \dfrac{x^3}{3} + \dfrac{x^2}{2} + x + 8\ln|x| - 3\ln|x-1| - 4\ln|x+1| + C;$

$(2) \int \dfrac{6x}{x^3+1}\mathrm{d}x = -\ln(x^2-x+1) + 2\sqrt{3}\arctan\left(\dfrac{2\sqrt{3}}{3}x - \dfrac{\sqrt{3}}{3}\right) + 2\ln|x+1| + C;$

$(3) \int \dfrac{1-x}{(x+1)(x^2+1)}\mathrm{d}x = \ln|x+1| - \dfrac{1}{2}\ln|x^2+1| + C;$

$(4) \int \dfrac{2}{(x+1)(x+2)(x+3)}\mathrm{d}x = \ln|x+1| - 2\ln|x+2| + \ln|x+3| + C;$

$(5) \int \dfrac{1}{1+x^4}\mathrm{d}x = \dfrac{\sqrt{2}}{8}\ln(x^2+\sqrt{2}x+1) + \dfrac{\sqrt{2}}{4}\arctan(\sqrt{2}x+1) - \dfrac{\sqrt{2}}{8}\ln(x^2-\sqrt{2}x+$

$1) + \dfrac{\sqrt{2}}{4}\arctan(\sqrt{2}x-1) + C.$

第四章

习题 4-1

1. 略.

2. (1) $\int_{-1}^{1} f(x)\,\mathrm{d}x = \dfrac{1}{2}\int_{-1}^{1} 2f(x)\,\mathrm{d}x = \dfrac{20}{2} = 10$；(2) $-\dfrac{1}{2}$.

3. (1) $\int_{1}^{e}\ln x\,\mathrm{d}x$ 比 $\int_{1}^{e}\ln^2 x\,\mathrm{d}x$ 大；(2) $\int_{0}^{1}x^2\,\mathrm{d}x$ 比 $\int_{0}^{2}x^2\,\mathrm{d}x$ 小；

(3) $\int_{0}^{\frac{\pi}{2}}\sin^2 x\,\mathrm{d}x$ 比 $\int_{0}^{\frac{\pi}{2}}x^2\,\mathrm{d}x$ 大；(4) $\int_{-\frac{\pi}{2}}^{\frac{\pi}{2}}\sin x\,\mathrm{d}x$ 比 $\int_{-\frac{\pi}{2}}^{\frac{\pi}{2}}|\sin x|\,\mathrm{d}x$ 小.

习题 4-2

1. (1) $\dfrac{\mathrm{d}}{\mathrm{d}x}\int_{1}^{x}\dfrac{\ln t}{t}\,\mathrm{d}t = \dfrac{\ln x}{x}$；(2) $\dfrac{\mathrm{d}}{\mathrm{d}x}\int_{0}^{\sqrt{x}}(1+t^2)\,\mathrm{d}t = \dfrac{1}{2\sqrt{x}}(1+x)$；

(3) $\dfrac{\mathrm{d}}{\mathrm{d}x}\int_{x^2}^{x^3}\dfrac{1}{\sqrt{1+t^2}}\,\mathrm{d}t = \dfrac{3x^2}{\sqrt{1+x^6}} - \dfrac{2x}{\sqrt{1+x^4}}$.

2. (1) 0；(2) 1；(3) 2.

3. (1) $\dfrac{77}{3}$；(2) $1-\dfrac{\pi}{4}$；(3) $a^3 - \dfrac{1}{2}a^2 + a - \dfrac{3}{2}$；(4) $\dfrac{\pi}{6}$；(5) $\dfrac{\pi}{3}$；(6) 4；(7) $\dfrac{8}{3}$.

习题 4-3

1. (1) $\int_{0}^{1}\mathrm{e}^{3x}\,\mathrm{d}x = \dfrac{\mathrm{e}^3}{3} - \dfrac{1}{3}$；(2) $\int_{1}^{e}\dfrac{\ln^2 x}{x}\,\mathrm{d}x = \dfrac{1}{3}$；(3) $\int_{0}^{\frac{\pi}{2}}\sin^2 x\,\mathrm{d}x = \dfrac{\pi}{4}$；

(4) $\int_{0}^{\frac{\pi}{2}}\mathrm{e}^{\sin x}\cos x\,\mathrm{d}x = \mathrm{e}-1$；(5) $\int_{-\frac{1}{2}}^{\frac{1}{2}}\sqrt{1-4x^2}\,\mathrm{d}x = \dfrac{\pi}{4}$；

(6) $\int_{1}^{4}\dfrac{1}{1+\sqrt{x}}\,\mathrm{d}x = 2+2\ln\dfrac{2}{3}$；(7) $\int_{-2}^{0}\dfrac{x+2}{x^2+2x+2}\,\mathrm{d}x = \dfrac{\pi}{2}$；

(8) $\int_{0}^{2}\dfrac{1}{\sqrt{x+1}+\sqrt{(x+1)^3}}\,\mathrm{d}x = \dfrac{\pi}{6}$；(9) $\int_{0}^{1}\dfrac{1}{1+\mathrm{e}^x}\,\mathrm{d}x = \ln 2 - \ln(\mathrm{e}^{-1}+1)$；

(10) $\int_{1}^{\mathrm{e}^2}\dfrac{1}{x\sqrt{1+\ln x}}\,\mathrm{d}x = 2\sqrt{3}-2$；(11) $\int_{0}^{1}\dfrac{1}{\mathrm{e}^{-x}+\mathrm{e}^x}\,\mathrm{d}x = \arctan\mathrm{e} - \dfrac{\pi}{4}$；

(12) $\int_{1}^{\mathrm{e}}\dfrac{\ln x}{\sqrt{x}}\,\mathrm{d}x = 4-2\sqrt{\mathrm{e}}$.

2. (1) $1-\dfrac{2}{\mathrm{e}}$；(2) $\dfrac{\mathrm{e}^2+1}{4}$；(3) $\left(\dfrac{1}{4}-\dfrac{\sqrt{3}}{9}\right)\pi + \dfrac{1}{2}\ln\dfrac{3}{2}$；(4) $\dfrac{1}{2}$；(5) $-\dfrac{2\pi}{\omega^2}$；

(6) $2-\dfrac{3}{4\ln 2}$；(7) $\dfrac{1}{5}(\mathrm{e}^\pi - 2)$；(8) $\dfrac{\mathrm{e}}{2}(\sin 1 - \cos 1) + \dfrac{1}{2}$；

(9) $\dfrac{\pi^3}{6} + \dfrac{\pi}{4}$；(10) $\sqrt{2}\ln(1+\sqrt{2}) - 1$.

习题 4-4

1. $\dfrac{1}{6}$.

2. $\sqrt{2}-1$.

3. 1.

4. $\dfrac{7}{6}$.

5. $V=\pi\displaystyle\int_{0}^{1}(x^2)^2\,\mathrm{d}x=\dfrac{\pi}{5}$.

6. $V=\pi\displaystyle\int_{-a}^{a}\left(b^2-\dfrac{b^2}{a^2}x^2\right)\mathrm{d}x=\dfrac{4}{3}\pi ab^2$.

7. （1）最大利润为 $L_{\max}=\displaystyle\int_{0}^{9}\left[R'(x)-C'(x)\right]\mathrm{d}x=\int_{0}^{9}\left[(20-4x)-(2-2x)\right]\mathrm{d}x=81$；（2）利润减少了 100.

总习题 四

1. 略.

2. 略.

3. （1）$\dfrac{4x^3}{\sqrt{1+x^4}}$；（2）$-2x\sin x^2\cos(\cos x^2+1)-\cos x\cos(\sin x+1)$；

4. （1）0；（2）$\dfrac{2}{3}$.

5. $\dfrac{\mathrm{d}y}{\mathrm{d}x}=-\dfrac{\cos x}{\mathrm{e}^y}$.

6. （1）$\displaystyle\int_{\frac{\pi}{3}}^{\pi}\left(\sin x+\dfrac{\pi}{3}\right)\mathrm{d}x=\dfrac{3}{2}+\dfrac{2\pi^2}{9}$；（2）$\displaystyle\int_{-3}^{1}\dfrac{\mathrm{d}x}{(8+3x)^3}=\dfrac{20}{121}$；

（3）$\displaystyle\int_{0}^{\frac{\pi}{2}}\sin^3 x\cos x\,\mathrm{d}x=\dfrac{1}{4}$；（4）$\displaystyle\int_{0}^{\pi}(1-\cos^2 x)\mathrm{d}x=\dfrac{\pi}{2}$；

（5）$\displaystyle\int_{0}^{\sqrt{2}}x\sqrt{2-x^2}\,\mathrm{d}x=\dfrac{2\sqrt{2}}{3}$；（6）$\displaystyle\int_{0}^{1}x^2\sqrt{1-x^2}\,\mathrm{d}x=\dfrac{\pi}{16}$；

（7）$\displaystyle\int_{-1}^{1}\dfrac{x}{\sqrt{4-3x}}\,\mathrm{d}x=\dfrac{10\sqrt{7}-22}{27}$；

（8）$\displaystyle\int_{1}^{3}\dfrac{1}{1+\sqrt{x}}\,\mathrm{d}x=2\sqrt{3}-2\ln(1+\sqrt{3})-2+2\ln 2$；

（9）$\displaystyle\int_{-1}^{1}t\mathrm{e}^{-t^2}\,\mathrm{d}t=0$；（10）$\displaystyle\int_{1}^{3}\dfrac{1}{x\sqrt{2+\ln x}}\,\mathrm{d}x=-2\sqrt{2}+2\sqrt{2+\ln 3}$；

（11）$\displaystyle\int_{-2}^{-1}\dfrac{1}{x^2+4x+5}\,\mathrm{d}x=\dfrac{\pi}{4}$；（12）$\displaystyle\int_{0}^{\pi}\cos 2x\cos x\,\mathrm{d}x=0$；

$(13) \int_0^{\pi^2} \sin\sqrt{x}\,\mathrm{d}x = 2\pi$；$(14) \int_0^{2\pi} x^2\cos x\,\mathrm{d}x = 2\pi$；

$(15) \int_1^2 x^2\ln(x+2)\,\mathrm{d}x = \dfrac{32}{3}\ln 2 - 3\ln 3 - \dfrac{10}{9}$；

$(16) \int_{\mathrm{e}^{-1}}^{\mathrm{e}} |\ln x|\,\mathrm{d}x = 2 - 2\mathrm{e}^{-1}$；$(17) \int_0^{n\pi} x|\sin x|\,\mathrm{d}x = n^2\pi.$

7. $f(\mathrm{e}) = \dfrac{1}{2}.$

8. 略. $\left(\text{提示令 } F(x) = \int_a^x f(t)\,\mathrm{d}t \cdot \int_x^b g(t)\,\mathrm{d}t\right)$

9. $(1)\ A = \dfrac{\mathrm{e}}{2} - 1$；$(2)\ V = \dfrac{5\pi\mathrm{e}^2}{6} + \dfrac{\pi}{2} - 2\pi\mathrm{e}.$

10. $(1)\ S = \int_0^\pi \sin x\,\mathrm{d}x - \int_\pi^{\frac{3\pi}{2}} \sin x\,\mathrm{d}x = 3$；$(2)\ S = \int_0^1 (x - x^2)\,\mathrm{d}x = \dfrac{1}{6}$；

$(3)\ S = \int_1^3 \left(x - \dfrac{1}{x}\right)\,\mathrm{d}x = 4 - \ln 3$；$(4)\ S = \int_0^{\frac{\pi}{4}} (\cos x - \sin x)\,\mathrm{d}x = \sqrt{2} - 1.$

11. $(1)\ V = \pi\int_0^\pi \sin^2 x\,\mathrm{d}x = \dfrac{\pi^2}{2}$；

(2) 绕 x 轴旋转一周而成的旋转体的体积：$V = \pi\int_0^1 (x^2 - x^4)\,\mathrm{d}x = \dfrac{2\pi}{15}$，绕 y 轴旋转一周而成的旋转体的体积：$V = \pi\int_0^1 \left[(\sqrt{y})^2 - y^2\right]\,\mathrm{d}y = \dfrac{\pi}{6}$；

$(3)\ V = \pi\int_1^3 (1 - x)^2\,\mathrm{d}x = \dfrac{8\pi}{3}.$

12. $\dfrac{832}{3}.$

13. $500.$

第五章

习题 5-1

1. (1) 关于 xOy 面对称点坐标为 $(x, y, -z)$，关于 yOz 面对称点坐标为 $(-x, y, z)$，关于 xOz 面对称点坐标为 $(x, -y, z)$；

(2) 关于 x 轴对称点坐标为 $(x, -y, -z)$，关于 y 轴对称点坐标为 $(-x, y, z)$，关于 z 轴对称点坐标为 $(-x, -y, z)$；

(3) 关于原点对称点的坐标为 $(-x, -y, -z).$

2. (1) 到 xOy 面的距离为 $|z|$；到 yOz 面的距离为 $|x|$；到 xOz 面的距离为 $|y|$；

(2) 到 x 轴距离 $\sqrt{y^2 + z^2}$，到 y 轴距离 $\sqrt{x^2 + z^2}$，到 z 轴距离 $\sqrt{x^2 + y^2}.$

3. M_1 第 I 卦限、M_2 第 IV 卦限、M_3 第 VIII 卦限、M_4 第 VII 卦限.

4. $(x - x_0)^2 + (y - y_0)^2 + (z - z_0)^2 = R^2.$

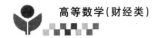

习题 5-2

1. (1) $\{(x,y) \mid x \geqslant 0, y \in \mathbf{R}\}$；(2) $\{(x,y) \mid \sin(x^2+y^2) \geqslant 0\}$；

(3) $\{(x,y) \mid x^2+y^2 < 4, x > 0\}$；(4) $\{(x,y) \mid -1 \leqslant x^2-y \leqslant 1\}$.

2. $f(x,y) = \mathrm{e}^{\frac{x^2+y^2}{2}} xy$；$f(\sqrt{2}, \sqrt{2}) = 2\mathrm{e}^2$.

3. 不是同一函数；$y = \ln(x^2-y^2)$ 的定义域为 $\{(x,y) \mid x^2-y^2 > 0\}$，而 $y = \ln(x+y) + \ln(x-y)$ 的定义域为 $\{(x,y) \mid -y < x < y\}$，定义域不一样，所以不是同一函数.

习题 5-3

1. (1) 6；(2) 1；(3) 2；(4) 0.

2. 极限不存在.

3. (1) $\dfrac{1}{2}$；(2) 2；(3) 2；(4) 1.

4. $f(x,y)$ 在点 $(0,0)$ 处不连续.

习题 5-4

1. (1) $\dfrac{\partial z}{\partial x} = -\dfrac{1}{x}, \dfrac{\partial z}{\partial y} = \dfrac{2}{y}$；   (2) $\dfrac{\partial z}{\partial x} = y\mathrm{e}^{xy} + 2xy, \dfrac{\partial z}{\partial y} = x\mathrm{e}^{xy} + x^2$；

(3) $\dfrac{\partial z}{\partial x} = -\mathrm{e}^{\cos x} \sin x \sin y, \dfrac{\partial z}{\partial y} = \mathrm{e}^{\cos x} \cos y$；   (4) $\dfrac{\partial z}{\partial x} = -\dfrac{y}{x^2+y^2}, \dfrac{\partial z}{\partial y} = \dfrac{x}{x^2+y^2}$.

2. (1) $z_x{}'(1,0) = 2\mathrm{e}, z_y{}'(1,0) = 0$；(2) $z_x{}'(1,1) = \dfrac{1}{2}, z_y{}'(1,1) = \dfrac{1}{4}$；

(3) $z_x{}'(1,1) = 1, z_y{}'(1,1) = 2\ln 2$；

(4) $u_x{}'(2,1,0) = \dfrac{1}{2}, u_y{}'(2,1,0) = 1, u_z{}'(2,1,0) = \dfrac{1}{2}$.

3. (1) $\dfrac{\partial^2 z}{\partial x^2} = -\dfrac{y}{(x+y)^2}, \dfrac{\partial^2 z}{\partial y^2} = \dfrac{2x+y}{(x+y)^2}, \dfrac{\partial^2 z}{\partial x \partial y} = \dfrac{x}{(x+y)^2}$；

(2) $\dfrac{\partial^2 z}{\partial x^2} = \dfrac{2xy}{(x^2+y^2)^2}, \dfrac{\partial^2 z}{\partial y^2} = \dfrac{-2xy}{(x^2+y^2)^2}, \dfrac{\partial^2 z}{\partial x \partial y} = \dfrac{y^2-x^2}{(x^2+y^2)^2}$.

4. (1) $\mathrm{d}z = \dfrac{\partial z}{\partial x}\mathrm{d}x + \dfrac{\partial z}{\partial y}\mathrm{d}y = \dfrac{1}{2} x^{-\frac{1}{2}} \cdot y^{-\frac{1}{2}}\mathrm{d}x - \dfrac{1}{2} x^{\frac{1}{2}} y^{-\frac{3}{2}}\mathrm{d}y$；

(2) $\mathrm{d}z = \dfrac{\partial z}{\partial x}\mathrm{d}x + \dfrac{\partial z}{\partial y}\mathrm{d}y = \dfrac{y}{1+x^2 y^2}\mathrm{d}x + \dfrac{x}{1+x^2 y^2}\mathrm{d}y$.

5. (1) $\mathrm{d}z = -0.08$；(2) $\mathrm{d}z = 0.25\mathrm{e}$.

6. 略.

习题 5-5

1. (1) $\dfrac{\partial z}{\partial x} = \dfrac{2x}{y^2} \ln(3x-2y) + \dfrac{3x^2}{(3x-2y)y^2}, \dfrac{\partial z}{\partial y} = -\dfrac{2x^2}{y^3} \ln(3x-2y)$

$$-\frac{2x^2}{(3x-2y)y^2};$$

(2) $\dfrac{\mathrm{d}z}{\mathrm{d}x}=\dfrac{\mathrm{e}^x-\mathrm{e}^{3x}}{(1-\mathrm{e}^{2x})^2};$

(3) $\dfrac{\mathrm{d}z}{\mathrm{d}t}=(\cos t-6t^2)\mathrm{e}^{(\sin t-2t^3)};$

(4) $\dfrac{\partial z}{\partial x}=(x+2y)^{x-y-1}[x-y+(x+2y)\ln(x+2y)],$

$\qquad \dfrac{\partial z}{\partial x}=(x+2y)^{x-y-1}[2x-2y-(x+2y)\ln(x+2y)].$

2. (1) $\dfrac{\mathrm{d}y}{\mathrm{d}x}=-\dfrac{F_x}{F_y}=-\dfrac{y+1}{x+1};$

(2) $\dfrac{\mathrm{d}y}{\mathrm{d}x}=-\dfrac{F_x}{F_y}=\dfrac{2x-x^2-y^2}{x^2+y^2-2y};$

(3) $\dfrac{\partial z}{\partial x}=-\dfrac{F_x}{F_z}=\dfrac{x\mathrm{e}^{x-y-z}+\mathrm{e}^{x-y-z}-1}{x\mathrm{e}^{x-y-z}-1},\dfrac{\partial z}{\partial y}=-\dfrac{F_y}{F_z}=\dfrac{-x\mathrm{e}^{x-y-z}-1}{x\mathrm{e}^{x-y-z}-1};$

(4) $\dfrac{\partial z}{\partial x}=-\dfrac{F_x}{F_z}=\dfrac{z}{x+z},\dfrac{\partial z}{\partial y}=-\dfrac{F_y}{F_z}=\dfrac{z^2}{y(x+z)}.$

习题 5-6

1. (1) $Z(x,y)$ 在点 $(-4,1)$ 处有极小值，$Z(-4,1)=-1$.

(2) $Z(x,y)$ 在点 $(1,1)$ 处有极小值，$Z(1,1)=-1$.

2. 略.

习题 5-7

1. 略.

2. (1) 原式 $=\displaystyle\int_1^2\mathrm{d}x\int_{x-1}^1 f(x,y)\mathrm{d}y;$

(2) 原式 $=\displaystyle\int_0^2\mathrm{d}y\int_{\frac{y}{2}}^y f(x,y)\mathrm{d}x+\int_2^4\mathrm{d}y\int_{\frac{y}{2}}^2 f(x,y)\mathrm{d}x.$

3. (1) 原式 $=\displaystyle\int_1^2\mathrm{d}y\int_3^4\dfrac{1}{(x+y)^2}\mathrm{d}x=2\ln 5-2\ln 2-\ln 6;$

(2) 原式 $=\displaystyle\int_0^2\mathrm{d}x\int_0^x(4-x-y)\mathrm{d}y=4$; (3) 原式 $=\displaystyle\int_0^1\mathrm{d}y\int_0^{y^2+1}y\mathrm{d}x=\dfrac{3}{4};$

(4) 原式 $=\displaystyle\int_0^1\mathrm{d}y\int_0^y\mathrm{e}^{-y^2}\mathrm{d}=\dfrac{1}{2}-\dfrac{1}{2\mathrm{e}};$

4. 原式 $=\displaystyle\int_0^1\mathrm{d}x\int_0^{-2x+2}\mathrm{d}y=1.$

总习题 五

1. (1) $\{(x,y)\mid x>y \text{ 且 } x>-y\};$ (2) $\{(x,y)\mid x<y \text{ 且 } x^2+y^2<1\}.$

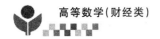

2. (1) $\mathrm{d}z = z_x \mathrm{d}x + z_y \mathrm{d}y = [y\cos(xy) - 2y\cos(xy)\sin(xy)]\mathrm{d}x + [x\cos(xy) - 2x\cos(xy)\sin(xy)]\mathrm{d}y$;

(2) $\mathrm{d}z = z_x \mathrm{d}x + z_y \mathrm{d}y = (y^x \ln y)\mathrm{d}x + xy^{x-1}\mathrm{d}y$;

(3) $\mathrm{d}z = z_x \mathrm{d}x + z_y \mathrm{d}y = \left(f_1' - \dfrac{y}{x^2}f_2'\right)\mathrm{d}x + \left(f_1' + \dfrac{1}{x}f_2'\right)\mathrm{d}y$;

(4) $\mathrm{d}z = z_x \mathrm{d}x + z_y \mathrm{d}y = (y^3 \cdot f_1' + y^2 e^x \cdot f_2')\mathrm{d}x + (2y \cdot f + xy^2 \cdot f_1')\mathrm{d}y$.

3. $\dfrac{\mathrm{d}y}{\mathrm{d}x} = -\dfrac{F_x}{F_y} = \dfrac{\cos x + e^x - y^2}{2xy}$.

4. $\dfrac{\partial z}{\partial x} = f - 2x^2 f'$, $\dfrac{\partial z}{\partial y} = 2xyf' - 1$.

5. $\dfrac{\mathrm{d}z}{\mathrm{d}x} = e^{\sin^2 x + x^4}(2\sin x \cos x + 4x^3)$.

6. $f(x,y)$ 在点 $(1,0)$ 处有极小值，$f(1,0) = -5$；在点 $(-3,2)$ 处有极大值，$f(-3,2) = 31$.

7. 略.

8. (1) 原式 $= \displaystyle\int_0^1 \mathrm{d}y \int_{-\sqrt{1-y^2}}^{y-1} f(x,y)\mathrm{d}x$ ；(2) 原式 $= \displaystyle\int_1^2 \mathrm{d}x \int_0^{x-1} f(x,y)\mathrm{d}y$.

9. 原式 $= \displaystyle\int_0^1 \mathrm{d}x \int_0^x x^2 \mathrm{d}y + \int_1^2 \mathrm{d}x \int_0^{\frac{1}{x}} x^2 \mathrm{d}y = \dfrac{7}{4}$.

10. 原式 $= \displaystyle\int_0^1 \mathrm{d}y \int_{2y}^{y^2+1} y\,\mathrm{d}x = \dfrac{1}{12}$.

第六章

习题 6-1

1. (1)(3)(4)(6) 是微分方程，(2)(5) 不是微分方程.

2. (1) 一阶；(2) 一阶；(3) 一阶；(4) 三阶；(5) 二阶；(6) n 阶.

3. (1) $y = 5x^2$ 是方程的解；(2) $y = 3\sin x - 4\cos x$ 是方程的解；(3) $y = x^2 e^x$ 不是方程的解；(4) $y = C_1 e^{\lambda_1 x} + C_2 e^{\lambda_2 x}$ 是方程的解.

4. 满足初始条件的特解为 $y = 2x^2$.

5. (1) $y' = x^2$；(2) $yy' + 2x = 0$.

习题 6-2

1. (1) 通解为 $y^2 = x^2 + C$，其中 C 为任意常数；

(2) 通解为 $y^2 = C|x| - 1$，其中 C 为任意常数；

(3) 通解为 $y^2 = Ce^{-\cos x}$，其中 C 为任意常数；

(4) 通解为 $y = \ln(e^x + C)$，其中 C 为任意常数；

(5) 通解为 $y = \tan\left[\dfrac{1}{2}(x+1)^2 + C\right]$，其中 C 为任意常数；

(6) 通解为 $y = -x + Cx^2$，其中 C 为任意常数；

(7) 通解为 $y^2 = \dfrac{x^2}{4} - \dfrac{C}{x^6}$，其中 C 为任意常数；

(8) 通解为 $x^2 = y^2 - Cy$，其中 C 为任意常数；

(9) 通解为 $y = \dfrac{1}{3}x^2 + C\dfrac{1}{x}$，其中 C 为任意常数；

(10) 通解为 $y = \dfrac{1}{x}(x\mathrm{e}^x - \mathrm{e}^x + C)$，其中 C 为任意常数；

(11) 通解为 $y = \dfrac{1}{2}x^3 + Cx$，其中 C 为任意常数；

(12) 通解为 $y = -2\cos^2 x + C\cos x$，其中 C 为任意常数.

2. (1) $y = \mathrm{e}^{\tan\frac{x}{2}}$；(2) $y^3 = y^2 - x^2$；(3) $y = \dfrac{1}{x}(\pi - 1 - \cos x)$.

3. $T = 20 + 80\mathrm{e}^{-kt}$.

4. 曲线方程为 $xy = 6$.

5. $R = R_0 \mathrm{e}^{-\frac{\ln 2}{1\,600}t} = R_0 \mathrm{e}^{-0.000\,433t}$.

习题 6-3

1. (1) 通解为 $y = -\dfrac{1}{4}\sin 2x + C_1 x + C_2$，其中，$C_1, C_2$ 为任意常数；

(2) 通解为 $y = -2\cos x - x\sin x + C_1 x + C_2$，其中，$C_1, C_2$ 为任意常数；

(3) 通解为 $y = x\arctan x - \dfrac{1}{2}\ln(1 + x^2) + C_1 x + C_2$，其中，$C_1, C_2$ 为任意常数；

(4) 通解为 $y = \displaystyle\int (C_1 \mathrm{e}^x - x - 1)\mathrm{d}x = C_1 \mathrm{e}^x - \dfrac{x^2}{2} - x + C_2$，其中，$C_1, C_2$ 为任意常数；

(5) 通解为 $y = \displaystyle\int \dfrac{C_1}{x}\mathrm{d}x = C_1\ln|x| + C_2$，其中，$C_1, C_2$ 为任意常数；

(6) 通解为 $y = C_1 \mathrm{e}^x + C_2 \mathrm{e}^{-x}$，其中，$C_1, C_2$ 为任意常数.

2. (1) 特解为 $\mathrm{e}^x \sin y + \cos y = 1$；(2) 特解为 $y = \dfrac{\sqrt{2}}{4}\ln\left|\dfrac{x - \sqrt{2}}{x + \sqrt{2}}\right| + 1$.

3. 积分曲线的方程为 $y = \dfrac{1}{6}x^3 + \dfrac{1}{2}x^2 + x + 1$.

4. 特解（即下落的距离与时间的关系）为 $s = \dfrac{mg}{2(m + c^2)}t^2$.

习题 6-4

1. (1) 特征方程为 $r^2 - 3r + 2 = 0$，解得 $r_1 = 1, r_2 = 2$，故方程的通解为 $y = C_1 \mathrm{e}^x + C_2 \mathrm{e}^{2x}$，其中，$C_1, C_2$ 为任意常数；

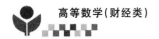

(2) 特征方程为 $r^2-r=0$，解得 $r_1=0$，$r_2=1$，故方程的通解为 $y=C_1+C_2\mathrm{e}^x$，其中，C_1，C_2 为任意常数；

(3) 特征方程为 $2r^2+r-1=0$，解得 $r_1=-1$，$r_2=\dfrac{1}{2}$，故方程的通解为 $y=C_1\mathrm{e}^{-x}+C_2\mathrm{e}^{\frac{1}{2}x}$，其中，$C_1$，$C_2$ 为任意常数；

(4) 特征方程为 $r^2-2r-3=0$，解得 $r_1=-1$，$r_2=3$，故方程的通解为 $y=C_1\mathrm{e}^{-x}+C_2\mathrm{e}^{3x}$，其中，$C_1$，$C_2$ 为任意常数；

(5) 特征方程为 $r^2+2r+1=0$，解得 $r_1=r_2=-1$，故方程的通解为 $y=(C_1+C_2x)\mathrm{e}^{-x}$，其中，$C_1$，$C_2$ 为任意常数；

(6) 特征方程为 $r^2+2r+2=0$，解得 $r_{1,2}=-1\pm i$，故方程的通解为 $y=\mathrm{e}^{-x}(C_1\cos x+C_2\sin x)$，其中，$C_1$，$C_2$ 为任意常数.

2.(1) 通解为 $y=Y+y^*=C_1\mathrm{e}^{\frac{x}{2}}+C_2\mathrm{e}^{-x}+\mathrm{e}^x$，其中，$C_1$，$C_2$ 为任意常数；

(2) 通解为 $y=Y+y^*=C_1+C_2\mathrm{e}^{-\frac{5}{2}x}+\dfrac{1}{3}x^3-\dfrac{3}{5}x^2+\dfrac{7}{25}x$，其中，$C_1$，$C_2$ 为任意常数；

(3) 通解为 $y=Y+y^*=C_1\mathrm{e}^{-x}+C_2\mathrm{e}^{-2x}+\mathrm{e}^{-x}\left(\dfrac{3}{2}x^2-3x\right)$，其中，$C_1$，$C_2$ 为任意常数.

3.(1) 特解为 $y=4\mathrm{e}^x+2\mathrm{e}^{3x}$；

(2) 特解为 $y=-\cos x-\dfrac{1}{3}\sin x+\dfrac{1}{3}\sin 2x$；

(3) 特解为 $y=-5\mathrm{e}^x+\dfrac{7}{2}\mathrm{e}^{2x}+\dfrac{5}{2}$；

(4) 特解为 $y=\dfrac{1}{2}\mathrm{e}^x+\dfrac{1}{2}\mathrm{e}^{9x}-\dfrac{1}{7}\mathrm{e}^{2x}$.

4. $x=-10\cos\omega t(\mathrm{cm})$，其中 $\omega=\sqrt{\dfrac{g\pi}{200}}\approx 3.9(1/\mathrm{s})$.

5. 时刻 t 时容器内混合液中的含盐量 $x=2(100+t)-\dfrac{1.5\times 10^6}{(100+t)^2}$.

6. $Q=Q_0\mathrm{e}^{-0.36t}$，12 年.

7.(1) $\dfrac{\mathrm{d}W}{\mathrm{d}t}=0.05W-30$；(2) 通解 $W=600+(W_0-600)\mathrm{e}^{0.05t}$；

(3) 由通解表达式可知，当 $W_0=500$ 万元时，净资产额单调递减，公司将在第 36 年破产；当 $W_0=600$ 万元时，公司收支平衡，资产将保持在 600 万元不变；当 $W_0=700$ 万元时，公司净资产将按指数不断增大.

习题 6-5

1. $S=S_0\mathrm{e}^{-bt}$，$R=\dfrac{a}{s_0b}\mathrm{e}^{bt}-\dfrac{a}{s_0b}$.

2. (1) $Y(t) = Y_0 e^{\gamma t}, D(t) = \dfrac{aY_0}{\gamma} e^{\gamma t} + \beta t + D_0 - \dfrac{aY_0}{\gamma}$；(2) $\lim\limits_{t \to \infty} \dfrac{D(t)}{Y(t)} = \dfrac{a}{\gamma}$.

3. (1) $Y(t) = \left(Y_0 - \dfrac{b}{1-a}\right) e^{\frac{1-a}{ka}t} + \dfrac{b}{1-a}, C(t) = a\left(Y_0 - \dfrac{b}{1-a}\right) e^{\frac{1-a}{ka}t} + \dfrac{b}{1-a}$,

$I(t) = (1-a)\left(Y_0 - \dfrac{b}{1-a}\right) e^{\frac{1-a}{ka}t}$；(2) $\lim\limits_{t \to \infty} \dfrac{I(t)}{Y(t)} = 1 - a$.

4. 770(约).

总习题 六

1. (1) 通解为 $y = Ce^{2x}$，其中，C 为任意常数；

(2) 通解为 $y^3 = x^3 + C$，其中，C 为任意常数；

(3) 通解为 $2e^{3y} = 3e^{2x} + C$，其中，C 为任意常数；

(4) 通解为 $y^2 = Ce^{-\frac{1}{x}} - 1$，其中，$C$ 为任意常数；

(5) 通解为 $\ln \dfrac{y}{x} = Cx + 1$，其中，$C$ 为任意常数；

(6) 通解 $y^2 = x^2(2\ln|x| + C)$，其中，C 为任意常数；

(7) 通解 $y^2 = 2x^2(\ln|x| + C)$，其中，C 为任意常数；

(8) 通解为 $\ln y = Cx$，即 $y = e^{Cx}$，其中，C 为任意常数；

(9) 通解为 $y = Ce^{-x} - 1$，其中，C 为任意常数；

(10) 通解为 $y = x^2(x + C)$，其中，C 为任意常数；

(11) 通解为 $y = e^{2x}(-e^{-x} + C)$，其中，C 为任意常数；

(12) 通解 $y = e^{-x}\left[\dfrac{1}{2}e^x(\sin x + \cos x) + C\right]$，其中，$C$ 为任意常数.

2. (1) 特征方程为 $r^2 = 1$，解得 $r_{1,2} = \pm 1$，故原方程的通解为 $y = C_1 e^{-x} + C_2 e^x$，其中，C_1, C_2 为任意常数；

(2) 特征方程为 $r^2 - r = 0$，解得 $r_1 = 0, r_2 = 1$，故原方程的通解为 $y = C_1 + C_2 e^x$，其中，C_1, C_2 为任意常数；

(3) 特征方程 $r^2 - 2r + 1 = 0$，解得 $r_{1,2} = 1$，故原方程的通解为 $y = (C_1 + C_2 x)e^x$，其中，C_1, C_2 为任意常数；

(4) 特征方程为 $r^2 + 4r + 13 = 0$，解得 $r_{1,2} = -2 \pm 3i$，故原方程的通解为 $y = e^{-2x}(C_1 \cos 3x + C_2 \sin 3x)$，其中，$C_1, C_2$ 为任意常数；

(5) 特征方程为 $3r^2 - 7r + 2 = 0$，解得 $r_1 = \dfrac{1}{3}, r_2 = 2$，故原方程的通解为 $y = C_1 e^{\frac{1}{3}x} + C_2 e^{2x}$，其中，$C_1, C_2$ 为任意常数；

(6) 特征方程为 $r^2 - r - 6 = 0$，解得 $r_1 = -2, r_2 = 3$，故原方程的通解为 $y = C_1 e^{-2x} + C_2 e^{3x}$，其中，$C_1, C_2$ 为任意常数；

(7) 特征方程为 $r^2 + 2r - 8 = 0$，解得 $r_1 = -4, r_2 = 2$，故原方程的通解为 $y = C_1 e^{-4x} + C_2 e^{2x}$，其中，$C_1, C_2$ 为任意常数；

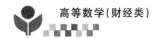

（8）特征方程为 $r^2+3r-4=0$，解得 $r_1=-4,r_2=1$，故原方程的通解为 $y=C_1\mathrm{e}^{-4x}+C_2\mathrm{e}^x$，其中，$C_1,C_2$ 为任意常数.

3.（1）通解为 $y=(C_1+C_2x)\mathrm{e}^{-2x}+1$，其中，$C_1,C_2$ 为任意常数；

（2）通解为 $y=C_1\mathrm{e}^{-2x}+C_2-\dfrac{1}{4}x^2+\dfrac{7}{4}x$，其中，$C_1,C_2$ 为任意常数；

（3）通解为 $y=C_1\mathrm{e}^{-x}+C_2\mathrm{e}^x-x^2-2$，其中，$C_1,C_2$ 为任意常数；

（4）通解为 $y=(C_1+C_2x)\mathrm{e}^{4x}+\dfrac{1}{2}x^2\mathrm{e}^{4x}$，其中，$C_1,C_2$ 为任意常数；

（5）通解为 $y=(C_1+C_2x)\mathrm{e}^{-x}+\dfrac{3}{2}x^2\mathrm{e}^{-x}$，其中，$C_1,C_2$ 为任意常数；

（6）通解为 $y=C_1\mathrm{e}^{-x}+C_2\mathrm{e}^x-\dfrac{1}{2}\sin x$，其中，$C_1,C_2$ 为任意常数；

（7）通解为 $y=(C_1+C_2x)\mathrm{e}^{-3x}+\dfrac{1}{6}x^3\mathrm{e}^{-3x}$，其中，$C_1,C_2$ 为任意常数；

（8）通解为 $y=C_1\mathrm{e}^{-\frac{\sqrt{17}+1}{2}x}+C_2\mathrm{e}^{\frac{\sqrt{17}-1}{2}x}+\mathrm{e}^{3x}\left(\dfrac{1}{14}\cos x+\dfrac{1}{14}\sin x\right)$，其中，$C_1,C_2$ 为任意常数.

4.（1）特解为 $y=\dfrac{5}{3}\mathrm{e}^{x^3}-\dfrac{1}{3}x^3-\dfrac{2}{3}$；

（2）特解为 $\cot y=-\dfrac{x}{2}$；

（3）特解为 $y=\mathrm{e}^{-3x}(3\cos 2x+4\sin 2x)$；

（4）特解为 $y=3(1+x)\mathrm{e}^{-x}+x-2$.

5.（1）曲线的方程为 $y=2(\mathrm{e}^x-x-1)$；

（2）特解（即函数表达式）为 $y=(1-2x)\mathrm{e}^x$；

（3）特解（即下沉深度与时间的函数关系）为 $s=\dfrac{mg}{k}\left(t+\dfrac{m}{k}\mathrm{e}^{-\frac{k}{m}t}-\dfrac{m}{k}\right)=\dfrac{mg}{k}t+\dfrac{m^2g}{k^2}(\mathrm{e}^{-\frac{k}{m}t}-1)$.

参 考 文 献

[1] 同济大学数学系.高等数学及其应用[M].2版.北京:高等教育出版社,2008.

[2] 周承贵.应用高等数学[M].重庆:重庆大学出版社,2004.

[3] 金慧萍,吴妙仙.高等数学应用100例[M].杭州:浙江大学出版社,2011.

[4] 比廷杰.微积分及其应用[M].8版.杨奇,毛云英,译.北京:机械工业出版社,2006.

[5] 余英,李开慧.应用高等数学基础[M].重庆:重庆大学出版社,2005.

[6] 郭进峰,李玮玲,沈菁华.高等数学[M].北京:高等教育出版社,2012.

[7] 马锐.微积分[M].北京:高等教育出版社,2010.

[8] 刘忠东,罗贤强,黄璇,等.高等数学[M].重庆:重庆大学出版社,2015.

[9] 曾玖红.高校高等数学教学培养学生数学应用能力的研究和实践[D].长沙:湖南师范大学,2012.

[10] 董毅,周之虎.基于应用型人才培养视角的高等数学课程改革优化研究[J].中国大学教学,2010(8):54-56.

[11] 王慧敏.高等数学教学提高学生数学应用能力的策略[J].西部素质教育,2016(15):63.

[12] 吴志坚,肖滢,吴兴玲.中美微积分教材比较研究[J].高等数学研究,2010(3):43-47.

[13] 柴俊.我国微积分教学改革方向的思考:兼论美国AP微积分计划给我们的提示[J].大学数学,2006(3):17-20.

207